西/翎/译/丛

笑的研究
——笑的形式、起因、发展和价值

AN ESSAY ON LAUGHTER ITS FORMS, ITS CAUSES, ITS DEVELOPMENT AND ITS VALUE

[英]詹姆斯·萨利 著

肖聿 译

中国社会科学出版社

图书在版编目（CIP）数据

笑的研究：笑的形式、起因、发展和价值／［英］詹姆斯·萨利著，肖聿译．—北京：中国社会科学出版社，2011.6
ISBN 978-7-5004-9860-5

Ⅰ.①笑… Ⅱ.①詹…②肖… Ⅲ.①喜—研究 Ⅳ.①B842.6

中国版本图书馆 CIP 数据核字（2011）第 098604 号

策划编辑	张　红
责任编辑	王　琪
责任校对	刘　娟
封面制作	郭蕾蕾
技术编辑	戴　宽

出版发行	中国社会科学出版社		
社　　址	北京鼓楼西大街甲158号	邮　编	100720
电　　话	010—84029450（邮购）		
网　　址	http://www.csspw.cn		
经　　销	新华书店		
印　　刷	新魏印刷厂	装　订	广增装订厂
版　　次	2011年6月第1版	印　次	2011年6月第1次印刷
开　　本	880×1230　1/32		
印　　张	12.25		
字　　数	318千字		
定　　价	36.00元		

凡购买中国社会科学出版社图书，如有质量问题请与本社发行部联系调换
版权所有　侵权必究

译　　序

　　笑是我们最熟悉的朋友，也是我们最陌生的朋友。一份资料说："人类爱笑，成年人平均每天笑 17 次。"真不知道这个统计数字从何而来，只能将它列入胡说八道一类，如同时下的各种排行榜。探究笑的奥秘，这是人类自古以来最具雄心的希冀和最吃力的追求。探究者囊括各色人等：哲学家、心理学家、美学家、政治家、教育家、文学家、剧作家、CEO、商人、教授、记者、服务员、相声艺人、荧屏"名嘴"、保姆、各色打工族，不一而足。总之，上至形形色色的 VIP，下到五行八作、贩夫走卒，凡打算利用笑的，都或明或暗地乞灵于笑的研究，因为其中有的想靠自己的笑趋利避害，有的则想通过激起他人的笑渔利发财。

　　但是，说清笑的奥秘似乎是个永远都无法完成的任务，即便不是竹篮打水，也与西绪福斯（Sisyphus）推巨石上山相去不远。这是因为，笑如同美丽的冰凌花，远看曼妙无比，可是一被你握在手中，便会化作冷水。单说笑的定义就见仁见智，众说纷纭。例如，生理学家告诉我们：笑是对滑稽事物的生理反应，它同时包括两个过程，其一是颧部肌群的收缩，使你抬起上唇，其二是会厌软骨部分地遮蔽你的喉头，导致呼吸系统紊乱，使你吸气失调和气喘，其间伴有发声，有时甚至伴有流泪。《不列颠百科全书》中笑的定义是："有节奏的、有声音的、不由自主的呼气动作（rhythmic, vocalized, expiratory and involuntary actions）。"对非专业人士来说，此类研究只能敬而远之。更具经济头脑的人则把笑变为商品，使买笑和卖笑成为产业，例如教人怎样笑的"笑疗"（laughter therapy）行业、情景喜剧、相声、动漫、笑话及小品。对非商业人士来说，研究笑的"含金量"则不啻离题万里。

我们若想在笑的研究中真有收获，便应潜心阅读，不去理会街市上的喧嚣。在当今花花世界中闹中取静，需要定力的修炼，读者不妨将阅读《笑的研究》当做这种修炼之一。《笑的研究》是一部严肃的学术专著，从哲学、心理学、美学、人类学、社会学、文学等诸多角度探讨了"笑的形式、起因、发展和价值"。这本书有两大特点：一是综合性，即力求将人文科学研究的多种成果融入笑的研究；二是系统性，这是对一切严肃学术著作的起码要求。这两个特点来自本书作者：首先，萨利是哲学家出身的心理学名家，在发生心理学和联想心理学方面成就斐然，这使他能从发展心理学的角度探讨儿童和野蛮人的笑；他又通晓艺术哲学——美学，这使他能以更广阔的视野考察笑对社会和个人的影响。其次，萨利还擅长撰写优秀的心理学教材，这对学生和众多读者大有裨益，因为若想了解一个研究对象的概貌，好教材便是首选。应当说，在研究笑的文献中，像《笑的研究》这样兼具学术性和可读性的理论专著并不多见。此外，根据作者的著作年表，我们知道《笑的研究》是萨利六十岁时发表的最后著作。听一位老人漫谈笑的奥秘，这必是一种难得的体验。老年人写的情诗可以不看，因为其中再也找不到年轻人的浪漫与激情，但老年人的绝唱却不可不听，因为其中再也没有年轻人的青涩与偏激。

本书作者詹姆斯·萨利（James Sully，1842—1923）是英国著名心理学家和哲学家，19世纪末和20世纪初伦敦知识界的核心人物之一。他早年学习非英国国教（nonconformist）的教义，获得哲学学士和哲学硕士学位，后去德国研习心理学，在哥廷根

♦ 译　序

大学师从洛兹[①]，在柏林大学师从赫尔姆霍茨[②]和杜布瓦－雷蒙德[③]。萨利当过记者，在《双周评论》(Fortnightly Review)、《科恩希尔杂志》(Cornhill Magazine)和《大脑》(Mind)等期刊上发表过文章，也曾为法国著名心理学家黎波[④]主编的《哲学评论》杂志(Revue Philosophique)撰稿。萨利从1892年起担任伦敦大学学院(University College London，简称UCL)的哲学逻辑学教职，直至1903年退休。对心理学在英国的发展，萨利作出了重要贡献：1898年他在伦敦大学创办了英国第一个心理学实验室；1901年他召集了英国心理学会(The British Psychological Society)的成立大会；尤其是他撰写的教材、专著和他的学术活动，搭建了专业心理学家与心理学爱好者之间的桥梁，促进了教师、家长与专业心理学家之间的交流。萨利的研究重点是发生心理学(genetic psychology)，即广义的发展心理学(developmental psychology)。发展心理学研究人的心理在个体发展中的一般规律、各个年龄段的心理过程和个性心理特征(如儿童心理学、青少年心理学、成人心理学及老年心理学等)，这个特点在《笑的研究》对儿童和野蛮人的笑的论述中有明显体现。萨利的心理学专著《幻觉》(Illusions，1881)得到了著名心理学家弗洛

[①] 鲁道夫·赫尔曼·洛兹(Rudolf Hermann Lotze，1817—1881)：德国哲学家、心理学家，他对医学心理学的贡献使他被称为生理心理学的奠基人之一。

[②] 赫尔曼·路德维希·费迪南·冯·赫尔姆霍茨(Hermann Ludwig Ferdinand von Helmholtz，1821—1894)：德国物理学家，生理学家。

[③] 杜布瓦－雷蒙德(DuBois-Reymond，1818—1896)：法裔德国生理学家，柏林大学生理学教授。

[④] 泰奥多勒·黎波(Théodule Ribot，1839—1916)：法国实验心理学家，其著作包括《遗传：对遗传现象、规律及因果的心理研究》(Heredity: A Psychological Study of Its Phenomena, Laws, Causes, and Consequences，1873)、《意志的疾病》(The Diseases of the Will，1884)、《个性的疾病》(The Diseases of Personality，1885)和《情感心理学》(The Psychology of the Emotions，1896)。

3

伊德（Freud）和冯特（Wundt）的称赞；其著作《心理学纲要》（*Outlines of Psychology*，1884）被美国著名心理学家威廉·詹姆斯（William James）用作教材。此外，萨利还著有《感觉与直觉》（*Sensation and Intuition*，1874）、《悲观主义》（*Pessimism*，1877）、《心理学教师手册》（*Teacher's Handbook of Psychology*，1886）、《人类的思维》（*Human Mind*，1892）、《儿童的行为方式》（*Children's Ways*，1897）以及《笑的研究》（*An Essay on Laughter*，1902）。他的经典著作《童年研究》（*Studies of Childhood*，1895）包括对他儿子七岁以前的观察和对儿童画的独创性研究，于2000年在英国再版。萨利还曾为《不列颠百科全书》第九版撰写过"进化"（evolution）的词条，而人类心理的进化也是萨利研究的核心课题。

倘若萨利的《笑的研究》仅仅讨论笑的生理和心理机制，其思想价值便会大减。但我们看到，这本书把重点放在了探讨笑的社会意义上，用了更多的章节，对社会进化中的笑、社会群体的笑、作为社会成员的个人的笑、文学艺术中的笑等重大问题作了精辟的论述，其中既有独到灼见，亦不乏旁征博引，更时时不忘联系社会现实，这不但表明了作者的渊博学识，而且反映了作者的社会良知，他还一再强调幽默和讽刺应当适度并有所节制（这或许是其民族特性使然）。萨利很重视笑的社会学研究，但也采取了类似发展心理学的研究方法。他说："有望阐明这个题目的方法之一，是从笑的最早、最粗糙的形式开始，追溯笑的发展。一旦认识到了这一点，我们就会理解从科学角度讨论笑的全部纯粹标本的重要意义。若从人类进化格局的顶端入手，而不去考察那些较低的层次，我们就很可能无法深入笑的核心，像许多前人那样失败。"（第一章《绪论》）这也是从简单到复杂、从个别到一般的辩证方法。我们看到：追溯笑的发展时，萨利就像在描述一个人从婴儿期到成年期的成长过程，勾勒出了笑的来龙

译 序

去脉。

值得一提的是：本书论述的大笑，不但区别于较为温和的微笑，而且大多是指嘲笑。有些著述者认为，嘲笑中包含着优越感，甚至包含着几分残忍。波德莱尔认为：嘲笑是下意识的自傲感的表现，是"弱者用别的弱者开心"。例如见到有人在大街上摔倒，哂笑的旁观者会想到："我可不会摔倒，我保持了身体平衡；看不见人行道上的裂缝，看不见有块铺路石在挡我的道，我可没这么蠢。"①屈原也有"行不群以颠越兮，又众兆之所以咍也"的诗句（《九章·惜诵》），其中的"颠越"就是摔倒，"咍"（hāi）就是嗤笑。在《笑的研究》里，萨利对令人嘲笑的对象作了深入分析。在本书第四章中，他归纳了12类可笑事物，并指出："人的无知表现如果涉及公认的常识，便会显得格外可笑……正是这种对普遍常识的无知，才是许多违反规则行为（尤其是违反语言规则）的可笑性的部分原因。"他还告诉我们：社会大众判断可笑事物时，往往以常识和常规为标准，因此，无知、愚蠢、无能、自负、虚荣、作伪、互不协调、自相矛盾等现象便会成为最常见的笑料。人们嘲笑这些表现，其实并不全都因为人们自以为高明，而往往是因为这些东西太荒谬，明显违背了常识的理性标准。

本书作者萨利并不是个只迷恋象牙塔的学者，他在《笑的研究》中指出：

> 社会变革的每一个重大方向（例如知识概念的变革、道德情操的变革、政治和社会自由的变革、财富的变革、阶级和等级分化的变革），都会影响笑的冲动，

---

① 参见波德莱尔《论笑的本质和造型艺术的喜剧》（*De L'essence du rire et généralement du comique dans les arts plastiques*, 1855）。

5

使它在日常生活和艺术中的强度、分布方式和表现样式产生某种变化。(第九章)

公民缺乏幽默感,这大多都应归因于社会。卢梭若是长于欢笑,我们一定永远都不会读到他对文明及其种种产物的批判,他的批判十分独到,富于启发。(第十二章)

在当今时代,不存在这种促使社会所有阶级都爱笑的综合压力。当今尖锐的阶级对抗,尤其是雇佣者与被雇佣者之间的对抗,已使复活这种全体大众的欢笑几乎毫无希望。(第十二章)

当今时代的严肃性(它似乎已持续很久了)植根于人们更强烈的进取心,植根于一种更强烈的急切心理,即渴望爬上财富与舒适的更高阶梯,也植根于这种心理造成的不知足情绪。疲惫、狂热和焦虑扼杀了人们的一种能力,那就是全心享受那些简单的快乐的能力。(第十二章)

这些说法或许也是当今读者的共识,因为《笑的研究》虽然涉及了20世纪初大英帝国的社会现实,但也很像对当今商业社会的预言。从讥讽权贵到嘲笑平民,这是喜剧的堕落;从反映现实、干预生活到一味搞笑,这是文艺的堕落。笑不再仅仅是简单地表达快乐,有时也是假象和败象,因为它也能粉饰太平,颠倒是非,麻痹斗志,涣散人心。同时,萨利也反复地指出:若想在现实社会中生存,一个人不可对荒谬之事过分敏感,否则就会变成愤世嫉俗的恨世者。这也体现了一种智慧,它能把激烈的嘲笑弱化为温和的幽默,从而缓解人与人、人与社会之间的紧张关系。

在本书最后,萨利还表示了这样几分隐忧:"想到一切更欢

◆译　序

乐、更令人振奋的欢笑将会消失，这并非毫无道理。即便是笑的有益性，或许也不能确保欢笑冲动的永远存活。"而个人的幽默之笑则更有可能存在下去。这个结论当然来自严酷的社会现实，似乎有些悲观，因为作者看到：那些"可怜的、心烦意乱的人，连暂时摆脱自己陷入的那些混乱都做不到，因为他们的种种社会需求时时都在困扰他们"。不过，作者毕竟对笑的美好未来怀有信心，因为他知道，"纯洁的、诚挚的笑会使付出它的人感到幸福，也会使得到它的人感到幸福"。认真读过本书的人，也一定会产生同感。

最后需要说明的是，本书翻译历时九个月，经中国社会科学出版社张红、王琪两位女士细致地审读加工，最终定稿。译者对她们为此书出版所作的努力深表谢忱。希望本书能对我国当今对笑的社会心理学和美学研究有所启发，能激发广大读者探究笑的奥秘的更多兴趣。

肖　聿
2010 年 12 月识于北京

7

目　　录

译序/1

第一章　绪论/1
严肃地研究笑的目的——以前的哲学家对这个课题的做法——他们对待事实的方式——立普斯博士对笑的解释——理论的普遍缺陷——从科学角度研究笑的困难——考察范围

第二章　微笑与大笑/22
研究笑的身体反应的必要——笑的运动的特征——微笑的表达功能——微笑与大笑的连续过程——大笑运动的特征——伴随大笑的机体变化——笑的生理益处——过度的笑的影响——笑是一种表情——笑中表情与情感的联系——欢乐情绪与机体活动的互动——非正常的笑

第三章　笑的起因/44
感觉刺激造成的笑：搔痒——易痒区——搔痒感的特征——搔痒造成的运动反应——感觉在搔痒的笑中的决定作用——搔痒效果的心理因素——造成搔痒的客观条件——搔痒唤起的特殊情绪——笑的其他反应形式——各种自动的或神经质的笑——这些笑的共同因素：紧张的释放——各种欢笑——长时间的笑——欢笑的基本要素——欢笑的诱因：

(1)游戏,(2)戏弄作为刺激,(3)恶作剧与欢笑,(4)与竞赛伴随的欢笑,(5)异常严肃的场合引起的笑——欢笑习惯的生理基础

第四章　各类可笑事物/70

笑涉及的对象——可笑事物中的普遍因素——几类可笑事物:(1)新奇和古怪,(2)身体畸形,(3)道德缺陷与缺点,(4)破坏成规定法,(5)小灾小祸,(6)联想到下流之事,(7)伪装,(8)缺乏知识或技能,(9)互相矛盾与不协调,(10)俏皮话和妙语;不同可笑特征的共同作用,(11)作为欢乐情绪的表现的可笑对象,(12)涉及胜者和败者关系的可笑情境

第五章　滑稽理论/101

(一)贬低论:亚里士多德的理论——霍布斯的理论——贝恩教授的理论——对贬低论的批判(二)矛盾或不协调:康德的理论,或预期落空论——对康德理论的批判——惊奇在滑稽效果中的作用——叔本华的不协调论——对叔本华理论的批判——不协调的各种形式——理论批判小结——将两种原理结合起来的尝试——可笑事物是未能符合某种社会要求——原始的笑如何演变为滑稽效果——突然欢乐与摆脱紧张的关系——滑稽效果中的轻蔑因素——笑与游戏情绪——滑稽表现的游戏作用——理论考察总结

第六章　笑的起源/132

人类笑的起源问题——动物欢笑的可能基础——狗的玩乐感的表现——猿的欢乐表现——儿童第一次的笑:微笑的日期——第一次大笑的日期——微笑之后的大笑——两种笑在人类进化中的次序——对人类微笑起源的推测——原始的微

笑如何变成大笑——搔痒笑的进化问题——搔痒对动物的影响——儿童第一次对搔痒作出反应的日期——搔痒来自远祖的遗传——搔痒进化理论的价值——搔痒何以可能引起大笑

第七章　笑在四岁以前的发展/158

个人的笑的早期发展——微笑与大笑运动的发展——情感发展的一般过程——欢笑与游戏之笑的关系——欢笑的发展——惊笑的出现——第一次释放紧张的笑——庆祝之笑的初级形式——伴随之笑的发展——顽皮之笑的早期形式——粗野之笑的最早表现——无赖之笑的萌芽——对可笑事物的初度察觉——愉快致意的声音——在可见世界中对趣事的初期反应——对作假的初次享受——对不雅事物的第一次笑——对矛盾与不协调的朦胧认知——对俏皮话的初次感觉——结论的小结

第八章　野蛮人的笑/186

我们从何处了解野蛮人的笑——旅行者对这个问题的不同见解——笑是野蛮人的突出特点——对他们笑的活动的描述——好脾气的丰富表现——伴随着羞涩的笑——笑与对戏弄的兴趣——粗劣的恶作剧——人们接受笑的方式——自大和轻蔑的笑——诙谐的下流性——对可笑怪事的欣赏——嘲笑外国人的做派——嘲笑白种人的行为——内行嘲笑外行——野蛮人社会与白人的笨拙——荒唐感的萌芽——嘲笑同部落成员——男女间的互相嘲笑——纯粹幽默的事例——笑融入娱乐活动——模仿艺术的萌芽——专业小丑的类别——有趣的歌曲和故事——不同层次之笑的共存——怎样用笑管理野蛮人

第九章 社会进化中的笑 /217

笑与社会生活的联系——欢笑的传染性是一种社会性质——笑的社会作用——阶级差别作为笑的条件——社会群体的形成如何扩大了笑的领域——群体间相互嘲笑的作用——嘲笑其他群体的成员——上等人嘲笑下等人——下属嘲笑权威——以嘲笑反击工头——女人以笑反击男人——下等人的笑的纠正作用——群体之笑的安抚作用——笑的社会功能小结——将其他群体的嘲笑作为纠正自负的手段——社会运动对笑的影响——时尚的变化——时尚与习俗——时尚运动的快乐方面——时尚下降到下等阶级的可笑性——嘲笑过时的事物——进步的运动——笑着迎接新思想和新做法——笑着送别衰朽的习俗——欢乐精神对社会变革的影响——文化群体演化的影响——社会较小群体的影响——打破群体界限的进步作用——社会共同体向富翁政治过渡时的可笑表现——文化运动对欢笑的提高——陈旧的朗声大笑的衰落——大众的欢笑与权威的冲突——大众衡量可笑事物的标准的结合——为个人之笑作准备

第十章 个人的笑:幽默 /254

幽默的定义——幽默的特征——幽默情绪的智能基础——幽默思考是用双目观察事物——幽默者眼中可笑事物的领域——幽默中对意志态度的修正——幽默感的复杂性——相异感情的融合——用我们对幽默的分析解释事实——不同民族和种族的幽默——幽默中的气质和个性——幽默作为笑的活动的扩展——更细致地觉察人的可笑之处——欣赏人与环境的不协调——将性格研究作为消遣——笑渗入严肃领域——更大范围的笑所包含的仁厚意味——自我审查的有趣形式的范围——笑作为自我纠正的形式——幽默如何有助于

与他人交往——对小麻烦一笑了之——幽默在大麻烦中的作用——对社会现象的幽默沉思——上流社会的可笑之处——杂志是可笑的自我展示的媒介——以往与当前的社会现象——幽默地沉思危机时代的社会现象

第十一章 艺术中的可笑事物：喜剧/293

喜剧艺术冲动的来源——作为整体的艺术中笑的范围——诙谐文学的起源——喜剧的起源——喜剧事件是儿童游戏的发展——欺骗诸要素——喜剧是群体笑的运动的反映——喜剧对白是机智的展现——机智理论——机智是运作的智能——机智与俏皮话——性格作为笑料——喜剧中表现性格的形式——滑稽人物作为类型——古典喜剧中人物刻画的发展——早期英国喜剧对性格的处理——喜剧肖像画家莫里哀——他塑造性格的艺术——反社会人物与群体世界的对比——莫里哀喜剧角色性格的抽象与具体——莫里哀戏剧的喜剧结局——莫里哀喜剧的视点——英国王朝复辟时期喜剧的人物——兰姆、麦考莱论喜剧的道德因素——兰姆关于英国王朝复辟时期喜剧的见解是正确的——社会视点与道德视点的区别——喜剧放松了社会的限制——喜剧表现范围的局限——小说中的喜剧视点——文学中混合情调的笑声：讽刺——讽刺的程度不同的严肃性——刻毒讽刺的手法——讽刺里的机智——讽刺文学与幽默文学的对比——机智与幽默的关系——讽刺文学与幽默文学的分野——散文小说中的幽默成分——小说幽默与哲学幽默的分野——其他文学样式中的幽默

第十二章 笑的最高价值与局限/341

从哲学角度研究笑的必要性——哲学完成了个人对生活的批

判——哲学沉思中笑的空间——哲学使日常的世界显得渺小——哲学家为何大多不是幽默家——理想主义使我们对日常世界失去了兴趣——乐观的笑与悲观的笑——哲学怀疑论中可能存在的笑——培养哲学幽默的条件——对生活的最终评价里的幽默——哲学幽默的效用——个人视点的正确性——对世界进行幽默沉思的合理性——幽默思考有益于弱势者的生存——哲学家偏爱从世界引退——哲学幽默家沉思事物的视点——受到所在社会支配的思考者——幽默家、喜剧家和讽刺家的不同视点——笑的总体价值——喜剧的所谓净化功能——当今群体之笑的矫正功能——嘲笑是检验真理的手段——对私人之笑益处的评估——笑在人类品性中的位置——笑与社会友爱的关系——社会对笑的限制——对笑的控制是道德自我约束的一部分——控制笑的明智理由——鼓励他人热爱笑——容忍"从不笑的人"——培养年轻人的笑——笑在当今的地位——大众欢笑衰落的原因——笑在当今的特征——笑有可能消失——怎样将笑保留下去

第一章 绪 论

严肃地研究笑的目的——以前的哲学家对这个课题的做法——他们对待事实的方式——立普斯博士对笑的解释——理论的普遍缺陷——从科学角度研究笑的困难——考察范围

探讨"笑"的作者一定会遇到不少恼人的障碍。他会沮丧地发现：他的人类同胞虽然被恭维地描述为"会笑的动物"，却从不曾高度而明显地发挥笑的能力。不仅如此，他还很快会看到：许许多多的人自己就反对笑的运用，全都是"仇笑者"（laughter-haters）。这种人满怀严肃精神，在他们看来，诙谐这种与严肃截然对立的性情是一个天大的错误。他们认为，一切能被听见的笑都是教养不良的表现，身体肌肉的扭曲既不雅观，又背离了理性的庄重，是一种精神退化。把笑看做不体面之举，这种见解在切斯特菲尔德伯爵[①]的信中表述得十分清楚，写信人在那些信里自我庆幸，因为谁都不曾听见他笑过，而那是由于他充分地运用了自己的理性。这种不赞成欢笑和嬉笑的态度，有时大多来自道德上的考虑。笑被混同于对一切有价值事物的嘲笑，被

[①] 切斯特菲尔德（Chesterfield, Fourth Earl of Title of Philip Dormer Stanhope, 1694—1773）：英国政治家、作家，其作品《致儿子的书信》（*Letters to His Son*, 1774）描绘了18世纪的理想绅士。——译注

谴责为道德上的恶行，正如帕斯卡①所言："Diseur de bons mots, mauvais caractere。"②

因此，有一点似乎很明显：讨论笑的人势必会注意到"仇笑者"们的这种态度。如果他相信可笑事物引起的欢乐愉悦情绪在人类经验中也自有其正当的地位，就一定会随时准备挑战顽固推崇严肃的人反复重申的某些学说的垄断，也一定会随时准备反驳一种说法：坦率、诚挚的笑意味着趣味粗俗或者道德堕落。然而我们的探讨者也许不必因为这些坏脾气的"仇笑者"而忧虑，如今我们不得不面对的冷漠比仇笑更甚。我们虽然没有见到把欢笑公开斥责为粗俗或邪恶的人，却看到了一种不肯笑的人，一种纯粹而简单的"不笑者"（non-laugher）。正像这种人的希腊语名称"agelast"（从不笑的人）所暗示的，此类令人相当恼火的人在古代也屡见不鲜。在古代的英格兰，莎士比亚就见过这种"从不笑的人"，他们

> 终日皱着眉头，
> 即使涅斯托发誓说那笑话很可笑。③

但只是到了比较晚近的时代，我们才见到了更多种多样的"从不笑的人"。当今，与"从不笑的人"相比，会笑者的人数实在少得不成比例，且越来越少。这可以通过一种现象反映出来：如今被普遍称为"幽默家"的人，不久前还被视为"另类"

---

① 布莱斯·帕斯卡（Blaise Pascal, 1623—1662）：法国哲学家、数学家。——译注
② （法语）：说笑话者，人品不佳。语出帕斯卡《思想录》（Les Pensées）第一章。——译注
③ 此句是莎士比亚戏剧《威尼斯商人》第一幕第一场中萨拉里诺的台词。这里使用了朱生豪的译文。又：涅斯托（Nestor）是特洛伊战争中希腊的贤明长老。——译注

第一章 绪 论

或"怪人"。事实上,一位在世的作家甚至说:"由于世人越来越文雅,幽默已经难于出口,已经过时了。"(《科恩希尔杂志》第 33 卷文章《论幽默》,见第 318—326 页)

即使我们承认"从不笑的人"正在减少到为数不多的一群,也不妨碍我们把笑作为本书的论题。在人类大家庭里,具备完美的音乐听觉的人大概很少,但谁都不会认为因此就不该写出讨论音乐形式(即关于通奏低音等形式的科学)的著作。

然而,笑的朋友却始终存在,即使在当今这个颇为沉闷的时代也是如此;他们的数量也许比想象的更多。要证明这一点,你不妨想想一个奇特的事实:正如我方才引用的那位作家指出的那样,我们都不愿背上一种"可怕的罪名",它就隐含在"你不具备幽默感"这句话里。这其实是承认了欣赏笑话的能力是人类的一种属性,具备这种能力比不具备要好,但这当然远远不足以证明能欣赏笑话的人真正热爱谐趣。尽管如此,它至少证明了相当多的人都热爱谐趣。

对我们要进行的讨论,笑的真正朋友们现在也可能提出其反对意见,它们可能不像狂热的"仇笑者"和冷漠的"从不笑的人"的意见那么令人恼火,但从另一方面说,它们却更加尖锐猛烈。有的人具有一种天然的反感:他不喜欢让自己的日常娱乐活动成为严肃考察的对象。他的娱乐被放在了科学考察者的解剖刀和显微镜底下,这激起了他最强烈的反感。他高声地指出:幽默的咯咯笑声是人类事务中最微不足道、最没有价值的东西;捕捉这些笑声,把它们作为严肃考察的对象,这种努力很像孩子的做法,那孩子出于一时冲动,竟打算抓住和查看美丽的肥皂泡。

对这些欢乐之神的真正朋友提出的反对意见,我们理当给予全面而详细的回答。不过,在讨论之初,我们还无法作出完整的回答。谈论笑的论文要想消除这类反对意见,便只能依靠在论述这个题目的过程中表明:严肃的思考甚至也能触及欢乐精神的细薄之翼，而不会摧毁它；只要我们站在正确的视点上，就能领悟万事万物（哪怕是最微不足道的）；我们一旦开始思考人类的幽默性向，人类精神视野上呈现出的问题就会引起我们的特殊兴趣，而每一个能对事物发笑、能思考的人都应当具备这种兴趣。

探究人类的谐趣精神，提取其精华，这样的研究者显然必须具备特殊的素质。与一些人设想的不同，仅仅能清晰地思考，这还远远不够。他还必须兼备思想家的严肃和玩笑者的某种灵活机敏的智力。换句话说，他必须热爱自己讨论的主题，即热爱诙谐精神本身，同时还必须借助丰富的个人体验，生动、全面地理解他谈论的对象。

我们现在还不能说：一些声言要向我们揭示笑的秘密的人全都明显表现出了这些资格。谐趣精神不但会被公开漠视和对它有敌意的人所误解，而且也会被对它有几分个人体验的人（他们也声言要详细解释它的表现方式）所误解，这证明了人类事务中似乎贯穿着某种多变性。在文献里，把不断变幻的谐趣精神与敏锐的科学分析结合起来（像乔治·梅瑞狄斯[1]的论文《喜剧论》[2]那样），似乎还很少见。

哲学家们论述笑的大量著述，尤其明显地反映出了他们不熟悉谐趣精神。这里不必用大量篇幅提及玄学家们的高论，他们把喜剧因素设想为审美的"理念"（Idea）[3]必须经历的辩证过程的一个"瞬间"（moment）。这种"理念"一旦脱离了与（被我们称作"美"的）感性形象和谐一体的状态，就势必经历一些循环的发展过程，这样的描述听上去太玄妙了。出于某些表述得

---

[1] 乔治·梅瑞狄斯（George Meredith, 1828—1909）：英国小说家、诗人。——译注
[2] 《喜剧论》（*Essay on Comedy and the Uses of the Comic Spirit*）：梅瑞狄斯的美学讲稿，1877年初发表于杂志，1897年出版单行本。——译注
[3] 审美的"理念"（the aesthetic Idea）：黑格尔美学的范畴。——译注

第一章 绪 论

不太清楚的原因,这种令人敬畏的"理念"摆脱了它那个安静的伙伴(即形象,image),开始以"崇高"(sublime)的身份与"形象"作对,就和被它看做"丑"(ugly)而抛弃的"形象"结成了不愉快的关系。我们在这里看到了受到伤害的一方反抗其以前伙伴的决心。① 最终,它从形象的粗鲁行为将它投进的"迷醉"(swoon)状态中复活了,重申其合理主张,而那种主张最初使它并不满足于我们所说的"滑稽"(ludicrous)。

我这里是想把这些黑格尔派作家推测性的玄妙理论(在我能理解其大意的范围内)翻译成人们能理解的英语,而不是在讽刺它们。甚至赞成这些理论的批评家也发现,很难不带着几分嘲讽去看待它们。何况据我所知,在英国,没有一个复活黑格尔思想的人敢向我们狭隘的头脑介绍其神圣高论的哪怕一章文字,因为他们很有理由认为,那些文字本身很容易引起亵渎的嘲笑。

这种关于"滑稽"的概念与凡人日常的笑,两者相距遥遥。从黑格尔派思想家们将两者联系起来的尝试,我们就能看出这一点。黑格尔本人论述喜剧因素的本质时强调说:"只有喜剧中的角色身上真正的喜剧因素,才会被观众和演员自己都看做喜剧因素。"这似乎是说(要放心地解释黑格尔之言的确切含义,这总是有风险的):被世人愚蠢地看做喜剧的东西,其实大多都不是喜剧(包括莫里哀的喜剧)。②

这种雄心勃勃的玄学家天真地以为自己达到了一个高度,能从那里目睹世界理念(World-idea)的辩证发展过程自行展开,这时让他费心去研究我们日常的笑这种粗俗的东西,这要求也许太过分了。不过,对这种忽视,笑自有其温和的报复办法。和过

---

① 此句中"受到伤害的一方"指"形象";"其以前伙伴"指"理念"。——译注
② 参见鲍桑奎(B. Bosanquet)《美学史》,第360页,其中说,按照黑格尔的理论,严肃的现代喜剧(例如莫里哀的《悭吝人》)缺少喜剧特点。(作者注)

去一样，如今的喜剧家也常常从那些位于高高的玄学云端的人身上取材，却用作笑料，而不会用作对他那门技艺奥秘的进一步启发。

但更切合目的的做法却是谈谈另一些理论家，他们似乎解释了普通人对滑稽的理解，并且用得到了认可的实例检验其理论。但如果我们注意到一点，会很有启发：他们有时冒险踏上"经验"这块很难站稳的场地的时候，态度会十分谨慎。例如，在他那部主要著作的第一卷里，叔本华①提出了他关于滑稽的理论（我们将在以后讨论它），认为用实例说明他的理论是"多余的"。不过，在该书第二卷中，他却开始为读者的"智力迟钝"提供帮助，屈尊地举出了一些实例。他为读者提供的第一个实例是什么呢？是一个角的有趣形象，由一条切线和圆形上的一条弧线相交而成。他告诉我们，这个形象来自想到一个角意味着两条延长线的相交，但切线的直线和圆形上的弧线只能在一个点上相交，尽管严格地说这两条线是平行的。换句话说，我们在这里发笑，是因为如果我们想着一条切线与一条弧线相交，就意识不到我们看到的这个角。叔本华用可爱的直率态度说道："其中的滑稽效果无疑极为微弱；但另一方面，它却格外清楚地说明了所想与所见之间的不一致造成的滑稽效果的起因。"（参见《意志与表象的世界》第二卷）

叔本华自己发明的这个实例，说明了他不是形而上学的隐士，而是了解现实世界及其知识的人。另一些理论家虽然没有表现得如此大胆，但也都找到了自己的实例。但在很多情况下，他们选择实例都是任意的，并且忽视了与其理论相悖的例子。这已经足够清楚地表明：人们还没有作出认真的努力，为考察打下宽

---

① 阿尔都尔·叔本华（Arthur Schopenhauer, 1788—1860）：德国哲学家，其主要著作是《意志与表象的世界》（*Die Welt als Wille und Vorstellung*）。——译注

第一章 绪 论

广、坚实的基础。不仅德国人的著作说明了这一点，另一个民族①的作品也说明了这一点，而那个民族自称是"最会笑的民族"（这完全正确）。出色的法国思想家柏格森②最近发表了一本著作③，以其巨大的独创性为特色。在其中，他试图将一切形式的滑稽简化成我们动作、讲话和行为（它们都属于一种僵硬的机制）的替代物，其作用是使有机体获得柔顺性和可变性。这位作家很容易地找到了一些实例，说明僵硬机制产生的影响使我们感到有趣，例如滑稽的手势和姿态。但令人意外的是，他始终没有提到那些可以作为参照的相反事实，即过分自发、过分自由的动作，而我们渴望对它们进行某种压抑和机械的统一。小丑频繁而幼稚的蹦蹦跳跳，社会交往中过分的姿态，诸如此类的东西当然滑稽可笑，就像其他一些情况下缺少生命的充分表现一样滑稽。

比无视事实更不应该的，也许是极力将事实纳入一种适用于理论的模式。论述笑这个主题的作者当中也有这种做法，且很常见。以下是来自最近的一些理论家的例子。法国的一位评论家认为：我们看到小丑拼命撞门而发笑时，我们不仅笑他使出的力量与他要完成的任务根本不成比例。经过再度思索，我们发现这个人不知道该怎么开门，而我们却会因此将这种比例失衡和他那番毫无必要的拼命用力看做自然而然。④ 要理解普通人的笑这种迅速的动作，很难找到比这更鲜明的例子。我们将会看到，笑的理论（例如关于莎士比亚的天才的理论）往往会因为深入了笑的

---

① 另一个民族：此指法国。——译注
② 柏格森（Henri Louis Bergson，1859—1941）：法国哲学家、作家，其主要著作是《创造进化论》（*L'évolution Creatrice*，1907）。——译注
③ 一本著作：此指柏格森《笑，论滑稽的意义》（*Le Eire*，1900）。（作者注）
④ 参见卡米耶·梅里诺（Canaille Melinaud）1895年发表的文章"为何而笑？"（*Pour quoi riton?*）。（作者注）

内部而失败，因为它们力图过多地解释作者自己的习惯性思考。①

用一些篇幅来考察一位作者（他是当代心理学家中的佼佼者）论述这个题目的方式，我们也许能更清楚地看到理论家们如何惯于忽视和误解普通人笑的体验。立普斯②教授最近提出了一种关于滑稽的理论，并作了详细的阐释。③ 这个理论可以说是对康德理论的修正，康德把笑归因于"高度紧张的期望突然间被完全打消"④。立普斯认为：一旦"渺小"与其他事物之间的对比暴露在了阳光下，我们就产生了"滑稽感"。在相对较大、较重要的表现转到相对较小、较不重要的表现之间，存在着一种心理活动。滑稽的印象来自后者的无价值，而这是因为后者与前者相对立并因此令人失望。读者能记住的"渺小"，总是重要的东西在前，渺小的、无价值的东西在后。

为了说明他的观点，他举出了很多例子，其中之一是那个戴错了帽子的例子。他告诉我们：成人戴上了孩子的小帽子，孩子戴上了成人的大帽子，两者同样可笑。然而，使两者可笑的原因却不同。成人戴上孩子的小帽子，其滑稽感来自我们对成人价值的认知，我们由此期待成人戴上足够大的帽子，而那顶小帽子的顽固存在却使我们的期待落了空。所以，这种情况下的滑稽特征，这种情况下的渺小事物，乃是那顶小小的帽子。但是，看到

---

① 论述红鼻子和黑皮肤的可笑之处时，柏格森列举了几个突出的例子，将一种理论强行用在了与之不符的事实上。参见《笑，论滑稽的意义》，第 41 页。（作者注）

② 希奥多·立普斯（Theodor Lipps, 1851—1914）：德国心理学家、美学家。——译注

③ 这里提到的是他的系列文章《滑稽心理的分析》（*Psychologic der Komik*）中的一篇，那些文章收入了他的《滑稽与幽默》（*Komik und Humor*）一书。（作者注）

④ 参见康德《判断力批判》第 54 节："笑是一种情感激动，起于高度紧张的期望突然间被完全打消。"（朱光潜译文）——译注

第一章 绪 论

孩子戴上成人的大帽子时，我们的思想活动却恰恰相反。我们最先知觉到的是那顶大帽子，而不是戴它的人。最先引起我们注意的，正是成人的庄重帽子。而对它下面的孩子来说，它太突兀了，因为我们本来期待着更适合戴它的人。这种突兀就是滑稽的特征。换句话说：成人戴着婴儿的小帽子，可笑的是帽子；孩子戴着父亲的大礼帽，可笑的是孩子。

我们必须承认这个例子十分精彩，但它难道没有几分曲解事实吗？缺少哲学修养的幽默家会承认对笑的这种解释吗？在这样的解释中，难道没有某种为人熟悉的东西吗？我们不妨来看一看。

立普斯认为此例中两种情况的可笑程度相同，这个并不惊人的假定会使人产生几分不满。有人会指出（至少成熟的观察者会如此）：小孩戴着父亲的大礼帽，其可笑程度比成人戴着小帽子高得多。立普斯的这个假定太草率了。他的另一个假定也同样草率：他认为鼻子大得出奇和小得出奇，都是可笑之事的明显例子。这个说法至少是值得商榷的。与罗斯丹的喜剧《希拉诺·德·伯格拉克》[①] 以大鼻子为由头不同，我们几乎无法想象一出以某人鼻子之小为由头的喜剧。但我们或许不该把这种反驳推到极致。

因此，我们还是来分析一下立普斯提出的这两种情况。首

[①] 《希拉诺·德·伯格拉克》（Cyrano de Bergerac）：法国剧作家埃德蒙·罗斯丹（Edmond Rostand，1868—1918）的著名喜剧，剧中人希拉诺（Cyrano）文学修养很高，却自惭于大鼻子而不敢表白爱情。该剧 1897 年 12 月首演于巴黎，引起轰动，据说闭幕后观众鼓掌长达一小时。希拉诺的人物原型是罗斯丹最喜欢的法国剧作家萨维安·德·希拉诺·德·伯格拉克（Savien de Cyrano de Bergerac，1619—1655）。此剧后来曾多次被改编成电影，例如 1990 年由影星杰拉尔德·德帕迪约（Gérard Depardieu）主演的法国同名影片（片名在我国译为《大鼻子情圣》）。——译注

先，我们会对他那个假定的任意性感到吃惊，因为他假定我们思想活动的走向在这两种情况下恰恰相反。看到这两个格外不合适的帽子的例子，我们难道不该认为它们带给我们的愉快来自同一种心理活动吗？

立普斯或许是想说，我们往往去注意这两种情况下更有尊严的特征，即小帽子底下的成人和小孩子头上的成人帽子。但这个说法很不准确。无论在哪种情况下，我们都完全有理由反对假定"其中的思想走向正好相反"。作为训练有素的心理学家，立普斯博士无疑会赞成一个观点：智能的活动服从于普遍公认的规律。由此可以得出一个推论：见到一顶帽子会使人联想到人体的观念，因为与人体和人体恰当服饰的观念之间的联想相比，帽子与人体之间的联想明确得多，强大得多。我相信，任何人的经验都能证明这一点。哪怕见到商店橱窗里的帽子，也能使人联想到戴帽者；但有谁会说，见到一个人的头（例如你餐桌对面的人头，或者剧场里前排座位上的人头）会使我们联想到适合它的帽子呢？我们除了会想到户外见到的头，还必定会想到一些特殊情况，例如使人心生怜悯的秃头。换句话说：我们一定会想到帽子对戴帽者的全部影响和意义，而不是相反（即想到戴帽者对帽子的全部影响和意义）。

所以，我们必须反驳一种见解，即认为此例中存在两种方向相反的思想活动。即便其中出现了某种思想活动，那也必须作出这样的假定：在这两种情况下，对帽子的知觉都转变成了关于戴帽子的惯例和适当的戴帽者的观念。

那么，我们看到这两种古怪情景而发笑时，是否会意识到自己产生了这种思想活动？想到"小孩子戴着成人的帽子"这个无可争辩的事实，我们在产生一阵愉悦感之前，心中是否会先想到那顶帽子，再想到适合戴它的人？就我自己的经验而言，并非如此。不过，之所以没有产生这样的体验，却可能是

第一章 绪 论

由于缺少足够细致的内省。所以,我们不妨换个角度来考察这个问题。

我们见到这个情景时的开心微笑,如果来自"成年男性人体"这个观念的瓦解,那么,由于帽子先出现,戴它的孩子出现在片刻之后,我们就会预期它的滑稽之处会使我们感到格外显著的愉快,因此我们的思想就被迫朝着这个指定方向运动。我们假定,幼儿园里的一个孩子戴着他父亲的帽子,站在椅子上;你进了房间以后,首先瞥见了那顶帽子(以为它放在一件家具上),有一刻你预期它底下是个成人。毫无疑问,你会明确地意识到你的思想朝着这个指定的方向运动,接着会意识到你预期的观念解体为乌有。但是,清晰预期的元素及其化为乌有,难道不使你感到这个景象更有趣,甚至使这种有趣性更显著了吗?在这种情况下,你无疑会先有几分吃惊,然后十分意外,而这很可能增强你在这一瞬间的感情。你也很可能更由衷地笑起来(这并非不可能),因为你会产生一种上当感,其中包含着一种欢快的支流,它直接与你自己作对。但我敢肯定一点:你如此见到的这个景象(即先看见帽子,后看见戴帽子的人),却并不会使你觉得比你同时见到这两者时更滑稽。

幼儿园里这个小小的滑稽场景使我们开心时,究竟出现了什么情况?我们瞥见的,难道不是一种整体的滑稽(即帽子戴在了不该戴它的人头上)吗?我们的乐趣难道不是来得太快,使我们来不及从中找出我们见到的局部,并完成这个理论的天才作者所描述的那个思考过程吗?科学似乎证实了普通的观察所发现的东西,因为最新的心理学告诉我们:在我们感知一个对象的第一刻,我们不能明确地把握对象的各个局部,而只能模糊地把握对象的整体,而它的细节和明确性,则是后来才被我们逐渐感知到的。

我们只能把"整体"(ensemble)描述为由各个不适合的局

部构成的整体。我们对孩子戴着大而无当的帽子发笑时，我们注意到的对象似乎就是这样的"整体"。这种直觉里无疑包含着对细节的迅速把握，但是，它对各个局部的注意却并没有（像立普斯所说的那样）使对象分离，而是将局部联在了一起，将帽子和戴它的人联在了一起。

在这种情况下，我们发笑是因为对象上显著的尺度不合，这似乎足以描述实际发生的情况了。但还可能有人正确地指出：可笑的景象不仅仅出于这个原因，我们发笑是因为事物的违反常规和颠倒放置。可以说，这一定意味着思想的运动，换言之，这意味着思想朝着景象之外的某种事物运动，朝着常规的、有秩序的事物运动。

这个假定似乎很有说服力。何况，由于我们知觉到的是一个整体，我们便有理由假定：即便其中包含着思想的运动，这种运动也绝不会是从一个局部到另一个局部（像立普斯博士所想的那样），而是从当前这个古怪的、搭配错误的整体到另一个组合正确的整体。有人会问：在这种情况中，难道不会存在叔本华所说的那个过程吗？他的滑稽论相当清楚地描述了这个过程，那就是：想到了"现实对象与其观念之间的不一致"，于是通过联想回到了这个观念上。

对这个问题，我的回答是：根据我对自己在这种时刻的心理状态的分析，我发现，要对我眼前的古怪整体产生充分的愉快感，并不需要联想到另一个正常整体的观念。可以想见，另一个整体必须是同样的帽子戴在适合它的头上，或者是同样的头戴着适合它的帽子。我发现，我能很好地享受孩子戴大礼帽的喜剧效果，而完全不必想到这两种联合。

我又想到了一种更好的科学理论，它能证实个人自我考察的结果。心理学已经表明了一点：认知一个对象的时候，例如从我们正在走的路上跑过的一只黄鼠狼，（除了对这个对象的知觉）

我们并不需要回忆起我们在过去的观察中形成的黄鼠狼的观念或形象。由于某种知觉功能的组织，我们随时都能将一个对象看做熟悉的对象，看做一种具体的"类"，因此我们的头脑会立即将它看做黄鼠狼。换句话说，我们辨认事物，并不借助于当时头脑中出现的形象，而是借助于某种根深蒂固的"类化"（apperceptive）倾向或态度。

我认为，这些"类化"倾向还有另一种作用。它们不但能使我们立即认出某类事物，而不必回想到明确的观念，而且能使智能动物和人类从心理上排斥那些不符合"事物的类"的呈现物。我可以说，出现在我意识里的蜡像人，并不是全无活人的明确特征的形象。我们不必想到某类事物的具体形象，就能看出某个事物不属于特定的类，这种能力扩大到了对整体内各个局部的结合和排列的知觉。我的仆人扫去了我的书籍上的尘土，把它们摆放在书架上以后，我立刻就知道它们摆错了位置。[①] 在这一刻，我几乎不能说出什么才是正确的摆法。

我认为，立普斯博士举例中的笑的知觉属于即时知觉（instantaneous perceptions）。作为即时知觉，它们会直接地产生（通常如此），换句话说，它们根本不必回溯到惯例或正常安排的观念。

不过，读者也许会有力地指出：孩子带着成人的帽子，这个迷人的小场景带给我们的愉快中更多包含的是对反常的、不规则的现象的知觉。难道我们不是至少领悟了一个事实：那顶帽子不

[①] 我们判断出两个连续的印象是不同的，这时并不需要同时想到这两个印象。斯道特（G. F. Stout）和拉夫第（T. Loveday）最近强调了这个观点，他们引用了冯特和舒曼（Schumann）的见解。参见《大脑》杂志 1900 年第九卷，第 1—7 页和第 886 页。（作者注）又：冯特（Wilhelm Wundt, 1832—1920）是德国生理学家、实验心理学的奠基人，其著作《生理心理学原理》（1873—1874）被视为经典。——译注

仅不适合戴它的人，不仅是大错特错，而且僭越了成年人的特权吗？这孩子的行为之所以显得如此美妙地古怪，难道不正是因为我们心中注意到了这种以假当真（make-believe）的因素吗？如果真是这样，它难道不意味着我们心中想到了那顶帽子的正确归属（即他父亲的头和身体）吗？

我宁愿认为：反思我们的这些知觉（我们可能如此）时，我们往往会产生这样的想法。正如以上所说，见到大礼帽，我们的确会联想到其通常的戴帽者。在玩味这个小小的古怪行为的那一刻，我们也未必不会想到大礼帽戴在应戴者头上，尤其是在看到那孩子顽皮地打算冒充大礼帽享有特权的所有者的时候。我们对父亲戴上小孩子的帽子发笑，情况也是如此。因为发笑者（在这种情况下，发笑者更有可能是个孩子）很可能很自然地想到小帽子所属的小孩的头。小孩戴大礼帽和成人戴小帽子，至少在唤起想象方面，后者比前者似乎容易得多：前者使人想象到正确的戴帽者，后者使人想象到正确的帽子。

欣赏这个滑稽情景时，我们很难说清其中有多少"帽子从心理上转换为正确的戴帽者"的明确形象。在这个过程里，不同的人可能有不同的思想活动。根据我自己的体验，我要说：在我的想象里，至多是自动产生了一种表示正确配置的、朦胧的"示意性"轮廓。我认为这似乎在预料之中。在我看来，笑抓住了某种属于人的东西。这种可笑的并置，正是强调了有生命的戴帽者。把这种滑稽之处说成"孩子戴着父亲的帽子"，比把它说成"父亲的帽子戴在了孩子头上"更自然。只要看出那帽子本来属于父亲，我们就会发笑。要做到这一点，我们不必在心中描绘出帽子戴在父亲头上的画面。帽子已经变成了一种象征，我们把它看做成人的帽子，认为它具有属于成人帽子的尊严，尽管我们此刻也许没有想象它戴在其正确的所有者头上。

第一章 绪 论

　　我们的考察似乎表明：可笑事物的这个简单例子远远不足以表明一个假定合乎道理，即思想会从一个表现（presentation）或观念向另一个表现或观念运动，后者破坏了前者或使前者化为乌有。还可以补充一句：就我们意识当中真正出现的事物而言，当我们看到孩子的这种小把戏时，并没有发现各个局部之间只存在互相对立的关系。有一种奇特的现象（心理学家还没有对它进行充分的研究），它可以被称为复合呈现中各部分的特征的"交互扩散"（inter-diffusion）。一位置身于穷人当中的衣着华美的女士，她的形象或许会通过对比，使穷人的寒酸相更加显著，或许会把它的几分荣耀借给穷人，从而减弱穷人的寒酸相。后一种效果来自某种思考方式，它使我们愿意去看真正的整体，而几乎不去观察细节及细节之间的关系。我们若把戴着大帽子的孩子看做一个尊贵的整体，大帽子的意义便被转移到了孩子小小的头上。捕捉到这种"尊贵转移"的表现，这是旁观者把它看做"以假当真"和天真的冒充行为而充分享受它的根本前提。同样，我们若带着几分轻蔑去嘲笑戴着孩子帽子的成人，也是因为那帽子使天真、甜美的孩子之脸在刹那间变成了沉重、多皱的成人之脸。①

　　详细考察立普斯博士用一个简单的例子去解释可笑事物的尝试，这似乎很值得，因为虽然这种尝试显然是想把理论和具体事实联系起来，它还是表明了一种普遍倾向，那就是让事实去适应理论。不仅如此，它还表明了另一种同样普遍的倾向：无视我们的笑中包含的多样体验，而它们是我们欢乐的丰富来源，也是一种共同运作的方式，能使我们愉快地思考可笑的对象。我们将会

---

① 立普斯博士说，大礼帽屈尊地戴在孩子头上时，它似乎放弃了它作为成人帽子的尊严。这表明他几乎看到了复合整体各个局部之间这种相互作用的方式。（作者注）

看到，不少滑稽理论的尝试一次又一次地失败了，那就是想在一个领域里找出一种统一的原因，而那个领域格外突出的标志，却是"多种原因"的运作。

还可以补充一句：这样的理论即便不是片面的，即便不是对我们欢笑起因的勉强解释，也依然具有一个致命的缺点。正如洛兹[1]谈论康德的有关学说时所说，它们根本没有想去解释化为乌有的预期（或者不能正确地表现观念）为何使人发笑，而不是使人（比如说）咳嗽或叹息。洛兹是心理学家，也是生理学家，而我还要指出，他又是一位相当出色的幽默家。读过他的文字而有幸了解他的人，会再度看到隐藏在这些词句后面的他那张带着嘲讽的脸和闪烁着欢快目光的黑眼睛。

我们全都承认：探讨滑稽的人，无论多么渴望使自己显得富于哲学意味，都必须详细而全面地讨论人类的普遍经验。但就人们以往的尝试而言，我们完全有理由说，这个要求实在太高了。我们知道，可笑事物的意义具有极为多变的性质。正如那位大师告诉我们的："可笑或不可笑取决于听者的耳朵，而不是说者的舌头。"[2] 在现代人耳中，以前时代的滑稽文章听上去沉闷乏味，如同有气无力的鼓声。完全可能出现一种情况：听者虽然花了大量时间去思索文中的玄机，却越来越无法享受更普通、更多样的笑。听者发笑的能力受到了很大的限制，并可能朝着与更普通的笑截然不同的方向发展。叔本华那个有趣的小尝试（即想从一条切线与圆形上的一段弧线相交抽取出一个笑话）似乎就能说明这一点。阅读思想多产的德国人对滑稽的一些定义，你不得不得出一个结论：那些作者对笑都有各自的玄奥解释。例如，圣·

---

[1] 洛兹：参见本书译序有关注释。——译注
[2] 语出莎士比亚戏剧《爱的徒劳》（*Love's Labour's Lost*）第五幕第二场。（朱生豪译文）——译注

第一章 绪 论

施茨（St. Schütze）（著名的菲舍尔[①]曾将他的"滑稽论的尝试"一文誉为"卓越"）对滑稽下了这样的定义："滑稽是一种知觉或观念，它能在片刻之后使人产生一种朦胧的感觉：大自然在欢乐地捉弄人，而人却在以为自己能自由地行动。在这个玩笑里，人的受到限制的自由遭到了一种更高级的自由的嘲弄。"这似乎表明了作者滑稽观的价值范围。嘲讽事物与我们欲望和目标之间的关系，这的确有其有趣的一面。但是，只要对人类欢快的多种形式有最起码的了解，谁又曾想过把它们统统拖到一个如此狭窄的定义里？

人对可笑事物的感觉千变万化，由于人的性情和生活习惯的上千种不为人知的影响，每个人、每个民族的笑法都呈现为不同的样式，造成笑的条件也各不相同。这些活生生的现实，不但完全可能吓倒那些超然的隐士（我们也许几乎不可能期望他们阐明笑的冲动的众多狂野表现），而且完全可能吓倒其他人。我们会问：欣赏有趣或可笑的事物时，我们难道不会感到困惑，因为我们根本不知道笑的规律，因而无法理解笑，是这样吗？试图提出更多的笑的理论，这种可笑的努力难道不像是在根本没有规律的地方寻找规律吗？

这些困难可能确实存在，而我们也可能得不到有用的结论。不奋力搏斗以反抗自己"主观性"（Subjectivity）的各种狭隘影响，不认真努力以跳出个人好恶的界限，并进入欢快精神的广泛运作及其千变万化的表现的广阔天地，任何思想家都不能成功地阐明笑这个难以理解的问题，这是必然的。但是，如果一个人能阐明这个难题，又不会迷失在笑的欢闹场景中，那就没有任何理由反对他承担起这个任务，因为理性也指导着这个任务，正像在

[①] 弗里德里希·希奥多·菲舍尔（Friedrich Theodor Vischer, 1807—1887）：德国哲学家。——译注

笑的研究 /// AN ESSAY ON LAUGHTER

人类经验的其他领域里一样,那些领域里的事物最初看似反复无常,毫无规律可循,但它们的秩序和规律却会渐渐地自行显露出来。

显然,对笑这个题目的严肃探讨(例如我们即将进行的探讨)必须从这个科学的前提入手。我们用日常生活中的语言去形容人类的笑,尽管它五花八门,尽管它看似反复无常,但仍有规律可循。我们谈论的是"可笑的事物"(the laughable)这一客观领域。换句话说,我们讨论一些对象及其相互关系,那些对象适合讨论,并且往往能激起我们所有人的笑。确定可笑事物领域的各种特征,廓清这个领域的范围,应当是我们要解决的主要问题。

不过,严肃的探讨还能使我们更前进一步。我们清楚地强调了一点:笑的运动轻快而无常,笑来得快也去得快,无法预料,这是笑的本质。与此同时,这种探讨的主要目的之一则是表明:我们欢快的笑,我们嬉戏的逗趣,其根源也联系着我们种种重大利益。从这个角度看,笑具有重大的意义,因为它是人类机体的一种功能,它将其益处散布在人生的所有道路上。要充分地讨论这个题目,我们就必须深入探讨笑的运动的这种价值。

在人类生活格局中赋予笑某种目的,这个做法一定会遇到一个危险,那就是更深地冒犯笑的一些朋友。在这些人看来,笑十分珍贵,本身也很完美,所以提出将笑与某种外部的严肃目的联系起来,这仿佛是剥夺了笑的微妙自由,让笑去做它的传统夙敌——过分严肃的奴隶。对这些反对意见,只要说一句就够了:在我看来,在目前阶段,他们的这种担忧毫无根据。即使我们成功地表明了笑还能带给我们其他的恩惠,对热爱笑的人来说,笑着消磨闲暇时光依然是令人愉快的消遣,一如既往。另一方面,事实也将证明:表明笑的确能带来这些恩惠,也能使它们成为现

第一章 绪 论

成的论据,用来反驳"仇笑者"对笑的攻击。可以预料,我们若能使"仇笑者"相信:只要确保笑在其合法领地上的完整自由,笑就会不请自来(实际上是在无意之间出现),将清爽宜人、能使人康复的水滴洒在人生的干涸草原上,那么,"仇笑者"便不会如此沉湎于蔑视笑了。那位要将荷马和其他诗人排斥在他的理想国之外的古希腊哲学家①,却也表达过一个美妙的见解:美惠三女神(Graces)在寻找一座永不坍塌的神庙,她们在阿里斯托芬②的心灵中找到了它。他说这话时,或许也想到了笑带来的这些恩惠。

我们要探讨的这个题目很大,我们必须尽量做到对它的各个部分一视同仁。首先,我们必须设法避免一些人的错误,他们关于喜剧观念的深奥专论忘记了笑是一种身体动作。我们不应当害怕将对笑的讨论与一些非形而上学的实体联系起来,例如肺脏和横膈膜,因为它们似乎是笑的核心事实。仔细研究我们产生喜剧感时呼吸器官和其他器官的具体活动本身,这似乎属于对这个题目的科学考察。的确,在我看来,要理解大脑的这些无形的、令人愉悦的活动,我们必须首先将它们与身体的活动联系起来,因为至少可以说:身体的活动比头脑的活动更便于研究。

不仅如此,我们还应当研究欢乐精神的全部表现。我们绝不该把 gros rire③ 视为过于粗俗而不予理睬。以往建立滑稽理论的尝试往往都不成功,因为这些理论都给可笑的事物加上了苛刻的、高度人为的限制,认为它们只属于唯有有教养者才习惯享受的机智(wit)和高雅幽默的领域。

---

① 古希腊哲学家:此指柏拉图。——译注
② 阿里斯托芬(Aristophanes,公元前 448?—前 388?):古希腊讽刺喜剧作家。——译注
③ gros rire:(法语)刺耳的狂笑。——译注

这仍然不是全部。我们还可能发现：不考察我们发笑之前的欢乐的表现形式，我们就无法满意地解释我们对可笑事物发笑的理由。在对笑的种种奇特现象的论述中，的确包括培根[①]的一句话："发笑之前，我们一定会产生某种自负感（conceit），即感到某个事物滑稽可笑，因此笑为人类所特有。"这位归纳哲学之父对笑的这种论述，只适用于我们要讨论的某些讽刺形式，因为即使我们承认他说只有人才会笑是正确的，我们也不得不承认他这个论据极不牢靠。众所周知，培根所说的自负绝不总是伴随着每一种笑，更重要的是，即便产生了这种自负，它也往往是事后出现的，而不是事前出现的。在人类的一切事务中，笑最不应当害怕承认它的卑贱亲族。

有望阐明这个题目的方法之一，是从笑的最早、最粗糙的形式开始，追溯笑的发展。一旦认识到了这一点，我们就会理解从科学角度讨论笑的全部纯粹标本的重要意义。若从人类进化格局的顶端入手，而不去考察那些较低的层次，我们就很可能无法深入笑的核心，像许多前人那样失败。但是，若肯屈尊地考察笑在可以发现的最低层次上的表现，然后集中思考一个更恰当的问题，我们却有可能取得一定的成功，那个问题就是：历史上最早的笑（尽管我们认为它是愚昧无知的笑）怎样发展和分化成了构成文明人类幽默体验的众多形式？

事实将表明，凡是按照这个思路的考察，都不但必须关注可以获得的、来自原初之笑的王国的事实（例如幼儿和野蛮人的笑），而且必须关注各种社会影响力，它们与形成欢笑的各种表

[①] 弗朗西斯·培根（Francis Bacon，1561—1626）：英国哲学家、随笔作家、朝臣、法理学家和政治家。他在其著作《广学论》（The Advancement of Learning，1605）和《新工具论》（Novum Organum，1620）中提出的以观察和实验为基础的科学认识理论，作为归纳法哲学理论而逐渐得到承认。——译注

现大有关系。我们的笑的那些共同指向证明了笑的特征，表明了笑如何潜移默化地进入了社会生活的众多活动。

出于同样的理由，我们也势必要在一定程度上讨论笑在艺术中的地位，讨论喜剧家处理笑料的方式。

最后，我们大概会发现：对笑的这种更广泛探讨，将使我们去考察一些道德的或实际的问题，即赋予人类笑的性向的价值，以及对放任的笑的恰当限制。

如此确定的目标很高，也很复杂，对它的讨论很难做到既深刻全面又深入浅出，很难让会心的笑总在耳畔回响。从事这项不少人都似乎未能取得成功的工作时，本书的作者只要能对笑作出一定程度的阐释，便会认为自己很幸运了。

第二章　微笑与大笑

> 研究笑的身体反应的必要——笑的运动的特征——微笑的表达功能——微笑与大笑的连续过程——大笑运动的特征——伴随大笑的机体变化——笑的生理益处——过度的笑的影响——笑是一种表情——笑中表情与情感的联系——欢乐情绪与机体活动的互动——非正常的笑

　　研究我们笑的本质和意义，似乎更需要高度尊重事实。这就是说，正像我们已经提到的那样，我们必须考察笑这种动作本身，考察笑的方式，考察与笑相伴的环境，并使这种考察尽可能全面。

　　我们庄重的年长者往往认为：大笑和微笑是十分偶然的现象，是在一瞬间失去了一贯的严肃态度。这种看法往往会过分随意地表达出来。简单质朴的人类（例如儿童和野蛮人）常会让我们看到他们欢快的笑充满一天中的更多时光，比我们想象的多得多。活泼的孩子永远都兴高采烈，这种精神往往会考验稳重的成年人的耐心。如果真能让孩子提出人生理论，他便很可能会说，笑是消磨时间的正确方式，而严肃只是可恶的必需，只能偶尔容忍它。在任何情况下，我们都可以说，这样的观点代表了那些快乐的蠢货和白痴的精神状态。有人评论那些人时曾说：他们"一贯充满快乐，善良厚道"，他们不断地大笑或微笑，"他们脸上常常显出一种呆板固定的笑"（达尔文语）。

对笑的爱好者来说，这个理论很有吸引力。尽管如此，这个理论还是不能正确地说明严峻的生理事实。像咳嗽、哭泣等其他行动一样，笑的全过程也猛烈地中断了呼吸运动的节奏。因此，笑在人类机体中的功能似乎仅限于它的突然爆发。严格地说，哪怕是持久的微笑（它对别人比对微笑者自己显得有趣得多），也几乎无法与这种生命过程的平稳流动相容。所谓"永久的无聊傻笑"其实并没有达到如此。

作为生理事件，微笑和大笑的关系最近。正如我们将要表明的，我们应该把微笑看做不完整的大笑。因此，将这两者合在一起研究，才能取得良好结果。

微笑包括面部运动的复杂组合。读者只要想到面部特征的一些变化就可以了：嘴角拉回，微微提高；上唇抬起，露出一部分牙齿；以及这些运动引起的鼻子到嘴角的两条皱纹的弯曲。还必须补充一点：双眼下面形成皱纹，这是微笑这种表情的最典型特征，是最初那些运动的进一步结果。目光更加明亮，这可能起因于眼睛的紧张，那紧张由眼睛周围肌肉的收缩和抬起的脸颊的挤压造成，但眼球内血液循环的加速也对此起一定作用。

脸部的这些变化是微笑和大笑共有的，但在更强烈的大笑中，微笑造成的炯炯目光往往会被鼓起的泪囊所掩盖。

作为一组典型的面部运动，微笑最适合表现快乐的或幸福的头脑原始的、最普遍的表情。至少就微笑的一些面部特点而言，微笑标志了和那种与其相反的感情之间的对比。因此，它与哭泣时的面部表情大不相同，这很容易分辨出来。哭泣时，眼帘紧闭，嘴大大张开，形成近于方形的开口。微笑也不同于"郁闷"或"生气"时的脸部表情，这两种表情是嘴角下垂，双眉倾斜，额头出现皱纹。

我已经提到过原始的、单纯的微笑，它们可能在儿童和某些成人当中观察到，因为他们尚未学会控制原始的、本能的面部运动。在文明社会的有教养阶层中，这种原始的微笑不但被限制和纠正，而且服务于表露快乐和高兴这些自然体验之外的一些目的。我们欣然地看到，我们很少去谈论轻蔑的微笑、地位优越者稍带几分嘲讽的微笑、苦笑和冷笑。对这些微笑，只要说一点就够了：它们各有区别，全都与大笑紧密相关，因此能进一步说明微笑与大笑在机制上的相近。

我们再来谈谈"听得见声音的大笑"这种更广泛的经验。我们已经提到，从生理上说，这种动作与微笑之间存在着连续性。大笑的面部表情与"咧嘴的微笑"及"不出声的大笑"大致相同。只是大笑得太过度时，脸上会出现另一些明显特征：眼部肌肉的强烈收缩，造成皱眉和落泪。微笑与中度的大笑，这两者紧紧相连，这一点可以从我们经验的一种倾向中看出来：我们咧嘴微笑时，嘴张得很大，启动大笑的呼吸运动。正如达尔文等人指出的，从最微弱、最有礼貌的微笑到彻底爆发的大笑之间，存在着一系列的层次阶段。[①]

我们也许还能进一步地说，大笑时，普通的笑所显示的一系列不同程度全都或快或慢地消失了。有些笑容出现得比较慢的人，发现很难让自己"忘情地笑"；我们可以从这种人的脸上看到笑的这些不同阶段。一位独出心裁的美国研究者曾说：笑可以从眼睛开始，也可以从嘴部开始，但更经常的是从眼睛开始。他考察过七个人的笑，其中有五个人的笑始于眼睛。[②]

我们将在后文中讨论个人生活中出现微笑和大笑的时间顺序

---

① 例如劳兰（Raulin）《论笑》（*Le Eire*）一书的第 28 页。（作者注）
② 参见霍尔和阿林（A. Allin）载于《美国心理学杂志》的文章《搔痒、笑和滑稽的心理》（*The Psychology of Tickling, Laughing and the Comic*）。（作者注） 又：霍尔（Granville Stanley Hall, 1844—1924）是美国心理学家、教育家。——译注

第二章　微笑与大笑

关联。这里只先说一句就够了：这些关联很容易使我们将微笑既看做其亲族——大笑的先驱，也看做大笑的后继。最初的微笑，是从婴儿时期的过分严肃向彻底的欢笑迈出的一步；而最后的微笑，则是从这种欢笑向老年婴儿的迟钝沉静退回的一步。

由此，我们大概会自然地想到：微笑与大笑之间的这种鲜明区别往往是人为的划分。以切斯特菲尔德伯爵为首的社交界，也许很看重笑的初始与完成之间的这种区别，赞成微笑，禁止大笑；但自然的人却往往将这两者看做一回事。

语言的用法就能表明对这两种笑的同一性的认同。我们在古典语言里看到了一种倾向：用同一个词表示这两种笑。像微笑一样，大笑也被视为初始的笑，至少主要是一种能为视觉所把握的对象。这一点在拉丁语单词"ridere"中表现得格外明显。这个字的意思既是微笑，又是大笑，而很少用"subridere"[①]这种形式表示微笑。把大笑和微笑看做同一种面部表情，这个倾向在希腊语和拉丁语里自然地得到了补充，因为这些语言中还有一个单词"cachinnare"[②]，表示"能听见声音的笑"，在需要强调笑声时使用。在一些现代语言里，微笑与大笑的关联则精确地表示为"不充分的笑"和"彻底的笑"，例如意大利语中的"ridere"与"sorridere"，法语中的"rire"与"sourire"；德语中的"lachen"与"lächeln"。我们使用的英语和其他一些现代语言中也存在这两个互不相关的词，这也许表明了一个事实：某些民族更重视"有声的笑"和"无声的笑"之间的区分，而不大看重两者在可见表情上的相似性。

值得注意的是，即便用两个名称区分了这两种表情，在描述自然之美更明快的状貌（例如鲜花盛开的草地）时，人们还是

[①]　subridere：（拉丁语）微笑。——译注
[②]　cachinnare：（拉丁语）大笑。——译注

笑的研究 /// AN ESSAY ON LAUGHTER

往往用"笑"（to laugh）这个较强的字去比喻，而不用较弱的"微笑"（to smile）。但丁在《神曲·净界篇》里见到了一位画家，将他看做最精通着色艺术的人。此人慷慨地用这个美誉形容另一位画家同行，说后者画的几页比他自己画的"笑得更多"（più ridon）。（作者注：参见《神曲·净界篇》第十一篇第82—83行。对照《神曲·净界篇》的第一篇第20行，其中说那颗美丽的行星维纳斯正在使东方诸国发笑。乔叟沿用了这个比喻，参见《坎特伯雷故事集》骑士的故事第636行。在《旁观者》杂志第249期，艾迪生[①]也大致提到了"笑"的这种诗化用法。）*

[* 译者补注：
（1）此处所说的两位画家，前一位是13世纪意大利细密画画家奥德里西（Oderrisi），后一位是他的学生波罗哥那人佛朗哥（Franco Bolognese），据说他们曾为罗马教皇图书室的手稿染色。《神曲·净界篇》第十一篇第82—83行的原文是：
"Frate", diss' elli, "più ridon le carte
che pennelleggia Franco Bolognese."
（直译："兄弟，"他说，"波罗哥那人佛朗哥画的几页笑得更多。"）
在《神曲》王维克散文中译本里，此句为"那更悦目的是波罗哥那人佛朗哥画的那几页"（见人民文学出版社《神曲》1980年第二版，第225页）。
（2）《神曲·净界篇》第一篇第20行的原文是：
Lo bel pianeto che d'amar conforta
faceva tutto rider l'orïente.
（直译：那美丽的行星为激起爱情，
正在使东方诸国发笑。）
此句在《神曲》王维克散文中译本里为"向东方看，那美丽的行星向

---

① 约瑟夫·艾迪生（Joseph Addison, 1672—1719）：英国散文家，文风诙谐高雅，1711年与英国作家斯蒂尔（Richard Steele, 1672—1729）共同创办了《旁观者》杂志（*The Spectator*）。——译注

第二章 微笑与大笑

我微笑,她是爱情的鼓动者"(同前书第 171 页)。

(3)英国诗人乔叟(Geoffrey Chaucer, 1340?—1400)的《坎特伯雷故事集》(*The Canterbury Tales*, 1387—1400)"骑士的故事"中,骑士帕拉蒙(Palamon)见到雅典大公特修斯(Theseus)的妻妹爱米丽(Emily)在花园里散步,将她形容为维纳斯(Venus):

I know not if she's woman or goddess;
But Venus she is verily, I guess.
(直译:我不知她是女人还是女神,
但我猜她是真正的维纳斯。)]

现在我们来看看大笑的标志性特征,即产生一连串常见的声音。像叹息、哭泣等其他行动一样,大笑也打断了呼吸过程的自然节奏,在自然的呼吸过程里,吸气和呼气以有规则的间隔彼此相随。大笑打断呼吸的自然节奏,其显著特点是一系列短促的、间歇性的呼气动作,并由此产生笑声。不过,先于这些笑声的,却是格外有力而深沉的吸气动作,但不那么为我们所注意。打断正常的呼吸运动,涉及一些能使胸腔扩张的较大肌肉格外有力的动作,换句话说,那些肌肉能保证胸腔收缩、因而使横膈膜下降,还能使胸廓上升。

间歇性的呼气动作造成了笑声,这表明从气管到咽喉的通道(即声门之间的声带)被部分地关闭。音质取决于大笑时发音器官的特定位置,更取决于口内共鸣腔的形状。

我们虽然熟悉这些情况,但还是会发现很难对笑声作出精确的描述。首先,同一个人的笑声似乎千变万化,而不同人的笑声更是五花八门。另外,心理学家还不能对笑本身进行实验,因此目前尚无对笑的科学研究。我们希望,不久之后留声机能录下笑声,使我们能够随时考察它们。但即使这样,我们对笑声的描述也只能是非常粗略的。

在成年男性的大笑中(这种笑声也许更直率、更响亮),我们发现了声音反复的一些更普遍形式,从深厚的元音"aw"(在单词 law 中的发音)到尖利的"a"(在单词 bat 中的发音)。在我看来,涉及圆口型的长音"o"(在单词 go 中的发音),其出现要少得多。长音"ee"和"ai"也是如此。此外,还有那些最接近这些音的声音。

据我判断,这些声音的变化能改变音高。比较深厚的声音(例如"aw")似乎会与更响亮低音的爆发自然地连在一起,而另一些声音则会与音调更高的、类似"咯咯"的声音连在一起。这种联系本身也表现在一种现象里:大笑声的音高往往会经历一个从高到低的过程,其中的元音音质也在变化。

这些描述将使我们发现:笑声的元音音质会因性别和年龄而不同。哈勒[1]和格拉蒂奥莱[2]认为:女子和儿童的笑声(它与这两者的说话声音较高有关)接近法语里的"i"和"e"。[3]

这些典型的形式似乎在频繁地发生着显著变化。在我们已提到的美国人的研究报告里,大笑的方式被写成了一些十分古怪的印刷符号,例如"gah! gah!"、"iff! iff!"和"tse! tse!"等等。这些奇怪的写法如果是想表示有声欢笑的习惯方式,我们就会怀疑,它们几乎不能表示出发声的自然区别,而可能是对神经质和装腔作势状态的描述,而我们都知道,那些状态与固定不变的欢笑表情大有关系。

---

[1] 阿尔布莱希特·冯·哈勒(Albrecht von Haller, 1708—1777):瑞士解剖学家、生理学家、博物学家、诗人。——译注
[2] 路易·彼埃尔·格拉蒂奥莱(Louis Pierre Gratiolet, 1815—1865):法国解剖学家、动物学家。——译注
[3] 参见格拉蒂奥莱《论面部表情》(De la Physiononvie),第 115 页。培尼狄克(Benedick)发出的笑声是:"ha! ha! he!"见《无事生非》第四幕第一场。(作者注)又:《无事生非》(Much Ado About Nothing)为莎士比亚戏剧,剧中人培尼狄克是帕都亚的少年贵族。他这句台词是:"那么让我来大笑三声吧,哈!哈!喝!"。——译注

第二章 微笑与大笑

对笑的这番描述只能算作一种典型的形式。必须大大改变这样的描述,才能用它去描述笑这种表情在"上流社会"中那些被削弱的形式,它们出现得较为晚近。即使笑声的爆发一贯都是自发的、充分的,我们还是能听到大量不同的笑声,它们都与全部呼吸器官和发音器官的差异有关。笑声的音量、音高和元音性质,连续呼吸的速度,一连串笑声的长度,笑声开始和结束的方式,这些都可能表现出多样性,这就使大笑因人而异,或因民族而异。

现在,我们来谈谈伴随着大笑的肌肉运动的一些现象。若想准确地判断大笑对人类生命机体的价值,我们就必须仔细研究这些现象。

大笑的运动突然而猛烈地打乱了呼吸过程的平稳节奏,因此,我们有望发现大笑对机体的重大影响,不仅包括呼吸机制,而且包括血液循环机制。我们必须考察一种双重影响。首先,一系列间歇性的呼气(而正如我们所见,声门在这个过程中部分地关闭)增加了胸腔内的压力,因而阻止了血液从血管流入心脏。这个影响可以从头部和颈部的充血看出来,大笑的时间一长,便可以看到这种现象。其次,格外深的吸气往往会造成肺脏扩张,因而会促使血液从血管流入心脏。大笑时,这两种活动方式(即吸气加深和呼气加长)轮流出现,似乎给机体带来了明显的益处,因为它们既能加快血液循环,又能使血液的充氧更加彻底。最近有一些实验,考察各种感情刺激对脉搏的影响,在其中已经观察到了一种现象:大笑之后,血液会流动得更快。[①]

[①] 我看到了安吉尔(J. R. Angell)和汤普森(H. B. Thompson)的一篇文章《机体过程与意识》(*Organic Processes and Consciousness*),载《心理学评论》(*Psychological Review*)卷六,第55页。这些科学家指出,由衷的大笑造成呼吸曲线突然的剧烈变化,并伴随着最突然、最显著的血管扩张(在毛细血管搏动图上有所显示),尽管在其中一例中观察到了大笑引起的血管收缩。(作者注)

这种加速的循环，可能对机体产生更长远的影响。已经有人指出，"开怀大笑"（good laugh）的益处之一就是它能使大脑放松，而这似乎意味着它加速了密布在大脑中的血管里的血液流动。那些血管非常纤细，常常容易堵塞。

在此，我们发现自己面对着一个问题：大笑能产生有益的生理影响，这个说法究竟对不对？关于这种"身体锻炼"形式的各种观点，已经有了大量的文章，其作者既有乐天的欢笑者，也有庄重而超然的旁观者。不过，我们这里只能简要地谈谈这个问题的一个方面。

首先，一些没有文化的人对横膈膜和需要放松的密集血管一无所知。他们有一个强烈的信念：大笑能使生命之流快速流动。"笑一笑，胖一胖"（laugh and grow fat）等谚语就证明了这个普遍信念。与笑的热爱者们意气相投的人，也自然而然地看重大笑的这种有益影响。用韵文（它们叫做"讽刺寓言诗"，即 fabliau 或 Conte a rir en vers）写作滑稽故事的中世纪作家全都坚信：大笑"益于健康"（vertu saine）。

有学问的权威也大大支持了这种普遍见解。从亚里士多德的时代起，专家们就把发声练习（大笑显然是其中之一）推荐为增强肺脏功能、促进整个机体健康的一种方法。不仅如此，很多专家还反复地特别告诫人们：大笑是一种保健方法。博学的伯顿[①]引用了一些医生的话，以对一种古代习俗表示赞同，那就是用欢笑和笑话去活跃宴会的气氛（参见《忧郁心理剖析》，第二部分第二节）。在最新的生理学教科书里，读者会发现关于大笑的保健功效的内容。由于大大加强了掌管呼吸的大肌肉群的活动，尤其是由于这些加强了的活动对肺功能和循环器官的有益影

[①] 罗伯特·伯顿（Robert Burton, 1577—1640）：英国作家，著有《忧郁心理剖析》（*Anatomy of Melancholy*）。——译注

响，大笑在"身体锻炼"中获得了应有的一席。①

学问家也没有忽视大笑的有益影响。例如，在他的"有益健康的锻炼法"里，马尔卡斯特②高度评价了大笑的作用。他引证的生理学理由有时显得非常有趣，因为这位作家引用了盖伦③的著作和"精气"（spirits）学说。他认为，对双手凉的人、胸口凉的人和精神忧郁的人，大笑能有所帮助，因为大笑"能使更多空气进入胸腔，带来更温暖的精气"。他还积极建议搔痒腋窝，因为腋窝里有大量小血管和小动脉，"一经搔动，其本身便会变暖，由此将热量散布到全身"（参见奎克编辑的马尔卡斯特《论姿势》一书，第64—65页）。

现代医生及其前辈们都承认大笑有益于健康，而这些效果在多大程度上来自大笑对呼吸和血液循环的有力增强，尚难说清。大笑增强血液循环，会使人想到我们伦敦大街上的步行者和车辆的循环。一般来说，这种循环能自行保持自然顺畅。不过，有时也能听见警察高喊"快点前进！"，这显然也是有益的。类似的益处还可能扩大到消化器官和其他器官上。

同时，我们还必须注意到一种可能：大笑还会对我们的坚实机体产生另一种有益影响。正如我们已经指出的，精力充沛的大笑是用声音表示喜悦的天然方式，能使快乐的情绪突然增长。如今的心理学家们已经认为：愉快的感情往往会加强机体的整套功

---

① 伦纳德·希尔博士（Dr. Leonard Hill）在他的有益著作《人体生理学手册》（*Manual of Human Physiology*, 1899）中将大笑称为一种"良好的身体锻炼"，见该书第236页。坎贝尔博士（Dr. Harry Campbell）在其著作《疾病治疗中的呼吸锻炼》（*Respiratory Exercises in the Treatment of Disease*, 1898）中，更充分地阐释了大笑的生理益处，见该书第125页。（作者注）
② 理查德·马尔卡斯特（Richard Mulcaster, 1530？—1611）：英国学者、学校校长、作家、自由教育理论家。——译注
③ 盖伦（Galen, 130？—200？）：古希腊解剖学家、内科医生、作家。——译注

能，因为它们增强了支持机体功能的神经活力。

大笑对我们身体状态的一部分有益影响，完全可以归因于一个事实：大笑提高了神经刺激，从而显著地加强了生命活动。[①] 我们能突然爆发大笑，这可以归因于这种由愉快激发的神经活动的增强。在一切形式的真正欢笑中，大笑伴随着自主肌群的大量发散活动。在儿童及野蛮人单纯的大笑中，我们可以看到这种表现。突发的欢乐启动了大笑，也启动了手臂、小腿和躯干的运动，因此双臂便向两侧张开，如同翅膀，或者快乐地鼓掌，而整个身体也会跳起来。年岁较大的人可能不会如此忘情，尽管也有一些大笑时舞动双臂的例子。其中比较值得注意的一例是卡莱尔笔下那位托夫兹德劳克[②]的大笑，此人的大笑"不但是面部和横膈膜的运动，而且是从头到脚的全身运动"。遭到绝妙笑话的"猛刺"（stab），也许没有任何人会保持双臂下垂、身体僵立不动。

还可以补充一句：四肢运动对有力的呼吸运动的这种补充，赋予了大笑一个清晰称号——肌肉运动。这种肌肉运动非常强劲有力，可谓近于激烈。所以，像外科医生的手术刀一样，大笑对

[①] 在前面提到的那篇文章中，安吉尔和汤普森提出了一个假定：大笑时毛细血管的充分扩张是呼吸突然改变引起的现象。这似乎是个合理结论。但按照这些作者的说法，微笑和温和的笑也能造成类似的温和变化，我们看到的可能是这些作者宣布的一条普遍规律的表现，只是经过了伪装：愉快的体验伴随着外周血管的扩张。（作者注）

[②] 托夫兹德劳克（Teufelsdrockh）：卡莱尔1831年发表的著名小说《旧衣新裁：托夫兹德劳克先生的生平及见解》（*Sartor Resartus: The Life and Opinions of Herr Teufelsdrockh*）中的古怪哲学家。该书名又被译为"衣裳哲学"，其中的"Sartor Resartus"是拉丁语，直译为"再造的裁缝"。又：托马斯·卡莱尔（Thomas Carlyle, 1795—1881）：苏格兰历史学家、哲学家、散文家，其代表作是《法国革命史》（*The French Revolution*）和《英雄与英雄崇拜》（*Heroes and Hero Worship*）。——译注

第二章　微笑与大笑

健康的有益影响也取决于其运作的敏捷。

由此我们想到了另一个问题。如果说，大笑偶尔闯进一个领域能给人益处，而那个领域在其他情况下都充满了过多的沉寂单调，那就该对大笑的益处作出严格的限定。因为在大笑应当仅仅发挥净化作用的时候，它却太容易使人脸红，淹没一切，摧毁一切。换句话说，正因为欢快的大笑是突然爆发的、无秩序的过程，它就不该被不适当地延长。

一阵大笑究竟延长多久才开始令人不快，这很难说清。我们必须记住：在现代人大笑后留下的感觉当中，有一多半根本就不是纯粹的欢乐。从它最初的爆发开始，其中就包含着某种苦涩感，或者说某种忧郁的痛苦。尽管如此，只要抛开这一点，去观察真正欢笑的表现，我们还是会发现确定那个时刻绝非易事，只要大笑延长到那一刻以后，其作用就会变成削弱愉快的情绪，而不是增强它。像衡量人的酒量一样，衡量大笑的刺激程度也应当依照个人的体质加以调整。在生活中，也许有一种现象使人蒙羞：有的人不能持续地大笑（一位漫画家就描绘过这种情景），以及因为笑得心痛而筋疲力尽，颓然瘫倒，而其他人却在继续一起欢笑。

将与强烈大笑相伴的眼泪视为不讨人喜欢的现象，这很自然。我们认为，对我们有益的东西不该让我们哭。但我们还是会想到，人也会因为彻底的快乐而哭。一些大笑的人，其眼泪会来得比其他人更早。莎士比亚让他戏里的埃阿西摩（Iachimo）对伊摩琴（Imogen）说，她的夫君嘲笑那个法国情人的长吁短叹时"笑得连眼泪都滚出来了呢"[①]，你会问，莎士比亚是否想到了强烈的大笑？在莎士比亚的时代，大笑更不受拘束，大笑时或许也更容易流泪。

---

① 语出莎士比亚戏剧《辛白林》（*Cymbeline*）第一幕第六场。——译注

笑的研究 /// AN ESSAY ON LAUGHTER

达尔文仔细研究过大笑时的眼泪,他指出:大笑时流出眼泪,这是人类各个种族都存在的现象。他将笑泪归因于眼部肌肉的收缩,那些肌肉挤压了充血的血管,保护了眼睛。这就是大笑时流泪的意义,它与悲痛时和过分欢喜时流泪的意义相同。因此,突发的大笑非常近似于另一个极端——强烈悲恸。达尔文认为,这个事实有助于我们理解歇斯底里病人和儿童为什么会时而大笑、时而大哭。[1]

无论流泪的起因是什么,有一点都确定无疑:猛烈的长时间大笑还有其他害处。大笑后往往会叹气,有人认为这些叹息说明了一条更普遍的真理,即"一切快乐的尾巴上都有蜇人的刺"。我们对这个说法不必太认真。这种叹气标志着人体在大笑的惊扰之后恢复了平衡。莎士比亚深知猛烈大笑能使人心力衰竭。因此,他才说某人被大笑"猛刺"了,才将大笑本身称为一种"乐不可支"(into stitches)的体验。约翰·弥尔顿[2]写过"大笑攫住了他的两胁",写过"极度大笑时"心在狂跳、几乎破裂,写过一个人"笑得要死",这也许正是想到了大笑是一种"乐不可支"的体验。[3] 美国人的研究报告提到了大笑的众多消极后

---

[1] 参见达尔文的《情感的表现》(*The Expression of the Emotions*)第六章,第163页。值得注意的是,马尔卡斯特和当代一些生理学家认为:大笑时流泪有益健康,痛哭时流泪也有益健康。不过,他们似乎没有把它们同样看做偶尔为之的身体锻炼。(作者注)

[2] 约翰·弥尔顿(John Milton, 1608—1674):英国诗人、学者,其代表作是长篇史诗《失乐园》(*Paradise Lost*, 1667)。——译注

[3] 莎士比亚的《第十二夜》(*The Twelfth Night*)中的玛利娅(Maria)有一句台词,"你们若不怕伤了脾脏",似乎指出了一些人假定的大笑对机体的惊扰。(作者注)又:这句台词见《第十二夜》第三幕第二场,全句为:"你们若不怕伤了脾脏,愿意捧腹大笑,那就跟我来吧。"(If you desire the spleen, and will laugh yourself into stitches, follow me.)古希腊人认为脾脏(不是心脏)主管情绪,但作者这里使用了这个字的原始意义。(朱生豪译本中此句作"要是你们愿意捧腹大笑,不怕笑到腰酸背痛,那么跟我来吧"。)——译注

果：疲劳、虚弱、哀伤、头晕和呼吸困难等等。但也必须指出，这些不愉快体验几乎不足以让我们用"致命的"（killing）这个过于强烈的形容词去描述大笑。在正常情况下，这些体验造成的不便只是转瞬即逝的，而在热爱谐趣的人看来，这些体验不能抵消大笑带来的真正益处。大笑之所以致命（有时会如此），是因为它退化成了某种显著反常的东西，类似于歇斯底里的悲痛，或类似于巨大精神打击造成的错乱。

我们已经说过，像作为其初始的微笑一样，大笑通常也是快乐的感情状态的表现。在单纯的儿童和蛮族成年人当中，大笑是一种普遍方式，用以表达一切具有一定强度的快乐，他们突然意识到欢乐时（例如过分的喜悦或好心情）便会大笑。这样的大笑，明显地不同于那些与它截然相反的感情的表现。首先，大笑的状态与一般的痛苦、悲伤和心情忧郁的状态鲜明对立。大笑符合心理学家对欢乐状态的概括：欢乐的心情能自动地表现为活泼的扩张运动，而痛苦的心情则表现为肌肉能量的降低，表现为向内心的某种退缩。至少在大笑的某些表情方面，大笑以更为特殊的方式构成了与强烈痛苦的表情之间的对立。达尔文指出：悲痛中发出尖叫或哭声时，呼气延长而连续，吸气短促而断续；相反，正如我们所见，我们大笑时，呼气短促而断续，吸气延长。"人在心情好的时候，其表情与忧伤时完全相反"（参见达尔文《情感的表现》第 207、213 页），这只是一种更宽泛的概括（wilder generalisation）。

这种对立，显然有助于人们彼此理解对方的感情。在理解儿童的思想方面，我们常犯很多错误，其中之一就是混淆儿童的欢乐与悲伤，幸好这种错误并不频繁出现。极度欢乐与极度悲伤看似相近，前者的表情被误解为后者的，这只是格外反常的情况。

一些富于创见的现代心理学家迫使我们关注的一个问题是：

快乐与悲伤之间是否真的存在这样的关系。人们普遍认为大笑是快乐的产物。按照这里所说的理论（在用英语写作的理论家当中，威廉·詹姆斯①教授是这个理论的最著名的支持者），脸红不是端庄或羞怯的先期感情，没有脸红就没有端庄，事实上，正是脸红（即脸热的感觉）构成了端庄。这个理论对近来普及心理学大有贡献。我发现，对很多为应付考试而学心理学的人来说，这个理论就如同布丁里罕见的李子。对年轻女子来说，这个理论显得格外珍贵，其中当然包含着活跃的幻想。

可是，天啊！科学有时却会与活跃的幻想交战，也与这个理论交战。你极力用机体的影响去解释你的全部情感，却发现自己处境尴尬，因为你说不清这些机体影响本身是怎么产生的。你脸部毛细血管的肌肉做出造成脸红的惯常动作之前，你必定先产生情绪的激动和神经的震颤。

因此，在情绪体验的开始存在着感情因素，这不但是必要的假定，而且（至少在一些情况下）能被清晰地观察到。这种情况在某些感情中尤其常见，例如对美丽风景的赞赏以及对和谐旋律的欣赏。可以想见，在这些情况下，人人都能清楚地看到，启动和维持愉快之情的是来自眼睛和耳朵的许多快感之流，也是直接来自其中的愉快知觉。这些体验中令人快乐的崇高感全都来自继发的、内心激起的知觉，那些知觉伴随着肌肉和腺体变化了的条件、加速的心率和肉体的刺激等因素，这个说法一定会招来"高级感官"（higher senses）的不应有的愤慨，并且充分地展示出了潜伏在这个理论中的滑稽矛盾。（詹姆斯教授在他那部较短的著作《心理学》中似乎承认了这一点。参见该书第 384 页）

大笑的起因并不如此清楚，事实上，大笑的一个特点似乎能

---

① 威廉·詹姆斯（William James, 1842—1910）：美国心理学家、哲学家，机能心理学和实用主义哲学的创始人。——译注

支持这样的观点：我们能观察到的只是身体的反应，换句话说，我们很容易通过机械的或类似机械的方式引导出身体反应。在一切表情活动中，一个人最容易听从模仿的力量。儿童的大笑，由大众游戏"笑的合唱"（laughing chorus）激发的大笑，都清楚地表明了大笑具有传染性。[①] 不仅如此，我们还知道，一阵大笑可能产生于（至少是部分地产生于）一些动作，有人认为它们恢复了这个过程中的一些生理因素。我儿子告诉我，他骑了一匹没有鞍子的马快跑时，禁不住大笑起来；我女儿则说，她第一次登到高山顶上时，也禁不住大笑起来。看来，这些情况下禁不住大笑的首要原因，可能是运动和呼吸功能状况的改变。

这种看似机械的方式能激发大笑，这是无可争辩的事实。可是，承认这个事实是一回事，宣布"人在这种情况下会爆发出最充分的大笑"却是另一回事。我相信，关注自己心理过程的人会注意到：愉快的印象启动了笑的运动时，纯模仿性的大笑并不能最充分地表现欢乐精神。

还必须补充一句：在这里所说的情况下，模仿并不完全是机械的。我们因看到别人笑而自己也笑时，我们其实是把别人的笑看做了有趣的挑战，于是产生了欢快心情，难道不是吗？我们被别人洪亮的大笑声感染（至少可以说这种现象很普遍），就像被滑稽景象和声音感染，而那些景象和声音立即激起了愉快的肌肉活动，难道不是吗？我儿子在方才提到的情况下的大笑，似乎来自那匹马耳朵的运动，来自那个跑在他前面的男孩的运动。在一些成年人身上，最初的心理过程完全支配了大笑的运动，以致即使有力的机体力量促进了这些运动，我们也必须努力找出欢乐的起因。

现在我们来看看大笑这种情绪反应的一般情况。我们首先

[①] 参见劳兰《论笑》一书的第98页之后。（作者注）

注意到，大笑具有迅速爆发的特点。欢乐感情的最初高涨一旦启动了运动（通常说它"激发"了运动），这启动的速度就会像电流那样迅速，使人根本无法察觉到分明出现在运动之前的感情最初高涨。但这个事实却不一定会扰乱我们的考察。例如，我们嘲笑荒唐的、不协调的言谈举止时，一定会看到：启动了大笑的知觉是一种情绪知觉，它不但自动指向了具有情感因素和价值的事物（即这些不协调的特征），而且从一开始就带着欢笑的喜悦。高大女子挽着小个子男人的胳膊，说我对这个情景的知觉纯属智力活动，就像知觉到一个几何图形的两条线不相等那样，这恐怕或者是表明了缺乏幽默感，或者是表明了心理分析能力的奇缺。

但是，大笑领域里这种奇特矛盾的最清晰反证，却可能来自我们方才提到的那种情景，即由于体力不支而不能加入集体的大笑。在这种"自动出局"、无力参与大笑的情况下，我们其实完全有能力领会可笑故事的妙趣，完全能感觉到众人朗声大笑的号召。其实，这种情况给我们造成的痛苦恰恰在于：虽然谐趣的欢乐感在空中弥漫，此刻却失去了坚定的支持者，因而减弱到了一种无力、无效的状态。滑稽性依然在吸引我们，我们能感觉到它，但这感觉却不能正常地彻底表露出来。

这使我们直接面对着问题的核心，那有价值的核心，即最初看似空洞的矛盾外壳里真正存在的东西。"身体的回应"（bodily reverberation，即机体外周区域被提高或降低的神经活动的迅速反应）虽然不是情绪中的一切，但也是情绪的组成部分，一个重要的组成部分。像对其他情绪的充分体验一样，对滑稽之乐的充分体验也意味着，在我们高兴地迎接正在到来的谐趣的那一刻，我们的情绪已找到了出口，各神经中枢出现的神经旋流也沿着熟悉的通道，找到了通常的出口。不仅如此，而且像我们已经提到的那样，全身系统神经骚动的区域还大为扩展，使对谐趣的

第二章 微笑与大笑

享受更有活力、更加鲜明。

我这里举出了大笑的一个十分简单的例子,其中,快乐突然增加,欢喜达到了使机体作出反应的程度。不过,即使在这种情况下,依然存在着某种复杂因素,存在着涌出的精神欢乐与涌入的肉体共鸣之间的某种互动。的确,在畅快的长时间大笑中,身体的要素无疑对造成精神欢乐的心理—生理过程作出了反应。这意味着它先于这个过程的后期阶段。在一切情况下,这种核心的心理—生理过程要素都十分复杂,完成这个过程都需要一定时间,它与身体要素之间的互动也都至关重要。我们在前一章已经说过,一些理论家将所谓"思索的直觉"看做大笑的原因(因此先于大笑出现),其实它往往是事后的思考。这就是说,大笑的机能一经启动而准备释放,对可笑事物的第一知觉(尽管在具体特征方面,在与可笑之处的内在联系方面,这种知觉还十分模糊)已足以激发机体的反应,这种反应使欢乐情绪不断加强。这种欢乐可能自行维持片刻,成为一阵大笑,但这个过程中始终都存在着对引起大笑的"对象"(object)的心理瞥视,短暂而迅速。这些瞥视使对象的可笑特征越来越明显,因而提高了心理刺激的强度。

如果大笑只是一种良好的身体锻炼(我们已经看到了这种可能),能显著地促进快乐的活动,加强身体的康乐感,我们便很容易理解一点:对充分表现愉快心情和欢乐情绪,大笑是不可或缺的。的确,大笑的爆发性运动似乎属于欢乐的心境,属于意识的张扬,能使欢乐心境越发彰显。但是,过度放纵的大笑却会造成气短,或者从它爆发起就造成脉搏狂跳,以致使人窒息,因而也会使那些"从来不笑的人"感到惊惧。深沉强劲的胸腔运动能使人感到精神振奋,感到生命力的充分高涨。它们造成的大量感觉,其本身就是对我们意识的大大张扬。那些感觉部分地来自回荡在大笑者自己耳中的笑声,部分地来自内脏产生的巨大的舒适感。我们机体中这种突发的生命力高潮，至少是可笑事物带给我们的"突然的快乐"（sudden glory）的一部分。

我认为，这种机体膨胀对我们非常重要，它有不止一种表现。例如，我们开始大笑时，也许心中怀着某种苦涩或恶意，但大笑结束时，我们的意识却更自由、更平静了，仿佛大笑成了一种净化心灵的过程（像另一种与大笑截然相反的运动①一样），用快乐、安宁的心境取代了不快、不安的心境。我们很快便会看到：在大笑的诸多原因中，紧张的肌肉、紧张的心理、紧张的情感的暂时放松，即便不说是最普遍的原因，起码也是最普遍的原因之一。紧张心态的缓解带给我们的微妙的轻松感，无疑来自我们意识到了这个转变，意识到了我们已经逃脱了片刻前的压力。同时，大笑的生理过程本身，也可以通过使机体得到松弛，使精力得到恢复，大大改善整体的精神状态。

这种作用也适于描述那种令人不快的感情要素，它至少经常使我们的大笑成为一种混合的体验：

> 连我们最真挚的笑，
> 也混合着几分痛苦。②

有人会认为，雪莱③几乎不适合去判断人类的笑，但他这个对句却包含着真理的要素。毫无疑问，多种要素的这种混合来自

---

① 另一种与大笑截然相反的运动：此指痛哭。——译注
② 参见雪莱的诗《致云雀》（*To a Skylark*），原句为："Our sincerest laughter/ With some pain is fraught."——译注
③ 波西·比希·雪莱（Percy Bysshe Shelley，1792—1822）：英国浪漫派诗人。——译注

第二章　微笑与大笑

初始知觉本身，因为正如我们将看到的那样，可笑的景象通常都在某种可憎的背景上向我们显示出来。但我们却似乎有理由说：我们欢笑中的悲伤成分也有机体的支持，它表现在伴随着猛烈的长时间大笑的那种令人不快的声调。[①]

初始的（或"大脑的"）欢乐与机体反映出的欢乐究竟各占多少，我们尚无资料去判定。有一种观点认为，前者只是一种"依稀"而"朦胧"的感觉，因为它尚未被后者增强。这个看法似乎有些道理。它可以得到一个事实的支持：身体反应从来都不是完全无声的。哪怕一个人控制自己的笑，例如在教堂里，他也会意识到笑在自己喉咙中的一阵发作。不过，另一些事实却支持了截然相反的说法。我们抑制身体反应时，总会造成另一种明显不利的影响。我们强迫自己抑制自己的大笑时，这种努力本身就大大破坏了大笑的整个体验，因为这种抑制既是人为的，也是很难做到的。大笑的冲动与遏制大笑，这两者之间的冲突显然会令人不快，并随时都会发展成一种尖锐的痛苦。如果肉体由于全然疲惫而不能作出反应，这种疲惫感就会占据整个体验的大部分，它本身就不是欢笑，更抑制了欢笑的激发。因此我们必须等待，等待某位富于创造性的研究者获得成功，取得了有关资料，我们才能了解这两个因素的精确比例。那研究者必须在实验中成功地激起欢乐情绪，同时又能排除肉体反应，且不会造成新的机体意识。或者相反，他能设计一种方法（例如用电流刺激我们的外周肌肉），使我们能在某种完全严肃的时刻产生大笑的全部肉体反应。我们有几分理由预期：这个等待将很漫长。

[①] 富于创见的法国作家杜加（L. Dugas）指出，即使无法控制的狂笑（le fou rire），也多半是一种令人愉快的体验，尽管其中包含着受苦的成分。参见杜加《笑的心理》（*Psychologie du rire*），第 25—26 页。（作者注）

像对微笑一样，我们也必须注意大笑的典型形式的各种变体。大笑一旦不再出于纯粹的欢乐，而是包含了讽刺的苦涩，或是包含了轻蔑的挑战，这种体验当然就由于意识中的新成分而复杂化了。大笑的这些变化是否来自初始心态的不同，我们不知道。在这些情况下，生理过程（即呼吸运动、发声运动和更广泛的机体运动）会产生变化。苦涩的大笑似乎与彻底的欢笑感觉不同，笑声也不同。

在欢乐情绪激发出的典型大笑的这些变体中，我们看到了一种新要素——意志（will）的侵扰。举例来说，英国下议院中发出的嘲笑，其中包含的讽刺意图比天真儿童的大笑中更多。

意志的这种侵扰既会限制大笑的自然过程，将它减弱成退化的初级形式；又会造成种种做作的虚假效果，使人误以为是自发的大笑。这种双重活动支持了一种观点：上流社会的种种规矩不仅是为了消灭"粗俗的"（vulgar）大笑，当有人努力使众人感到愉快时，这些规矩还能使人们装出愉快的样子，因此才有了有教养者们采用的大量离奇的笑法。吃吃的笑、傻笑和窃笑等等，似乎不但减弱了或部分地压抑了大笑，而且替代了大笑，只要在必要时能作出这些笑。只会发出这种劣质的笑的人，当然会被更喜欢大笑者们所蔑视。卡莱尔写作托夫兹德劳克先生的洪亮大笑时，自己有时也会朗声大笑。托夫兹德劳克先生看不起那些不会大声欢笑的家伙，说他们"只会从嗓子眼儿里发出吃吃的窃笑声；或者顶多发出断断续续的沙哑哄笑，就像嘴里塞着羊毛"（参见《旧衣新裁》第一卷第四章）。对这些被歪曲的大笑的精确科学记录，即使不像卡莱尔的描写那么生动，也具有相当重要的价值。大笑的这类赝品伤害了热爱大笑的人，但他们至少能因为想到了一点而得到安慰：这些假笑中没有真正的大笑所包含的欢乐，甚至没有真正大笑中那种使人精神振奋的感觉。还不仅如此，由于这些假笑都是被迫的

第二章 微笑与大笑

表演，它们想必还掺杂着某种令人不快、令人作呕的感觉。大笑的这些虚假变体往往很早就出现在个人生活当中，想到这一点的确令人悲哀。威廉·普莱尔①告诉我们，他能从自己三岁儿子的笑声中分辨出真正的笑和装出的笑，后者大概是被迫的。这类欢笑可能都具有众多令人不快的笑声（幼儿以能发出这些怪声著名），一定数量的"极有礼貌的"孩子会一成不变地选择这样的笑声，而不选择那些能充分表达欢乐的笑声。

---

① 威廉·普莱尔（William Preyer，1842—1897）：德国生理学家、实验心理学家，著有《儿童心理》（*Die Seele des Kindes*）。——译注

第三章　笑的起因

　　感觉刺激造成的笑：搔痒——易痒区——搔痒感的特征——搔痒造成的运动反应——感觉在搔痒的笑中的决定作用——搔痒效果的心理因素——造成搔痒的客观条件——搔痒唤起的特殊情绪——笑的其他反应形式——各种自动的或神经质的笑——这些笑的共同因素：紧张的释放——各种欢笑——长时间的笑——欢笑的基本要素——欢笑的诱因：（1）游戏，（2）戏弄作为刺激，（3）恶作剧与欢笑，（4）与竞赛伴随的欢笑，（5）异常严肃的场合引起的笑——欢笑习惯的生理基础

　　讨论"笑的起因"这个被频繁讨论的问题之前，先考察一下笑的过程本身，这似乎是可取的。要探讨我们讨论的主题的这个方面，我们应当（像已经提到的那样）全面地考察欢笑的各种场合，考察产生欢笑的各种方式，通过这种更广泛的考察，去研究一个范围较窄的问题，即研究欢笑行为的性质和方式。
　　按照一般的假定：在普通的情况下，笑是由某种刺激物引起的。更准确地说，笑是由感觉的呈现（sense-presentation）或者表示笑的意念（例如"好笑的"感觉、看见滑稽的人体或者离奇有趣的幻想）引起的。尽管如此，我们还是不该以为所有的欢笑中都存在这种初始的表现。像我们在第二章中提到过的

"好心情"引起的笑一样,我们还将更清楚地看到:在一些情况下,欢笑表现为一组自发的(或者说"自动的")运动。

不过,我们最好还是从一个方面入手开始考察:考察由明显的感觉刺激造成的各种笑。考察一种明显由刺激引起、而智力活动在其中只发挥从属作用的笑,这个做法更便于我们的研究。搔痒(tickling)的作用显然就属于这一类。作为刺激笑的最简单方式,搔痒似乎值得我们最先考察。不仅如此,由于我们能借助实验、获得对"搔痒"这种刺激笑的方式的较精确认识,所以我想详细地谈谈搔痒的问题。

对被搔痒这种体验的最好描述是:这种体验是一种纯粹的感觉反应,换句话说,它是对感觉刺激过程的运动反应,而那个过程能产生各种明显的感觉。但是,说搔痒(titillation)只能造成感觉,这不够科学。搔痒还能激起某些运动,而我们必须作出一个推断:如果搔痒没有激起这些运动,那就或是因为这个过程对感觉的刺激不够,或是因为运动冲动的某些方面被压抑了。

众所周知,搔痒的刺激是一种轻微的触觉。实行搔痒的通常是手指或是比手指更柔软的物体,例如羽毛。搔痒的接触方式很轻微,或至少通常不会达到重压的程度。搔痒的接触方式通常是间歇断续的,一个或几个手指作出一系列短促的、不连贯的触碰动作。手指从这一点到另一点的运动,通常伴随着一系列接触。不过,在一些情况下,一个轻微的触碰,甚至连续触碰几个点,就足以造成搔痒的效果。

人们尚未弄清这些感觉的精确性质。很显然,搔痒中"最小的刺激"(minimal stimuli)不会仅仅造成最微弱的感觉。罗宾森博士[1]提出了一个事实,似乎能证明这一点。那个事实是:一

---

[1] 路易斯·罗宾森(Louis Robinson, 1857—?):英国儿科医生、作家、进化论者。——译注

部分最敏感的皮肤（指尖和舌尖）"对搔痒几乎毫无反应"[1]。冯特[2]指出：像其他的皮肤感觉一样，搔痒的感觉往往会扩散，通过反射机制，其他部分的皮肤甚至离搔痒处最远的皮肤也会出现感觉。[3] 这种情况本身就表明，搔痒的感觉更接近机体的感觉，而不是纯粹的触感。有人认为，搔痒的轻微刺激使皮肤产生了某些机能变化，更显著地改变了毛细血管中的血液循环。[4] 很多人都知道，并不是皮肤的所有部分都对搔痒作出同等的反应。某些区域通常被称为"易痒处"（ticklish places），例如足心和腋窝。我们从斯坦利博士（Dr. Stanley）的问卷中知道，根据人们提到身体易痒部分的频度，人体的易痒部分依次是足心、腋窝、下巴底下、肋骨等。调查表明，人们的搔痒体验大不相同，有些人说他们全身都容易产生搔痒感，另一些人说自己只有一个易痒处。这种调查所采用的方法，显然不是对相对敏感性的精确测量。[5]

对人体的易痒区域，罗宾森博士作了更为科学的考察。他对大量 2—4 岁的儿童进行了实验，实验的明确目的是确定人体各部分对笑的反应程度。根据他的研究结果，以反应敏感度递减为

---

[1] 参见罗宾森的《医学心理学辞典》中关于"易痒感"的文章。他还说，易痒感并不完全等于对痛觉的敏感。另一方面，黎谢博士也指出，对搔痒最敏感的部分是触觉神经最丰富的部分，参见他的《生理学辞典》（Dictionnaire de Physiologic）。（作者注）又：夏尔·黎谢（Charles Robert Richet，1850—1935）是法国生理学家，曾获 1913 年诺贝尔奖。——译注
[2] 冯特：参见本书第一章《绪论》有关注释。——译注
[3] 参见冯特《生理心理学原理》第一卷，第 434—435 页。这位权威认为，刺激的传播或者是直接从一个感觉神经纤维到另一个，或是间接地引起肌肉收缩和肌肉感觉。（作者注）
[4] 参见齐尔佩《心理学纲要》（Outlines of Psychology），第 148 页。（作者注）又：齐尔佩（Oswald Külpe，1862—1915）是德国实验心理学家。——译注
[5] 参见霍尔和阿林的文章《搔痒、笑和滑稽的心理》，载《美国心理学杂志》卷 9。（作者注）

第三章 笑的起因

序，这些部分是：颈前区、肋骨、叶腋、肘弯、肋骨与腹肌联合处、侧腹、髋关节、大腿前区。[1]

只要稍微浏览一下这些报告，我们就能发现，它们确定的这个皮肤易痒性范围尚不完整。顺带说一句，罗宾森博士既没有提到足底（人们普遍认为它是高度易痒区），也没有提到手掌，而我们将表明：手掌绝对是易痒区。[2] 对易痒性在这些部位的局部变化，我们完全应当进行更精确的实验调查。一旦确定了那些高度敏感的部位，我们就应当考虑一个问题，即是否能划分出那些部位在结构上的明确特性。

列入易痒部位的感觉，很可能属于不同的性质。任何情况下产生的感觉都十分复杂，都包含着触碰和机体的因素，这个说法大致不会有错。但我们会看到，其复杂性往往更高。一个明显的例子是，轻轻刺激耳孔或鼻孔除了使人感到搔痒，还会格外使人恼火，这是因为刺激了这些部位的毫毛，它们在这些部位特别丰富。[3]

同样，一些没有毫毛的皮肤表面也似乎具有特殊的搔痒敏感度。至少就我自己而言，根据我的记忆，轻轻触碰我的足心就能激起一些感觉，它们几乎与搔痒感完全一样。如果搔痒的力量更强，接近于用手指挖腋窝，就会造成更复杂的感觉，因为这时必定刺激到了足心位置更深的神经末梢。

最后，我还必须补充一句：搔痒时间的延长即使不能造成相同的感觉，似乎至少也会造成搔痒强度的变化。因此这些感觉也

---

[1] 罗宾森博士的这些观点一部分见于上页提到的那本辞典，一部分见于他好心为我提供的他在英国医学会和西肯特郡医学会的讲稿。在讨论人体易痒性这个问题时，我大大利用了他的见解，它们都很有趣，并且大都十分出色。（作者注）
[2] 黎谢博士将这两处归为最敏感区，见前述的他那本辞典。（作者注）
[3] 使身体上毫毛竖立起来的肌肉活动使这种效果进一步复杂到什么程度，这种效果与搔痒皮肤的效果接近到什么程度，我说不清楚。（作者注）

被列为搔痒感，尽管它们有共同的特点，但种类却很多。

我们要讨论的是这些感觉如何激发了笑，因此，我们完全应当仔细研究这些感觉中包含的情感。它们大多属于机体的感觉，所以我们有希望看到它们包含着令人愉快或不快的鲜明要素，而这正是我们的发现。至少我无法想象自己产生搔痒的体验时完全无动于衷。不过，我们若问其中的一种感觉里究竟包含着什么情感因素，却会发现对这个问题根本没有简单的答案。一些心理学家认为这些感觉通常都具有令人不快的特点（参见齐尔佩的《心理学纲要》，第147页）。另一方面，儿童当然很喜欢被搔痒，要求搔痒，把搔痒当做消遣。这马上使我们想到，我们在其中看到的是多种复杂的情感。事实上，我们对这些感觉的研究也将使我们得出这样的结论。

凡属搔痒行为所造成的感觉，都不仅仅是令人愉快的或令人不快的，我认为这是一个似乎合理的假定。它似乎总是具有混合的情感色彩：有些感觉元素令人愉快，另一些则令人不快，尽管分析还不能确切地描述这些元素各自的特征。

若采用这个假定，我们就该期望：我们提到的这些复合感觉中的区别将会导致一个结论，即虽然其中一些大都是令人愉快的感觉，但是另外一些却相当令人不快。我相信，这个说法与观察的结果是一致的。按照罗宾森博士的说法，刺激耳孔和鼻孔的毫毛造成的搔痒感"显然令人讨厌"。搔痒足心造成的感觉，无论其强度大小，通常都被人们（至少是年龄较大的儿童和成年人）看做令人不快。这当然和我对自己的观察一致。连最轻微的触碰足心（例如用发刷的柄去触碰）都会使我产生明显的厌恶感，还伴有一种奇怪的龌龊感，我想最好别在这里描述它。

相当奇怪，搔痒引起的明显的不快感的一个例子，来自类似足心的另一个没有毫毛的体表，即手掌心。一位善于观察儿童并具有记忆天赋的女子提到她儿时的经历时，告诉我说，她小时候很喜欢别人挠她的手。她的感觉类似"恐惧的欢乐",那种恐惧来自一种怀疑,即怀疑这样的消遣不十分妥当。其他一些主导性的不快感,似乎是由更轻微地刺激身体一些部分所产生的种种感觉,那些部分是特定的搔痒易笑区,即腋窝和肋骨。至少有一个事实暗示了这一点:年龄较小的儿童很喜欢别人适度地搔痒这些部位,并且要求再来一次。

这些情感色彩的一个重要特点是它们都很不稳定,很容易改变。我们也许能在某个特定瞬间清楚地觉察到感觉中令人愉快或不快的方面占了主导,但这只能持续片刻。压力的增强,刺激时间的进一步延长,甚至接触方式的略微改变,都足以激起相反的情感知觉,使后者成为主导。

现在我们来谈谈运动反应,它在目前的讨论中尤其重要。抛开那些不太明显的因素(例如毛发肌肉的收缩)不谈,我们发现了两组很容易察觉到的运动:一是一些保护性的或自卫性的反应,其目的在于防御或躲避搔痒刺激的攻击;二是表现快乐和嬉戏欢乐的运动,从微笑到喧闹的、长时间的大笑。

自卫性的运动包括以下这些:足心被搔痒时,收回脚和腿;颈部被搔痒时,将头弯到肩部;身体受到搔痒的一侧凹进;用力推开搔痒者的手;儿童脸朝上躺时,若被搔痒,会扭动身子并用胳膊护住身体。这些运动似乎大大改变了搔痒激起的感觉。罗宾森博士告诉我们:足心被搔痒时,会将一种不快感传入颇为愉快的感觉。

现在我们来说说目前讨论的最重要问题——搔痒过程中引起笑的反应的条件。这种反应显然是儿童爱笑表现的典型形式。

我们多少已经知道:在这种情况下,我们无法根据其中感觉的任何明确差别划分出笑。罗宾森博士认为,能激起笑的搔痒是一种特殊的刺激,与对深层神经的刺激有关。希尔博士(Dr. Leonard Hill)曾为我验证过这个观点,他写道,"对深层刺激和表层刺激的反应毫无不同","我断定,哪怕最轻微的表层刺激也能激起笑"。这当然与日常的观察一致。最能激发笑的搔痒形式之一,是一系列力度最弱(pianissimo)的触碰。

同样,谈到人体皮肤的易痒区时,我们也必须注意不要把能激起笑的搔痒限制在任何既定的区域。不可否认,通常在儿童身上,有些区域更容易对搔痒刺激作出反应。大多数读者也许会想到腋窝。值得注意的是:达尔文曾说,类人猿"被搔痒时,尤其是其腋窝被搔痒时,会反复地发出一种声音,它等于我们的笑"(参见达尔文《情感的表现》,第201页)。但是,这个事实并不意味着这个敏感区有明确划定的范围。希尔博士明确地告诉我,根据他的调查,有利条件下的笑,可以由搔痒身体的任何部分激发出来。罗宾森博士在写给我的信里,解释了他赞成希尔博士这个观点的理由。他发现,儿童若处在易被搔痒的心境中,搔痒他身体的任何部分,甚至只是作出要搔痒他的样子,都足以使他笑起来。另一方面,我们也不能说体表皮肤的任何部分都相同,不能说对任何部分的搔痒都能毫无例外地激起笑。我们将看到,心理因素的影响也会改变结果。

这些事实似乎表明,能产生感觉的各种搔痒即使包含着明显的不快情感,也能够激起笑的反应。搔痒足心并不仅仅能使婴儿发笑,我相信,它往往也会使成人发笑,而成人会同时用面部的扭曲(grimace)表示自己不喜欢这种感觉。

因此,我们似乎不能得出这样的结论:搔痒激起的笑全都是一种感觉过程中快乐情感的表现。即便我们假定一切情况下的绝大多数感觉都是令人愉快的,我们也不可能用快感体验的强度去解释反应的大小。

我们这里所说的,绝不仅仅是愉快刺激产生的效果。有个事实可以表明这一点:儿童因被搔痒而发笑(可以说是享受搔痒)时,他的笑也伴随着自卫动作。例如,罗宾森博士说过,一个孩子的后背被搔痒时,他会"扭动身子,用胳膊护住身体,躲避玩伴的进攻……始终都在笑,张着嘴,大大地露出牙齿"。这无疑表明:笑不但是一种愉快感造成的结果,而且是一种复杂的心理状态,而其感觉中的愉快因素和不愉快因素似乎只起着次要的作用。

同样,从愉快感到不快感(或者相反)的单纯转变,这个过程似乎也不能解释搔痒激起的笑。对搔痒高度敏感的人,可以用自己的手指运动模仿搔痒过程,因而产生十分类似于情感色彩变化的感觉,却不会产生笑的最微弱冲动。我们还知道另一些体验,例如伤口愈合时抓挠痛处,它包括愉快感与不快感的短暂交替,却不大容易激起笑。

这些事实以及其他为人们熟悉的事实都表明了一点:搔痒引起的笑并不只是感觉刺激的结果,它无疑大大地取决于这些感觉的特性。使人产生强烈不快的感觉当然不会激起笑的反应。但是,决定性的条件却包括:除了一系列感觉,还有一种更高级的精神因素,即对那些感觉的意义的类化过程(apperceptive process),或者叫做为它们指定意义(assignment of meaning)。有一个事实能证明这个结论:笑的反应首先出现在两个月大的婴儿(这是最早的日期)身上,大概是在第二个月的下半月。这种精神因素的存在,可以从我们提到过的一个事实得到有力证明:笑这种反应不会出现在出生后的头三个月里,除非有精神因素的共同运作。在整个易痒期(ticklish period),对同一区域完全相同的搔痒过程有时能激发出笑,有时却不能,这取决于儿童的不同情绪。①

---

① 我使用"易痒期"这个说法,并不是要表示易痒性在经过一段最强时期后必定消失。像游戏一样,"易痒期"也很可能在一定数量的人身上作为一种"易感性"(susceptibility)持续下去,而礼貌规矩的法则对它的约束作用很有限。(作者注)

引发笑的决定性因素，是怎样解释感觉。我认为，从一个简单的实验中便能看出这一点，任何能被搔痒的读者都能自己完成这个实验。他下一次偶然产生一种皮肤上有虫爬似的主观感觉时，只要采用一两个办法，从心理上想象正在发生的事情，便会发现自己或者会笑，或者会产生与笑大不相同的情感状态。我相信，哪怕稍微想到皮肤上有一只寄生虫，就足以造成一种心理状态，它会彻底抑制笑的冲动。

我们现在不妨更精确地描述一下包含着有利于笑的知觉方式的心理状态。

先从一些"客观的"特点（即搔痒体验本身包含的特点）说起。可以说，能领悟多少意义，与这种体验的"可笑性"（funniness）有关。首先值得注意的是，我们被搔痒时，这个过程中包含着未知的因素。达尔文似乎认识到了这一点，因为他很重视一个事实：人体更易因搔痒而发笑的部分都是平时极少触碰的部分。我还要补充说，至少是在很小的局部范围内，它们都是平时极少轻轻触碰的部分。[1] 一个人不能将自己搔痒到发笑的程度，这是人们熟悉的事实。作这种尝试的人太知道即将出现什么情况了。不过，黎谢博士也指出，一个人能用羽毛搔痒自己。我认为他正确地解释了这个明显的例外，因为他说：试图用手指搔痒自己，这种双重感觉（即手指的和被搔痒处的感觉）似乎抑制了笑的产生；相反，若用羽毛搔痒自己，这个障碍就被排除了。[2]

另一些事实似乎也能表明未知因素的重要性。搔痒一个孩子的通常做法是用手指在他皮肤上断断续续地快速触碰。希尔博士把他用手指搔痒一个孩子的胳膊的方式形容为像老鼠在跑。这种

---

[1] 我加上的这些限定能使我们把足心也包括在内。（作者注）
[2] 希尔博士也证实了这个观察，并提出了相同的解释。（作者注）

第三章　笑的起因

方法显然造成了局部不确定感的因素，造成了变化。像时常发生的情况那样，手指的每次触击之间有停顿，搔痒效果就会增强。

我们会看到，像对更大领地的侵扰一样，对皮肤领地的侵扰如果包含着不可预知的因素，往往也更加有效。我认为，搔痒动作的方向和力度的半自发的变化，有时能够增加这种不确定性。罗宾森博士提到了一个事实：穿衣服的孩子比脱去衣服的孩子更容易被搔痒。这是不是因为前者的搔痒过程中的模糊性有所增加，我不能确定。但值得注意的是，一些所谓最易被搔痒的部位（即腋窝和脖颈）都是难以接近的。我还相信，儿童在搔痒的充分刺激下忘情地发笑时，他根本不打算去想将要发生什么事情。

对不易看清的部位的来源不明的触碰，具有一种骚扰的性质。触碰总是一种攻击，所以（可以说）应当加以补偿。我认为，这种骚扰因素是搔痒体验的基本成分，它伴随着朦胧的不快感的因素。而正如我们已经假定的，在搔痒的体验中，通常（如果不说总是）都能分辨出或多或少的不快感。① 尽管如此，还是可以确定一点，这种骚扰作用（像不快感一样）也是有限的。如果未知的物体太大、接近了使人惊慌的程度，就会完全抵消笑的作用。这可以部分地解释小孩子为什么拒绝被陌生人搔痒：孩子对即将发生的事知道得太少，因此心生恐惧。希尔博士还告诉我："从孩子看不见的位置、突如其来地搔痒他，不会使他发笑。"因为在这种情况下，惊扰的因素过于强大了。搔痒未穿衣服的孩子，使他发笑，这比较困难，其原因可能是他对自己不能自卫的裸体状态将面对的情况的担忧增加了。人们都熟悉一个事实：发笑的反应会因为实践次数的增加而越来越快。这表

---

① 在这个问题上，希尔博士寄给我一份很有意义的观察报告。他搔痒自己小女儿的腋下时，她笑了；但她在同样的年龄上（两岁半）却因为被陌生人抱起来而用大哭表示害怕。（作者注）

明，在搔痒刺激引起的轻微忧虑之下，人们同样需要其中存在某种令人放心的保障。

这一切似乎都说明：要激起笑的愉快反应，我们必须对刺激作出调节，以使它适应心态。搔痒必须与特定的情绪相合，这种情绪是一种心态，它不但使人有可能享受快乐，而且使人乐于享受快乐。

很显然，如果不能调节刺激，这不但可能因为刺激方式包含了某些不适当的特点，而且可能因为儿童的先前心态中存在着某种与快乐敌对的力量。能否欣然地接受（搔痒的）攻击，这取决于先前的心态。令人生畏的严肃，儿童被陌生人看护时的惊恐心态，全都会有效地排斥搔痒的最初嬉戏。希尔博士说，正在生气的儿童不会对搔痒作出友好的反应，即便搔痒者是他熟悉的人，如父亲或者保姆。他还补充说，同样，正在经历牛痘疫苗反应的孩子，或者正全心想着自己受到的伤害、寻求同情的孩子，或者正想让你给他讲故事的孩子，也全都不会对搔痒作出友好的反应。正如达尔文指出的，搔痒激发笑的一个重要的主观条件是孩子的精神处于"愉悦状态"（pleasurable condition），这种心态欢迎一切形式的快乐。罗宾森博士认为，仰卧更容易使儿童对搔痒作出反应，这种姿势能使肌肉放松，可能有利于使儿童产生一种顺从态度，愿意将自己交给搔痒他的手指。我们或许可以将搔痒激发笑的过程总结如下：孩子被搔痒时，他就产生了一种不确定的期待心态。他期待着触碰，却不知道触碰会在哪一刻到来，或者不知道哪个部位将被触碰。这种不确定因素本身就会使心态变为不安和忧惧。儿童若是不高兴，若是没有用游戏的态度轻松地看待一切，便会出现这种情况。我们可以假定，在这种情况下，如果儿童意识到了这种不确定性的原因，意识到了一个事实：触碰是无害的，它来自善良的母亲或保姆，是一种嬉戏，那么，尚未完全发展起来的轻微恐惧每次都会即刻化为乌有。随着搔痒过程的继续，这个认识越来越清楚，使孩子产生了一种新的心态，他放弃了对搔痒的一切严肃解释，而这些柔和的攻击也被他看成了乐趣或者装假。

对因被搔痒而笑的体验的这个分析若是正确的，我们就有可能在很年幼的儿童身上发现一些因素，而在年龄更大些的儿童和更复杂的欢乐（即摆脱了严肃的、拘束的心态）中，这些因素一定会发展得更充分，表现为从片刻的忧惧感（它来自部分未知因素的存在）转化成无害的装假的欢乐感。人们熟悉的一个事实进一步证明了这一点：对习惯了被搔痒的儿童，你只要装出用手指接近他的样子，他就会拼命地笑起来。正如一位德国作家（海曼斯）所说，这是立普斯的"预期化为乌有"（annihilated expectation）理论的明显例证。但他却没有指出，笑并不来自"预期化为乌有"，而来自这种情况下的特定条件：它包括某种部分未知的东西接近机体特别敏感区时造成的轻微忧惧，以及对这种忧惧的即刻纠正（因为认识到那种接近不会带来伤害）。

在其他一些笑或类似笑的反应中，也存在类似的刺激过程。众所周知，一些感觉刺激能使人感到不快，但一些虽然明显但并不猛烈的刺激（例如凉水冲洗）却往往能使人发笑。方才提到的那位德国权威（海曼斯）认为，刺激的效果也取决于刺激强度和位置的变化。他在心理学实验中还发现，尽管强于预期的刺激往往会激起受试者的忧惧，但弱于预期的刺激却会激起笑。同样，我们在其中也看到了一种感觉反应，它包含着一种明确的心理因素：片刻的震惊和忧惧（起因于某种令人不快的、部分未知的事物的突然到来），然后立即出现另一个瞬间，即震惊迅速化为一种令人愉快的认识——这种袭击不会带来伤害。

但是，并非所有的笑都属于这种反应。"无意识的"（automatic）笑也许并不来自感觉刺激，它是大脑过程的结果，而不是刺激外周皮肤使然。有一种看似毫无原因的笑能说明这一点，它在某些反常的情境下爆发，会使清醒的旁观者感到"莫名其妙"。这种笑有个著名的例子，那就是笑气①等物质对大脑中枢的影响。不过，这种"下意识反应"（automatisms）只限于正常的体验，例如人在情绪高度紧张时的笑。是否可以把这种看似毫无原因的反应称为"神经质的笑"（nervous laughter）？

有一种很常见的、简单的神经质的笑：遭到恐惧打击之后爆发的笑。孩子被狗吓着以后会笑；女人经过短暂而明显的恐惧体验（例如乘坐的马车失控或者坐在一条几乎要倾覆的船上）之后常会发出神经质的笑。人们在发出神经质的笑之前，似乎并不会意识到自己的恐惧很可笑，也不会产生任何类似的意识。它就像恐惧之后的某种生理反应。

某些环境能使人产生时间较长的心境，其中包含着忧惧感和拘束感，这种情况下也会出现神经质的笑。例如，腼腆的人第一次当众宣读自己的文章时，会通过发出断断续续的轻笑和笨拙的手势，泄露出他在讲台上的紧张心态。在国外大酒店的餐厅里，我对餐桌对面的陌生人说话时，也能看到他们的这种笑。在某些情境中，这种断断续续的轻笑常会使我们特别引人注意，使我们产生不安全的不自在感。很多年轻人见到某位大人物时的笑，人们在大型集会上领奖时的笑，都能表明这一点。在庄严的仪式（例如教堂的仪式）中，很多人都有发笑的强烈倾向，其中有时也存在神经质的笑。如果一种强迫的态度因为难以维持到所要求的长度，而转化成了笑的冲动，它就会从一种逐渐增长的恐惧感中获得力量，以维持先前的态度。不如此，我们便不能通过这种强加的考验。

神经质的笑的另一种表现是突然的大笑，它往往出现在情绪异常紧张的状态下，具有明显的痛苦性质，当它包含着某种类似

---

① 笑气（laughing gas）：一氧化二氮（Nitrous oxide）。——译注

第三章 笑的起因

震惊的性质时，尤其如此。我们知道，在 19 岁到 21 岁的年轻人当中，熟人的死讯会激起笑的发作。① 我们可以假定，这种情况下的笑不是对坏消息的直接反应，而是来自震惊的影响，涉及大脑的异常紧张。

在时间更长的痛苦情感刺激中，偶尔也会出现爆发痉挛性的笑的情况。在一阵肉体的痛苦中，人有时也会不由自主地笑。兰格（Lange）谈到过一个年轻人，为了医治舌部溃疡而服用一种令人十分痛苦的烈药，当痛苦达到顶点时，他总是猛烈地大笑。② 长时间陷入悲痛（往往伴有痛哭）的人，往往会在痛哭后大笑。莎士比亚就描写过这种倾向，他剧中的泰特斯·安德洛尼克斯被砍去一只手后，高声回答为什么大笑时说："啊，我的眼泪已经流尽了。"③ 麦克白的犹豫不决使麦克白夫人在她情绪高度激动的一刻说出了一句双关语，表示她决心亲手谋杀国王：

> 我就把它涂在那两个侍卫的脸上，
> 因为我们必须让人家瞧着是他们的罪恶。④

莎士比亚是否想以这个方式说明紧张的情绪往往终止于短暂的诙谐？

在这些不同形式的、神经质的（或者说看似毫无来由的）

---

① 参见霍尔的调查报告。听到令人悲痛的消息时爆发大笑也出现于大脑损伤的病例，参见杜加《笑的心理》一书第 16 页。（作者注）
② 参见杜加在《笑的心理》第 12 页引用的事例。（作者注）
③ 语出莎士比亚戏剧《泰特斯·安德洛尼克斯》（*Titus Andronicus*）第三幕第一场。——译注
④ 语出莎士比亚戏剧《麦克白》（*Macbeth*）第二幕第二场，原文为 "I'll gild the faces of the grooms withal / For it must seem their guilt"，其中 gild（粉饰）与 guilt（罪恶）两字为近音异义，构成双关语。——译注

的笑中,我们能找到一种共同因素吗?我们似乎在所有这些笑里看到了一种事前的意识状态,它异常鲜明强烈。恐惧,成为别人特别关注对象时产生的拘束感,突然听到重大消息而毫无精神准备,长时间的情感激动,这些情势全都会加剧直接支配我们意识状态的心理—生理过程。更仔细地考察这些强化了的意识形式,我们看到,它们包含着某种类似精神压力的东西,包含着导致失常的各种力量。因此,在这些情况下就必须作出严格的自我控制。这种对意志活动的严格约束,会通过一种要求反映出来:恐惧或其他情感刺激,往往会使人作出疯狂的行动,产生混乱的意念,这些情况要求人们更仔细地观察环境,冷静思考。我认为,正是这种要求造成的格外强烈的紧张感,才是人们发笑的根本前提。它使这种要求极不自然,极很难长时间持续。这种态度格外不稳定,(可以说)只要稍有放松(哪怕只是短暂的),它便往往会自动消失,至少必定会部分地消失。因此,在这些情况下,人们随时都会把笑作为暂时缓解紧张的手段。

我们更精确地解释一下这种注意力紧张突然缓解的特点。作为注意力的突然瓦解,它明显地区别于注意力的逐渐衰退〔其起因是"精神疲劳"(mental fatigue)和神经衰竭〕。为应付紧张这个特定目的而集中起来的心理—生理能量根本没有耗尽,而必须找到某种释放方式。在这里,我们无疑会想到赫伯特·斯宾塞[1]的那个独到见解:笑是突然得到解放的神经能量的出口。同样明显的是,这种多余的能量传到了主管笑的那些肌肉上,因为此刻没有其他任何对象能迫使注意力自行集中到它上面。这些肌肉的运动感不仅仅牵制了注意力,它还分散了为维持注意力而集中起来的能量。我们清醒时的注意力永远都大于我们大笑那一刻

---

[1] 赫伯特·斯宾塞(Herbert Spence,1820—1903):英国实证主义哲学家。——译注

第三章 笑的起因

的注意力。但我认为，即便在这个问题上，仅仅使用"笑是宣泄能量的便利方式"的理论也还不够充分。在我看来，这种情况下包含着超负荷的神经中枢的放松，这个过程似乎能更形象地描述为安全阀的装置。

这种被解放的能量何以要经过这个特定的神经通道，这并不难推断。毫无疑问，运动器官由于受到干扰（突然打断平稳的呼吸，都会造成这种干扰），随时都能随着情绪作出动作。呼吸的改变（它自动表现为发声的改变）是人们最普遍承认的情绪激动的标志之一。最近的一些实验更清晰准确地证明了这种作用。所以，我们有理由推断，紧张心态的松弛及其必然造成的情感色彩剧变，会深深地影响呼吸。但我们知道情况还不仅如此，对注意力的严重影响通常还伴随着对呼吸的部分抑制。法语的短语 "travail de longue haleine"[①] 似乎暗示出了这种作用。这种努力的结束往往由松弛的叹气声表示出来。在这种情况下，笑的运动虽然不同于叹气，但两者的最初表现却全都与叹气相同，即加深的吸气。因此，我们是否可以得出结论说，在从生理上缓解精神紧张的心态方面，笑也像叹气一样经常出现？若假定这种适度的笑给循环系统增添了新的活力，放松了集中在大脑的毛细血管（这很接近事实），那么，我们难道不该进一步地说，大自然很可能帮助了我们，因为它把精神剧变与这里所说的极度紧张（极度紧张完全可能使大脑的血管系统处于危险）联系了起来，这种肌肉反应格外适于造就必需的缓解？

一些更特殊的条件会促进某些情况下笑的运动。正如我以上说的，达尔文指出：歇斯底里患者的哭与笑的快速转换，有可能来自"这些痉挛性运动的高度相似"（参见《情感的表现》，第

[①] travail de longue haleine：（法语）长期的工作。其中 haleine 一字的本义是"呼气"。——译注

163、208页)。换句话说,一种行为方式达到高潮时,有关的运动神经中枢随时都可能转变成另一种行为方式部分相似的行动。这有助于说明人长时间处于痛苦刺激状态后何以会发出短暂的笑,也有助于解释笛卡尔①提到的那个事实:任何原因都不容易使我们把笑看做一种悲伤的感情。

我们的理论有一个明确要求:紧张心态的突然瓦解或缓解,应当伴随着令人愉快的安慰感(哪怕只是刹那间的)。我相信,最有资格根据自身体验作出判断的人也一定会这样说。在"开怀畅笑"(awful laugh)的那一刻,恐惧的无比沉重,悲伤的强烈痛苦,特定场合造成的拘束感,似乎都会即刻消失。正像我们看到的,这种如释重负的舒适感(尽管部分地来自大脑紧张的终止)很可能被进一步扩大,因为身体器官的环境已经改善,大脑得到了感觉恢复正常的信息。

我们已经讨论了笑的两种变化,它们不属于我们日常欢笑的领域。现在让我们进入日常欢笑这个领域,先来考察一下造成欢笑的各种变化的原因。

我们最好从欢笑的一种简单的早期形式开始,它可以叫做"好心情外溢"(overflow of good spirits)。我们已经提到,达尔文正确地把笑的充分反应看做我们人类好心情和愉快情绪的普遍表现。我们现在必须考察一下这个简单类型的产生方式。

指出一点很重要:并不是所有的快乐体验都会引起笑。一些安慰性的快乐,很难产生横膈膜与肋骨运动所需的有力冲动。夏日躺在森林里的一张吊床上,沉浸在甜美的 dolce far niente② 中,这根本不会受到搔痒的小精灵的袭扰。同样,愉快

---

① 勒内·笛卡尔(Renè Descartes,1596—1650):法国哲学家、数学家、物理学家。——译注
② dolce far niente:(意大利语)安闲。——译注

的心态虽然令人兴奋，却要求一定程度的密切关注（例如灿烂的夕阳或动人的音乐引起的关注）不会引起肌肉的间歇性收缩。

很显然，能使我们发笑的愉快必须达到喜悦或欢乐的程度。这意味着，愉快的意识首先必须大大增加，达到丰富充沛，充满身心（至少在片刻中是如此）。正像"好心情"这个短语所表示的，这种欢乐状态下的器官活动十分有力而鲜明。作为这种高涨的生命力活动的一部分，我们会看到欢乐情绪的典型的运动表现，即四肢运动、高喊和欢笑。

不过，并不是一切生命活力的高涨都会产生笑。安乐幸福感平缓地逐步增加，几乎不会激起肌肉的收缩。欢笑标志着快乐感的突然增长，这有些类似于精神的猛烈洪流与相应的身体通道。

还有一个反面条件，提到它或许不能算作多余。欢乐情绪洪水般的高涨（它能引起欢笑）绝不能伴随着对注意力的任何进一步要求。一位姑娘读她选中的心上人的第一封情书时会很快乐，这快乐会大幅度地增长。不过，只要那情书上还有她尚未读到的词句要她去看，她就不会酣畅地笑出来。

我认为，有两类条件下的欢笑最值得注意。一类是摆脱了外在的约束。男孩子们放学后冲出学校时的兴高采烈（前提是他们储备着必不可少的活力），就是这种欢笑的一个常见例证。这种欢笑的爆发，是扔掉约束、逃出沉闷的教室、沉浸在恢复自由的微妙感觉中的一种方式。这种好心情的外溢，一旦涉及逃脱工作时身心能量的吃力使用，涉及逃脱严肃、刻板的心态，它显然就类似于我们已经讨论过的"神经质的笑"。

但是，欢乐的迅速激增还可能另有原因，即另一类条件，它可能来自我们所在环境的突然改变，来自某种好事情的到来，那好事情既出乎意料，又大到足以增加我们的快乐。有的时候，儿童和野蛮人一见到新的漂亮玩具就足以产生欢笑。那迷人的小玩意儿会大大占据他们的感觉和心灵，能使他们的欢乐达到新的高潮，因而发出响亮的欢笑。我们听说，一个美国小孩儿在托儿所待了漫长的一天，当他意外地听见了来接他的父亲的声音时，就大声欢笑起来。在这个小家伙的意识里，父亲的声音足以把他带回另外一个快乐的世界。见到令人快乐的事物，只用一声"嗨"表示欢迎，而根本不去想事物对我们的意义或利益，我们大部分成年人已经失去了如此迎接快乐事物的能力。不过，我们还是会以类似于儿童的简单态度去迎接意外来访的朋友。在伦敦拥挤的大街上见到一位朋友，你几乎不可能不微笑；你若在那一刻以为这位朋友还在很多英里之外，你的微笑就几乎不可能不发展成为欢笑。事实上，我们当中的一些人依然保留着儿童的那种欢笑的能力：儿童们一见到灿烂的烟花在空中绽放，都会惊喜地欢笑起来。

现在我们来解释一下往往与长时间欢乐相伴的长时间欢笑。儿童和自然状态下的成人一旦沉浸在欢乐的情绪中，往往会用不断的欢笑宣泄他们的好心情。这个事实，难道不是与我们的"欢笑起因于欢乐的增长"的理论相悖吗？要回答这个问题，我们必须再稍微深入地考察一下这种所谓的"长时间欢笑"。遗憾的是，旁观者们讲到天真人类的欢笑时使用的语言很不准确。例如，一些旅行者告诉我们，某些野蛮人"总是在笑"，我们当然知道不该只从字面上去理解这种陈述。它的含义仅仅等于，一位母亲告诉她的客人她那个顽皮的小男孩儿整天地欢笑叫喊。在某些有利的条件下，欢笑随时都可能出现并比平时更长。在长久的欢乐情绪中，我们极有可能欢笑，而只要稍作努力，欢笑便会延长。

在长时间的好心情中，欢笑的这种反常的大宣泄部分地起因于某种生理惯性（physiological inertia），它是一种倾向，即不断地重复已被启动的运动。儿童长时间的反复欢笑，十分近似于儿童半下意识的独自唱歌。运动用机械的方式延长自己,这个倾向可能解释一种现象:儿童极度欢乐时的一声欢笑往往会延长。做母亲的都知道,欢笑一旦变为欢笑运动的机械反复,它就往往会延续到超出疲劳的限度,造成"打嗝"之类的不愉快效果。即使启动欢笑的长时间欢乐状态暂停后,也会存在长时间的欢笑,这种倾向很可能来自类似的原因:欢笑运动的生理发条一经启动,欢笑就往往会自动地更新自己。

如果不管生理惯性的作用,我们似乎可以发现,在延长的好心情期间,欢笑依然保留着它的基本特性,即它是一种间歇出现的短暂过程。欢笑只要不仅仅是身体机能的恶作剧,而是以快乐意识的形式包含着思绪的萌芽,它就会出现时间较长、含意丰富的停顿。

如果真是这样,我们就有理由假定:促使新欢笑出现的心理,也很像能引起欢笑的"突然的快乐"[①]的感觉。在此期间,欢笑的机制格外强大有力,因此,欢笑前的情绪不一定都很强烈,欢乐情绪刹那间的稍许增加,已经足以重新启动肌肉的运动了。

这种欢乐情调突然间的稍许增长,其原因并不难推断。严格地说,任何长时间的意识状态都不可能只有一种单一的色彩,旧式宴会的喧嚣嬉戏中也存在着情感色彩的交替,时而灿烂辉煌,时而比较沉闷。在这些长时间欢乐的状态中,身体的感觉本身会出现一系列变化,包括"活力感"的一次次高涨和低落。在这种喜庆的情绪里,眼睛和耳朵产生的感觉必定会服从于情感色彩的类似波动。我们此时产生的意念流动,也会如此波动。最后,

---

[①] "突然的快乐"(sudden glory):根据本书各章的语境,这种"快乐"(glory)中大都包含着自豪的、洋洋自得的情感成分。这个短语在本书第四章的使用,以及在本书第五章霍布斯的滑稽理论里的使用,都是如此。——译注

我们还绝不可忘记，注意力运动本身往往也会造成快乐情绪的起伏。众所周知，我们因为意外的新快乐而欢喜时，头脑在短暂的离题后会回到那个引起欢乐的主题上，其结果就是，一波新的欢乐之情似乎将会淹没我们的心灵。

有一个假定似乎很有道理：一切种类的笑（只要尚未蜕变为机械的笑）都来自一种事物的刺激，那种事物具有愉快意识的突然增长的性质。只要欢笑还是新事物，只要欢笑之前的嬉闹情绪还没有为欢笑做好准备，这种精神高涨便（正像我们将看到的那样）很可能是从一种比较低落的心理状态转变而来。相反，只要欢乐情绪自动地延长了时间，重新激起欢笑运动所需的一切（只要肌肉的能量足以胜任欢笑）便会由于意识的愉快情调的显著增加而突然增加。

我们来考察一些容易产生欢笑的、更为熟悉的环境，以进一步说明和证实有关欢笑起因的这个概括。在这个方面，我们当然应当考察儿童和野蛮人的欢笑。训练有方的"成年人"的欢笑极少会达到最强烈的程度。

（1）人们普遍地观察到，欢笑往往是游戏态度的伴随物，尤其是第一次发出欢笑的时候。在刚刚从学校中解放出来的"快乐的男孩子们"的欢笑里，我们已经发现了这个说法的例证。任何人都能看到，这种情况下存在着一种摆脱约束的快乐感，也存在着欢乐活动的突然爆发。

与这种身体能量得以释放的情势密切相连的，是精神约束的解除。幼儿园上课的时候，如果老师是一位溺爱的母亲或其他天性温顺的人，孩子往往会想方设法地逃避听课这件使他们厌烦的事情，其表现就是转移老师的话题，尤其是设法引出"好笑的"话题，而欢笑往往表明他们正在实施这种大胆的小把戏。依靠这种为人熟悉的幼稚技巧，压力暂时被减轻了，而欢笑则表明孩子暂时逃入了那个谐趣和作假的美妙世界。

第三章 笑的起因

不仅如此，欢乐和欢笑的冲动也会通过游戏之乐而释放出来。毫无疑问，游戏之乐也常常会变得过分认真，例如担心洋娃娃生了病，或是对有狗熊的山洞的恐惧，或是害怕遭到剥俘虏头皮的印第安人的攻击，这些感觉都会被游戏者真切地体验到。健康年轻人的神经渴望短暂的恐惧，这是因为，只要心理上确实知道那令人恐惧之事根本不存在，那么因恐惧而发抖就是一种有趣的刺激。我们将在后面的讨论里详细考察欢笑与游戏的关系。

（2）另一种与游戏密切相关的情势是被戏弄。这里所说的"戏弄"（teasing），指的是带有假装因素的各种攻击，而并不属于真心激怒别人的意图范围。作了这样的界定之后，戏弄就大量地进入了儿童的游戏。搔痒显然是戏弄冲动的一种特殊变形。对婴幼儿所做的一些游戏里（例如"藏猫儿"①）往往存在着戏弄的因素，即通过假装的消失使儿童惊恐，而突然再度出现也会使儿童震惊。戏弄儿童的人，无论是假装威胁要捉住儿童，还是假装要抢走孩子的玩具，都会大声张扬这种威胁。但这只不过是假装的威胁，意在使儿童感到片刻恐惧。尽管如此，它还是会转瞬即逝，会立即引起领悟真相后的愉快反应，前提是被戏弄者始终保持好脾气。对戏弄者来说（只要那还是纯粹的戏弄），戏弄绝不会出于折磨别人的任何认真欲望，其动机仅仅出于半是科学的好奇心，即想看看被戏弄者会作出怎样的反应。

受到这种温和戏弄的好脾气儿童，其欢笑与被搔痒的孩子的笑十分相似：它们都来自受到压抑后突然的松弛感和恢复性的反弹。初生的恐惧和对事物谐趣的快乐认知，这两种瞬间的快速交替显然很适合造就精神活力突然高涨的条件。喜欢被适度地戏弄

---

① "藏猫儿"（bopeep）：躲在隐蔽处突然出现以逗弄小孩的游戏。——译注

的孩子，当然也完全愿意为这些短暂的快乐付出代价，那就是片刻的战栗。

对戏弄者来说，这种情势也非常有利于使他欢笑。如果戏弄成功，他便收获了作为优越者的欢乐，收获了他的聪明实验为他带来的快乐。观察被他戏弄的人，他会感到自己很有力量，这种体验如同"突然的快乐"的体验，一位哲学家认为这种体验是享受一切可笑事物的基础。在心地不那么善良的戏弄者，这些快乐意识的高涨会继续存在，甚至在戏弄已经结束、已经和折磨者的行为相差无几时，这种快乐意识还会增长。①

（3）同样的说法也适用于恶作剧（practical joking）。只要恶作剧不包含惩罚的严肃目的，不包含道德矫正，它就只是搔痒和戏弄这种嬉戏攻击的扩大而已。恶作剧的受害者一旦达到了能够享受恶作剧的精神高度，他的快乐就会来自忧惧的突然瓦解，或者来自将事情过分当真之后的醒悟。但是，到目前为止，恶作剧的大部分快乐却属于实施者，在这种情况下，实施者会获得一种"突然的快乐"，也会感到自己更有力量。

（4）同样，欢笑通常也伴随着各种竞赛或激烈的对抗，包括肉体的和精神的。如果小学男生和文明社会的士兵（像在野蛮人时期那样）在肉体搏斗后欢笑，那欢笑就带上了"神经质的笑"的某些特征。这种欢笑伴随着身心紧张的突然消失，伴随着忧惧的自卫心态的瓦解。由于"唯有胜者才笑"，这种松弛感在大多数情况下都会得到加强，因为人们在初次尝到胜利时往往会产生鄙视敌人的狂喜。

---

① 集体的戏弄，如果是针对一个男孩的有步骤的"找碴儿"（nag），其原因（例如）是他碰巧在某次政治辩论时发表了不时兴的见解，这就会使他的学校生活变成一种折磨，尽管我们尊重那些抱歉的校长，尽管我们可以给集体的戏弄起个更好听的名称。（作者注）

长时间的战斗,如果双方的实力不是过分悬殊,时常会给双方带来缓解紧张、提高欢跃情绪的机会。我认为,拳击场上的好拳手应当随时都能用美好的微笑缓解冷酷严峻的局面。这当然也适用于一切精神对抗。研究大众的欢笑时,最值得注意的是他们的欢笑方式,其中似乎饱含着那些与激烈竞赛和智力交锋有关的社会生活的情绪和行为。我将很快在本书以后的章节里解释这些问题。这里只要说一句就够了:欢笑极大地影响了两性在智力发展和活跃的滑稽感方面的竞赛。

(5)最后一类有利于引起欢笑的情势,是强加给我们的异常严肃庄重的场合。我们已经提到过这种情势了。在这种情况下,似乎同时存在着欢乐与严肃这两个极端。可以预期,在社交界的作乐和欢宴的场合里,一种来自游戏情绪的冲动自会找到它天然的住处。在昔日社交界的欢乐日子里,宴会的餐桌无疑是欢跃精神活动的焦点。而在我们这个时代,我们却几乎可以说,欢笑与葬礼仪式的联系,似乎比欢笑与宴会的联系更自然。尽管如此,从严肃的事物中提取谐趣,这种艺术依然不但属于当今,而且能从阅读中世纪关于教堂建筑师和剧作家的那些笑话中略见一斑。谐趣奇特地侵入了严肃领域,我们似乎从中发现了不可抑制的欢乐精神与那些几乎要扼杀它的桎梏之间的斗争。

诙谐对严肃领域的入侵能否造成主宰一切的欢笑冲动,这取决于各种可变条件。肤浅的人几乎不受庄重场合的影响,无疑往往最欢迎欢笑这只解救之手。尽管如此,假定严肃场合中的欢笑倾向表明缺乏真正的情感,这仍然是个错误。在教堂里,最诚挚的信徒只要具备必要的敏感,便会因为见到奇异的偶然事件而发笑,例如一个饶舌的孩子对庄严事物的不恰当议论。这是因为,我们的理论认为,这类情况下的笑是在逃避压力。沉浸在严肃场合里的人会感到一种情感压力,它相当于(即便不说它超过了)

外界约束的压力，而那种不虔诚的"礼拜者"体验到的正是这种外界约束。情感越深，在欢笑冲动自行表达出来之前，意志必须克服的惯性就越大。这当然千真万确。尽管如此，我们还是必须记住一点：情感气质多种多样，有些人哪怕怀着真正的敬畏甚至强烈的悲痛，但只要听见了可笑的事物，也会不时地暂时屈从于可笑的事物。

对有利于产生欢笑的情势的一切考察，都应当最后提到一点，那就是我们假定的、能决定一个人的特定气质的那些生理特征，例如欢乐嬉戏的特殊爱好，或者总对别人心怀愠怒的特殊性向。对造就爱笑气质的身体构造，我们的前辈们具有清晰的认识。一种导致肥胖的全套"习性"（例如约翰·福斯塔夫①），以前曾被普遍认为是欢笑精神的支柱（我相信如今仍然如此）。"笑一笑，胖一胖"这句谚语或许暗示出了对这两者关系的隐约忧虑，也暗示出了对欢笑的益处的赞赏。不过，这种欢乐禀赋的准确生理基础，却仍然不为我们所知。健康的身体和一切能造就"好心情"的东西，无疑都有利于造就自然的、畅快的欢笑。另一方面，正像我们将看到的，欢笑能力也常常与某些性质截然不同的生理条件共存。有些人多愁善感，具有严肃沉思的强烈倾向（例如那个"忧郁的杰奎斯"②）。尽管如此，他们依然不但能使别人发出欢笑，而且他们自己也能对欢乐的更高智能领域发出洪亮的笑声。可以想见，欢笑气质也许具有自身生理条件的严格限制，它涉及机体方面一种特殊的不稳定性。还可以想见，这种气质或许包括一些神经中枢尚

---

① 约翰·福斯塔夫（Sir John Falstaff）：莎士比亚戏剧中的喜剧人物，是个肥胖、机智、乐观、爱吹牛的破落骑士。——译注
② 忧郁的杰奎斯（melancholy Jaques）：语出莎士比亚戏剧《皆大欢喜》（*As You Like It*）第二幕第一场。这是流亡的公爵形容他的侍臣杰奎斯的台词。——译注

不确定的特性，那些特性有利于大脑活动方式的迅速改变，有利于一些紧张情绪的突然瓦解，那些紧张情绪似乎是存在于欢笑爆发前的直接生理前因。

第四章　各类可笑事物

　　笑涉及的对象——可笑事物中的普遍因素——几类可笑事物：(1)新奇和古怪，(2)身体畸形，(3)道德缺陷与缺点，(4)破坏成规定法，(5)小灾小祸，(6)联想到下流之事，(7)伪装，(8)缺乏知识或技能，(9)互相矛盾与不协调，(10)俏皮话和妙语；不同可笑特征的共同作用，(11)作为欢乐情绪的表现的可笑对象，(12)涉及胜者和败者关系的可笑情境

　　在前一章里，我们考察了笑的一些早期的、初级的形式，它们起因于搔痒、游戏态度和欢乐感的突然高涨等。显然，这并不意味着所谓"对事物可笑性的知觉"这种特殊机能的存在，或者说，这并不意味着通常所说的"滑稽感"（sense of the ludicrous）的存在。我们现在必须考察笑的这种更具智力色彩的起因的运作方式，并且（有可能的话）将它与一些能够激起笑的、更简单过程的运作方式联系起来。这种包含智力因素的笑有一个特别之处：它不但有外部的刺激物（例如搔痒的手指），而且有被笑的对象。被搔痒的孩子之所以笑是因为搔痒，而不是他在笑某个对象。这个说法也适用于大部分游戏中的笑：只有游戏表现出了某种可笑性，只有挑剔地瞥见了游戏中没有玩偶或其他玩具，并由此打断了游戏的幻觉，我们才会恰当地享受游戏的可笑之处。这个说法也适用于另一种笑，它起因于紧张的缓解，起因

第四章 各类可笑事物

于从严肃到欢乐的突然转变。在有教养男女的笑里，我们看到了一种智力因素，看到了对某个对象的可笑性的知觉，看到了将这种可笑性解释为笑的正当理由的心理活动。考察这种包含智力因素的笑，会使我们去讨论一个问题，它无疑是我们的研究中最有趣、同时也最困难的问题。

谈到"可笑性"时，往往隐含着笑所涉及的对象，只要提到一种笑便能说明这一点：胜利者俯视投降之敌时，往往带着轻蔑的笑。十岁男孩与玩伴在街上打架，获胜后会雀跃、尖叫和大笑，[①] 他这种笑里几乎没有我们所说的"对事物可笑性的知觉"。这种笑虽然针对某件事情，却不具备最严格意义上的"对象"。事后，那男孩自己不再会因自己打架获胜而笑，而是会以一些截然不同的感情去看待那次胜利。对碰巧看到那次打架的人来说，那个事件本身并没有可笑性。换句话说，笑并非起因于对一个对象的纯粹思考，而是取决于笑与对象之间的特定关系。

如同说某个事物可吃一样，说一个事物可笑，其中也包含着永久的、普遍的因素。哪怕一个人提到某种洋相（例如醉汉走路）时说"我看它很可笑"，其中也包含着永久的、普遍的因素。因为他的意思是，至少就他的经验而言，大多数人看见这样的走路动作都会发笑。但是，"可笑"一词的含义却显然不只如此，它既包括个人感到的可笑性，也包括其他人都会感到的可笑性。事物唯有能被看做适于激起众人的笑，才可被恰当地称作"可笑"。语言是由生活在社会里的人建立的，人们关注经验的普通形式。"可笑"以及其他一切类似的单词，指的无疑都是这些普通形式。

经验的这些普通形式既可以被看做很少，也可以被看做很多。在小学生、野蛮人甚至在有教养的英国人看来，所谓"可

[①] 参见前文引用过的霍尔的文章《搔痒、笑和滑稽的心理》。（作者注）

笑的事物"是由其社会共同体或其阶级的特定习惯及相关的思维方式造成的。这个观点分明适用于对奇特的服装和语言等发出的笑。它的"普遍性"（universality）也因此而具有严格的限制。要考察可笑的事物，我们便不得不时常提到它与特定习俗和期待之间的相关性。从笑的一般刺激物里找出似乎带有真正普遍性的东西，这将是我们要解决的问题之一。

说某个可笑的对象具备普遍的力量，并不意味着它在实际中总是能激起笑。这个表述仅仅意味着一个人随时可能对它发笑，但前提是此人必须具备某些必不可少的知觉，必须具备相应的情绪易感性（emotional susceptibilities），并且这些机能的运作必须不受任何干扰。所以，我们应当说可笑的事物只能适合一种倾向，我们也应当注意那些容易消除可笑事物的环境。例如，阶级习俗的局限（只要它们还会使人发笑），显然会使一个人看不到自己习俗的（客观存在的）可笑之处。采用如此相对的、偶然的标准（它们标志着智力和审美情感发展的一切早期阶段）其实是一大障碍，使我们无法区分出更广阔、更严格的普遍意义上的可笑事物。

同样，我们考虑"人们嘲笑的究竟是什么"这个实际问题时，记住这些也很重要：一方面，笑的倾向会被当时有利的心理—生理环境加强，会被以前形成的一些倾向加强，那些倾向使人能感觉到事物可笑的一面；另一方面，笑的倾向又会被不利环境抑制甚至消除，例如忧愁的情绪，或者一种既定习惯，即往往看到事物能激起与笑截然相反的感情的方面。我们发现，由于这些力的作用，不但一个人可能看不出一个对象的可笑之处（该对象能激起另一人的由衷大笑），而且在很多情况下，即使两个人一起嘲笑某个事物，他们嘲笑的也可能并不是同一个可笑特征或同一方面的表现。的确，人类的笑表现得最反复无常，它来自不确定的主观因素的影响。哪怕是具备正常滑稽感的人的笑，也

第四章 各类可笑事物

是如此。

对这里使用的语言,还需要补充一句。"可笑的"(laughable)和"滑稽的"(ludicrous)这两个术语可以互换使用,以致有可能造成混淆。同时,我们还应当注意到,使用后一个词时,人们赋予它的意义比赋予前一个词的更严格。"滑稽的"这个术语似乎不但特指笑的普遍对象,而且表示更具智力色彩的笑的对象,而更具智力色彩的笑则意味着它与知觉明确相关。在日常语言里,我们把一些具有鲜明的谐趣成分的事件和故事说成是"可笑的",而不说成是"滑稽的"。"滑稽的"这个术语的意义强调了笑与智力因素之间的密切联系,这种倾向往往包含着观念的意味,即划分出了那些我们认为值得去笑的事物。像描述审美情感另一些对象的术语一样,这个术语也半遮半掩地涉及了艺术的常规原理。

审美原则或审美标准的这种控制,在使用"喜剧性的"(comic)这个字时显示得更清楚。顺便说一句,在一些欧洲语言中,这个字的使用比在英语中更自由。使用"喜剧性的"一字的精确意义的人认为,喜剧性场景意味着一种经过选择的表现,符合艺术的要求,是喜剧的绝好材料。

我们现在的任务是分析我们的普遍知觉和想象的一些对象,它们往往能使常人发笑并将它们描述为可笑的事物。正如以上所暗示的,对事实的这种归纳性考察是一个必要的开端。由此出发,我们才能进一步地讨论作为观念或常规概念(regulative conception)的"滑稽的"或"喜剧性的"事物的本质。

为找出比较可靠的途径,以考察可笑事物的普遍特征,我们至少应当快速浏览一下人类之笑的一些对象,它们存在于通俗笑话、逗笑故事(contes pour rire)、滑稽歌曲以及一般的娱乐文字里,也存在于可称为"马戏团和其他能使人发笑之地的玩笑宴席上的常备菜肴"中。据我所知,此类事实的任何汇集都不足

73

以服务于迄今已有的科学研究目的,① 所以,我们现在必须指出一些最主要的可笑对象,并对它们作些简要的考察。

这个可笑事物的领域主要位于人类生活场景的范围之内,这可以作为一种共识。正是人的情势、表现和思想,为我们提供了大部分的笑料。同时,我们也将时常提到这些范围以外的笑的诱因,而我们一定能在可笑事物的简单事例中发现它们。

归纳可笑事物的类别时,我们必须先提醒一句。前面所言已经包含了这个提醒:在许多情况下,也许在绝大多数情况下,使我们发笑的事物都具有不止一个显著可笑的侧面。因此,若要给它们分类,我们必须以最实在的、最令人难忘的特征为指导。此外(正如我们已经指出的那样),分辨出使我们发笑的主要决定性因素,这也并非总是轻而易举。

(1) 新奇和古怪。在我们通常所说的可笑事物中,我们发现了很多以新奇为特征的对象。大异于普通类型的形式也具有新鲜的刺激性,只要它令人愉快,只要它具备了足够的力量,便会像我们看到的那样,激起我们的笑,因为它突然打破了日常生活中反复出现的沉闷,将观者的情绪色彩提高到了欢乐兴奋的程度。唯有当体验开始被组合起来,观者的头脑(至少是朦胧地)感觉到了新表现与知觉体验的寻常运作之间的某种对立性(换言之,即"越出常规性"或者奇异性),被看出的可笑之处才会产生应有的影响。儿童(以及我们将看到的野蛮人)对所谓"好笑的"事物的笑,大多都能说明这一点。例如,一个儿童初次听到一个声音奇异的新词,或者初次看到打滚的驴子,看到苏

---

① 随处都能找到可供第一步考察的有价值材料,例如在法国喜剧家柯盖兰·卡代(Coquelin Cadet) 的有趣作品《爱尔兰人》(*Le Eire*) 里。(作者注) 又:"卡代"是法国著名喜剧演员亚历山大·奥瑞利·柯盖兰 (Alexandre Honoré Coquelin, 1848—1909) 的别称。——译注

第四章　各类可笑事物

格兰高地人的呢子短裙，看到他姐姐头发上有许多卷发用的纸，以及看到其他的类似事物，便会发出活泼的笑。至少，在一些诸如此类的情况下，将新对象看做奇异的或独一无二的事物，这种感觉起因于崭新印象令人愉快的活泼特征。这个道理也可以说明同时见到两张惊人相似的脸何以使人感到好笑，因为两张脸的相似性本身的刺激力量会使人觉得这景象很奇异，这种奇异性起因于我们的日常体验：脸与脸各有不同。

新奇古怪的事物对我们感觉的愉悦作用，也可能来自对近似人类的（subhuman）事物的知觉。横行的螃蟹、斑纹古怪的狗、随风旋转的秋叶以及诸如此类的事物，都会激起孩子的笑。

看看形容可笑事物的语言，也能使人联想到这种新奇性的范围之广。观念和趣味领域中"反复无常"（whimsical）和"稀奇古怪"（fantastic）之事，这些事物在情感领域中唤起的"过分夸张"（extravagant）之感，似乎与特殊性之间存在着直接关联，这种特殊性远离了生活的普遍方式，因而可笑。

对新奇事物的这种愉悦欣赏，尤其明显地取决于相关的环境。首先，事物的可笑方面取决于时代习俗，与时代习俗密切相关。因此，正像"古怪的"（antic）一字所表明的那样，旧习俗一旦被新习俗取代，它便会显得过时，呈现出可笑的一面。

其次，我们已经提到过，新奇性也总是与地域或阶级的习俗相关。野蛮人和文明人往往都会嘲笑外国人的相貌和举止，而这是因为，外国人的相貌和举止鲜明地对立于他们自己习惯的经验形式。

我们还要指出，与发笑截然相反的主要反应，是对新的、不熟悉的事物的厌恶和恐惧的冲动。我们会注意到，突然见到陌生的新景象，儿童常会摇摆于"笑"与"怕"之间。对白人一切稀奇古怪的东西和做法，野蛮人必须先感到安全，才会放心地沉湎于笑。

(2) 身体畸形。在一定程度上，能激起笑的事物的一个独特的（或异常的）种类是畸形，或曰对典型形式的背离。对儿童和野蛮人未经教化的趣味来说，身体畸形必定是他们欢笑的重要来源。侏儒、驼背、跛脚，以及长着大鼻子的人等等，一直是年轻人的惯常笑料。我们看到，将这些对典型形式的背离看做可笑的事物，这个倾向已经扩大到了我们人类对动物和植物的知觉。瘸腿的四足动物，或者长着瘤状树结的树，似乎能使人联想到人体的畸形，因而也具有可笑的一面。即使无生命的对象，有时也会因其畸形外表而使我们发笑。被支撑起来的房子，会使我们联想到拄拐的人；街上满载货物的大车摇晃前进的背影，会使人们眼前一亮，就像看到臃肿的胖子想要奔跑。

我们把身体畸形看做新奇，或看做背离了我们经验的普通样式，但也绝不可忘记，这种新奇只能取悦笑中的较残忍因素。古希腊人认为，凡是丑陋的事物，都包含着某种令人蔑视的或可耻的成分。人们嘲笑畸形，大多由于认识到了笑对被嘲笑者的贬低作用。嘲笑清楚地反映出了一种冲动，即见到被贬低的、卑贱的或可鄙的事物时的愉悦。在儿童和野蛮人那些较为粗鄙的嘲笑中，不难发现这种蔑视性的欢乐的音符。这种笑在荷马对古希腊首领们嘲笑畸形的瑟赛蒂兹[1]的描写中得到了说明。瑟赛蒂兹是个驼背，圆锥形的尖脑袋上生着稀疏的短头发，常常恶狠狠地斜视别人。[2] 我们似乎在他们的嘲笑中看出了一种明白无误的成分，即恶意的满足感，即因别人的痛苦而感到的欢乐。

可以大致地说，畸形的可笑程度会随着畸形的大小而变化。至少在一定限度上，过大的鼻子或者过小的下巴，其可笑性会随

---

[1] 瑟赛蒂兹（Thersites）：荷马史诗《伊利亚特》（Iliad）中的希腊士兵，喜欢骂人。——译注
[2] 参见荷马史诗《伊利亚特》第二部第212行。（作者注）

着它们与正常大小之差的增加而增长。尽管如此，我们还是难以确定其中任何准确的定量关系。

同样，各种畸形激发笑的作用也不相等。一般来说，明确的附加或扩张（例如大鼻子或大耳朵），大概会比减少和缺失更有助于引起笑，它们似乎更容易抓住知觉。此外，有许多种畸形的可笑之处还可能涉及某些特殊的暗示。对斜眼和歪脸的某些推测，会使我们想到流氓无赖的表情。红鼻子或红得吓人的头发，也会使人联想到其假定的道德象征意义。长耳朵和其他畸形，会使我们联想到它们与较低等的动物之间的相似性，因而显得没有尊严。不过，对更粗鲁的笑的这些偏好却大都显得反复无常，因而只能归因于习惯与模仿。

嘲笑畸形的冲动具有一种较小的反作用，也具有一种较大的反作用。前者是怜悯，后者是目睹丑陋时的反感。

出于怜悯和仁慈的体谅，不去嘲笑畸形，这是有教养者的标志之一。不好看的相貌能使人联想到（肉体的和精神的）受难，这种考虑会彻底消除笑的冲动。

畸形是丑的变种，对丑的知觉使我们心生厌恶，因此，细腻的审美情感还会使我们讨厌和规避不好看的东西。天生具备这种厌恶感的人大概具备一种能力：对令人震惊的畸形发笑。在另一个极端，我们会见到一种人，他们能对一切身体缺陷发笑，哪怕那些缺陷令人厌恶。大多数人愉悦的范围都位于这两极之间，此时丑中令人不快的因素有所减轻，因此，丑的影响便消失在了其可笑之处激起的欢乐中。

还可以补充一句，如果畸形变成了一种可笑的性质，"开玩笑"的冲动通常都会得到其他一些力量的帮助，尤其会得益于一种摆脱恐惧的感觉、得益于一种报复感。有一个事实能清楚地说明这一点，那就是中世纪的人们对魔鬼、恶魔等的嘲笑。儿童对驼背者的那种相当残忍的嘲笑，也许包含着对一类人的报复性的厌恶感，那些人被看做邪恶者和有害者。

（3）道德缺陷与缺点。另一类可笑的对象与上述第二种密切相关。某些道德缺陷和缺点一直都是笑的宴席上的特殊菜肴。只要想想通俗笑话，想想中世纪的短篇故事，想想所谓"喜剧"和"讽刺"文学的众多分支，我们便会知道欢笑精神是多么急于找到满足感的这一来源了。

只要这种笑针对的是不道德倾向或人格的畸形（例如虚荣或怯懦），而并不针对外在举止的小缺点，它就似乎包含了对某种丑的知觉（这种丑近似于身体的缺憾），并会更明确地揭露这种丑的可耻或不体面之处。

并非一切缺点都同样适于作为笑料，这是人们的共识，而我们也将看到艺术的实践会证明这个观点。一些缺点似乎具有格外可笑之处。堕落者脸上的特殊表情具有可笑性，例如，醉酒显然就是如此。大发脾气的可笑性也几乎相同，其可笑性十分明显，能给人留下深刻的印象。另一些缺点，例如怯懦（cowardice）和吝啬（miserliness），其表现的卑劣及其通常造成的狭隘、可鄙的做法，也会使人发笑。在可笑的道德弱点中，虚荣（vanity）占据着最高的位置，这似乎可以用这个观点作出部分解释。世上最可笑的，就是狂妄自大者在四轮马车和言谈上的虚张声势。伪善及其女眷——欺骗和撒谎也似乎格外可笑，因为它们都在伪装，而老少凡人一旦清楚地瞥见了假面具后面的真相，便会感到快乐。此类可笑对象的最后一例，应当是那种与他人愿望作对的、特别的固执，是那种"连众神都无计可施"的愚蠢[①]，它是

[①] "连众神都无计可施"的愚蠢：这是套用了德国诗人、剧作家席勒（Friedrich Schiller, 1759—1805）的名言"连众神都对愚蠢无计可施"（Mit der Dummheit kämpfen die Götter selbst vergebens），语出席勒的戏剧《奥尔良少女》（*Jungfrau von Orleans*, 1801）。原句也被译为"人若愚蠢，天神无奈"。——译注

第四章 各类可笑事物

一种变化了的可笑性，这种可笑性表现为机器的僵化，而不是适度的灵活适应的人类机制，所以似乎能搔痒我们的情感。

对我们所说的"道德畸形"的可笑之处的这一瞥表明了一点：我们嘲笑这些道德畸形时，并不总是站在道德的角度上，并不总是将其行为和特性看做不道德。首先，我们能从一个事实中看清这一点：我们嘲笑被我们看做缺点的东西时，（正像一些人所说）并不总是认为它小而无害，可以说，我们是在用嘲笑对它作出只是有名无实的惩罚。只要稍微加思考，看出撒谎或显示残忍欲望是绝对有害的，它们就会转变成笑料。不仅如此，还有一个事实能表明这一点：这些情况里的可笑之处已大大超出了我们通常所说的"缺点"的范围。年轻人的过分谦卑，其表现几乎与过分虚荣一样可笑。使我们发笑的，仿佛是道德结构上的某种不完整和比例失调。有一个事实能更清楚地表明这一点：正如我们将看到的，喜剧往往温和地嘲笑一种缺点，即（哪怕是）受到我们赞美的品德（例如热心、高雅趣味和事事讲良心）的过分表现。

还要指出，"可笑的事物"与特定的经验有关，与特定社会采取的标准有关。例如，对酒徒醉态的可笑性的欣赏，也是对大醉的宽容，这个标准与规避和严厉审判酗酒的民族采用的标准截然不同。事实上，我们随时都能对人格过分失衡的表现发笑，而这显然会随着我们关于人格正常模式的观念而变化。在某些方面，古希腊人对人格的判断不同于（例如）当今的英国人。

对一些显著的缺点，我们都抱有一些具有反作用的倾向，不仅是更小心地规避丑恶，而且会以苦恼的谴责态度，对丑恶作出道德反应。因此可以说，不道德的特征绝不可以达到激起我们心中的道德感的严重程度。同样，性情和习惯的差别，（还可以补充一句）以及我们当时的情绪的差别，都会影响到结果。哪怕是体面的公民,如果沉浸在那种似乎属于观看喜剧的情绪里,甚至也会欣赏道德弱点的表现,其容忍程度实在令人吃惊。

(4) 破坏成规定法。现在我们谈谈一类可笑的表现,其特别引起旁观者注意的特点,是对成规定法的某种破坏。缺点的可笑表现当然也包含着这个因素,但在我们现在要说的这些情况里,最显著的特点就是对规则的猛烈破坏。而另一方面,对规则的可笑违背则与以上所说的那些怪癖密切相关。以儿童的智力看,驴子打滚违反了驴子的正常行为,不过,其可笑性却似乎直接来自这个新奇景象的新鲜刺激性。要将一个行动看做混乱,我们就必须(至少是朦胧地)意识到它违反了某个习俗或规则。一头驴子走到了大街的人行道上,或者在花园里安静地吃草,这些情景都可能使人发笑,因为它造成了混乱。一个男孩的个子大大高于班级里其他学生的平均身高,我们或许能由这种奇异性了解到单纯的古怪与混乱之间的分界。立普斯博士指出,甚至一排房子中有一座房子比其余的都高,也可能呈现出可笑的外表。[①]在这种情况下,观者一眼便能看出大多数房子的一致性,这种一致性似乎能使观者想到一个规则,而那座独有的、样子古怪的房子破坏了那个规则。[②] 在目前所说的这类可笑事物里,我们只谈那些明显地破坏了规则的可笑事物。

首先,对年轻人来说,甚至对很多成年人来说,混乱性(disorderliness),即对正常生活秩序的颠覆,是笑的丰富来源。不仅如此,过分放纵的欢闹往往也会演变成混乱。"混乱性"不但适用于解释喧闹,而且适用于解释破坏窗户等一些"取乐"

[①] 参见立普斯的《滑稽与幽默》一书。(作者注)
[②] 在这些情况下,当然往往会存在一种互相的作用,那个与众不同的破坏者的作用,是反衬出这排房子可笑的单调性。(作者注)

第四章 各类可笑事物

行为,正如艾迪生[①]提醒我们的,一些人把是否能从中取乐当做对性情的考验。

如果真是如此,我们便能预期,混乱的表现通常都会使普通人感到可笑。这的确是我们的发现。群众非常喜欢观看滑稽表演里和其他地方的无法无天的行为。一个人总是手忙脚乱,或者不断地改变自己的目标,这些表现都能使人发笑,也说明了混乱的作用。暴怒之人的可笑性,也部分地来自这种混乱情势。在要求秩序的地方(例如着装),混乱的表现往往会激起人们的笑。一队士兵走步时如果步伐混乱,或者队列不齐,便会成为公认的笑料。哪怕是为了清扫而被弄乱的房间,或者饭后杯盘狼藉的餐桌,也都具有混乱的某种可笑之处。

混乱的可笑之处,尤其表现为违背公认的行为规则。最显著的例子是违反礼节,违反正确的语言规则。粗鲁的行为以及使用语言的笨拙、失礼、粗野和混乱,都会因其违反了人所熟知的规则而使我们发笑,但毫无疑问,它们也可能被我们看做幼稚无知的表现而使我们开心。

有一种强大的力量往往能阻止这类笑,那就是对成规定法的尊重。这种力量会缓慢而艰难地形成,至少会在社会的大多数成员中形成。因此,如果说尊重规则者会嘲笑某种违背规则的行为,这种违规便绝不可严重到破坏规则的程度。这些情况包括:故意违反规则的表现并不当真,而只是某种作假(make-believe);或者这种行为仅限于无害的范围(例如生气的人痛斥其他一切人,却并未造成真正的威胁);或者不合规矩的行为是无意的,只是出于无知。

(5)小灾小祸。现在我们说说另一类表现,其可笑特征似乎存在于某些绝不令人不快的情势或条件中。在一般的旁观者眼

[①] 艾迪生:参见本书第二章《微笑与大笑》有关注释。——译注

里，小灾祸，尤其是包含着某些具有困难或"困境"（fix）性质的小灾祸，往往具有可笑的一面。帽子掉落，滑了一跤，或者撞在了别的行人身上，这些都被视为大街上的可笑情景。埃阿斯①竞走时跌跤，弄了一嘴泥（参见《伊利亚特》第770—785行）；约翰·吉尔宾②骑在逃跑的马上；一群人因船只搁浅在沙滩上束手无策；马戏团的小丑徒劳地抓住马尾巴，制止它逃跑。熟悉各种笑的人，一定会想到诸如此类的情景。更古老的大众娱乐（例如在乡村集市上看到夹在马颈轭里的人咧着嘴笑），其可笑性则来自目睹一个人身处困境，只要他是自作自受，尤其当这是由于他没有远见的时候。③ 社会生活里的不少"尴尬"情势，也会使人感到一种更雅致的可笑性，例如一位高贵女士虽然值得嘉许，却有欠考虑的做法——她突发奇想，想接触"下层社会"的一分子。

值得注意的是，许多情境不但涉及大量恼人的不便，而且涉及真正的吃苦，它们也会激起俗众的笑。跛脚者拖着身子前行，这情景不仅会使活泼的凡人发笑，而且会使众神发笑。荷马写道：奥林匹斯众神看见那个瘸铁匠想替司酒少年加尼米德④履行

---

① 埃阿斯（Ajax）：荷马史诗《伊利亚特》中的勇士，曾参加特洛伊战争。——译注
② 约翰·吉尔宾（John Gilpin）：英国诗人威廉·科伯（William Cowper, 1731—1800）1782年发表的滑稽诗《约翰·吉尔宾趣闻》（*The Diverting History of John Gilpin*）中的人物。他是个亚麻布经销商，在开业周年纪念日那天遇到了许多倒霉事。此诗发表后大受欢迎，1785年后再版过至少百余次，并被译成了法文、德文、瑞典文、拉丁文和波斯文。此诗在我国曾被译为《痴汉骑马歌》。——译注
③ 参见特莱尔（H. D. Traill）的文章《善于分析的幽默作家》（*The Analytical Humorist*），载《双周评论》杂志（*Fortnightly Review*）（新汇辑），卷九，第141页。（作者注）
④ 加尼米德（Ganymede）：古希腊神话中的特洛伊美少年，宙斯将他带走为众神斟酒。——译注

那个高雅职责时,纷纷大笑起来。在野蛮人和一些粗俗者对一些小灾小祸(包括某些形式的惩罚,尤其是痛打老婆)的嘲笑中,在他们对模样丑陋者(例如《伊利亚特》中的瑟赛蒂兹)的嘲笑中,我们也能发现同样的无情的快乐。英吉利海峡一边的上流人士似乎能从一种景象中取乐:客轮经过了一场暴风雨后靠岸,乘客们个个神情阴郁,面色苍白。同样,他们这种快乐也流露出了人类的一种深深的恶意,即见到别人受到伤害时感到高兴(Schadenfreude①)。如果能根据这个事实作判断,我们便可以说,似乎连"上流社会"都喜欢此类娱乐。

在这些令人发噱的倒霉遭遇中,与丧失尊严明显有关的情境和事件占了一大部分。一个被风吹跑了帽子的人追帽子,其可笑性大多来自一个事实:这件事象征着损失了尊严。某些身体畸形(尤其是难看的鼻子和下巴)的可笑性,大概也来自我们知觉到了体面的五官失去了尊严。② 跑了老婆的男人手抱婴儿,它引起的笑也说明了丧失尊严的效果。通俗轻喜剧里一些逗乐的情境,例如男人怕老婆或女婿怕丈母娘,它们之所以时常使人发笑,是因为作为"一家之长"的男人的尊严大大地下降了。如果失去尊严的情境发生在当时地位较高者身上,此类表现中激发笑的力量便会更强,例如教士在布道坛上口吐粗言,或者法官在法庭上打起瞌睡。

就像在其他事例中那样,我们在此类事例中也看到了一些局限性,它们是旁观者的不同性格及其所处的不同环境造成的。丧失尊严的灾祸,显然会引起与欢乐截然不同的感情。如果怜悯很

---

① Schadenfreude:(德语)幸灾乐祸。——译注
② 吉卜林指出,在印度人当中,家族成员的鼻子大小失当,会被看做一种耻辱。参见《吉姆》,第81页。(作者注) 又:鲁迪亚德·吉卜林(Rudyard Kipling, 1865—1936),英国作家,曾获1907年诺贝尔文学奖,其小说《吉姆》(*Kim*, 1901)描写了英国统治下的印度生活。——译注

快占了上风，对灾祸、困境等情势发出的笑便会大受限制。另一方面，对遭灾祸者的这种怜悯也来自知识和见识。如果经验和学习没有给人知识和见识，这种幸灾乐祸的笑便不会受到遏制。因此，青少年虽然并不比成年人缺少同情心，却还是往往会嘲笑某些情境（例如老太太滑了一跤），而那些情境却会使懂得其真正意义的人心生怜悯。

（6）联想到下流之事。现在我们说说另一类可笑的对象，它们与我们已解释过的许多类可笑事物密切相连，只是具有一些突出的特点。我这里说的是对淫秽下流的事情发笑，无论是真实存在的还是联想到的。

我认为，凡是认真解释人类日常之笑的各种来源的尝试，都会承认这一类可笑的对象。在凡人当中，或许也在众神当中，暴露正派的规则一直在隐藏的东西，都会有效地引起笑声。下流的表现如果更直接、更显著，则会激起粗俗之辈的高声大笑，正如梅瑞狄斯①所说，它会激起醉心粗俗笑话（gros sel）者的大笑（gros rire）。这种笑大多会出现在野蛮部落的戏谑言行里，至少会出现在其中许多部落和文明程度不高的社会里。文化能限制此类的笑。不过，如果认为爱笑的有教养者绝不会产生这种感觉，那就错了。不妨说，意外听见别人提到下流之事时产生的笑的冲动，解除了我们的警戒。我相信，只要这种冲动没有被说出，也没有被进一步扩大，它便会普遍地存在于发笑者心中。

有一些事情不仅文明社会甚至蒙昧社会都极力不去目睹，因联想到它们而笑，这似乎会被最顺理成章地视为不当之举，或者被看做违背了公认的规则。提到这些事情，就是违背了人们深知的社会习俗。不仅如此，这种违背还表明了向不体面的大幅堕落。社会习俗一直都在遮掩这些事情，所以，掀去遮盖这些事情

---

① 梅瑞狄斯：参见本书第一章《绪论》有关注释。——译注

的帘幕的一切尝试都意味着可耻。无论在什么情况下，下流影射若是针对某个具体的人，被影射者都会蒙受耻辱。还有一些下流影射是针对人性的普遍"弱点"（infirmity），这种侮辱当然针对更多的人。不仅如此，听到这样的暗示时，我们还会感到说者和听者都失去了尊严。文雅听者的脸红，便证实了这种羞耻感。

不过，说这种笑起因于违背规则和丧失尊严，当然还不能充分地解释这类可笑事物的运作原因。如果说，严禁谈论这些事情是由于它冒犯了高雅趣味，那从另一方面说，那些被谈论的事情就是人类本性的一个切实存在、不可分割的部分。因此，从反面说，欣赏这些暗示又表明了率真的、未经雕琢的天性在拒绝人为的压抑。其实，要暂时抛开正派的帘幕，面对习惯上一直被隐藏的东西，似乎必须具备摆脱限制的明确感觉，必须具备自我扩张的愉快感觉。大概正是由于这一点，研究中世纪风俗的历史学家才注意到了一个事实：欢宴的时间越长，人们的粗俗言行就越多。欢闹嬉戏的情绪大大有利于放松一切人为的限制。或许，同样的道理还能解释粗俗的笑话（前提是它们包含着适量的机智）何以会使健康而聪明的男性发笑。

在我对下流之事的可笑方面所作的这番简述中，我提到的只是表现为中度的笑、能被意识到的事情，它们常见于实行了某种自我限制的文明人中。但我们也知道，至少在粗俗者当中，暴露与性有关的事所激起的笑，还与人的动物机体的一些隐秘部分之间存在着更深的联系。我们对人的性兴奋状态的了解（包括神话中的叙述）表明，笑的功能是在我们天性中的动物性得到释放的那一刻，用声音表示出放纵的自我美化（self-glorification）状态。不仅如此，像在一些神经质的笑中一样，这种笑也与突然的情绪亢奋之间存在着有机联系。

几乎不必指出，在此类的可笑事物中，相对性起着很大作用。一个人衡量何为淫秽的标准，与他所在社会的标准有关，而那些标准相当多样。旅居国外的英国人往往对一个事实印象深刻：男人和女人（他们在国内时也像其同胞一样文雅）在国外已不再那么犹豫，而会在交谈中直言不讳地提到在国内被视为禁忌的话题。同样，现代人在阅读莎士比亚的剧本时，也会震惊于那个时代有教养女子的直言不讳。

不仅如此，正如以上提到的，此类事物激起笑的作用的大小，还会因感情的文雅程度而大大改变。一切人都有能力领会对淫秽事物的暗示（只要暗示得微妙），如果这是事实，那么，另一个情况也同样是事实：粗鄙者也有能力频繁地或大口地饮用这个颇为污浊的笑泉之水。①

（7）伪装。另一类的可笑表现与前一类有些相似。人的伪装是众人嘲笑的靶子。窥见面具背后，抓住作伪，这一定能使我们发笑。社会生活中的确存在大量的虚饰和伪装，不仅粗陋的通俗艺术，就连喜剧都把伪装用作取乐的主要来源。伪装的道德性质的不同，会使笑的风味多种多样。看穿儿童明显的做假时，我们的笑是一种调子；看透半是故意的欺骗时，我们的笑是另一种调子；识破狡猾的骗子时，我们的笑又是一种调子。

对可笑表现的领悟是相对的，可能不会立刻就看清楚。尽管如此，目睹众多不太严重的伪善行为还是不仅得到了允许，而且甚至成了上流社会的需求，这已足以表明衡量标准的多样性了。在这种情况下，衡量标准对笑的削减作用格外显著。生活中的各种伪装如果数量众多，无处不在，伪装便不再会使我们发笑，只有极少数人例外。在国外的英国人嘲笑外国社会中不太严重的作

---

① 出于谨慎，最好还是补充一句：现代剧场的观众看到某种有伤风化的表演，往往会装出淡淡的笑，那种假笑不是对下流事物发笑的简单形式。它是头脑高度做作的产物，其中包含着情感的不断变换，即时而是自然人对此类事情的欣然接受，时而是文明人担心自己走得太远。（作者注）

伪，却几乎看不出英国社会中人们作伪虚饰行为的同样可笑之处。

像对一般的道德缺点的表现一样，对于伪装，判断的严肃性和更强的道德感也会限制笑的冲动。对各种欺诈行为，不大重视道德者也许会冷笑，而道德感更强者则会感到震惊。

（8）缺乏知识或技能。现在我们说说另一类可笑事物，它们更具智能色彩。在人表现出的素质当中，最具可笑标志、被更广泛承认的，就是缺少知识或缺少技能。在这方面，我们的朋友——马戏团小丑就是明显的例证。他模仿熟练骑手和其他行家的高超技艺，却无法成功，这能激起众多爱笑的观众最响亮的大笑。对地点的无知，尤其是旅行者因对异地的无知而不知所措，是乡下的旁观者发笑的普遍来源。儿童、野蛮人以及头脑简单的人，都会觉得这种无知和无能的表现很好笑。"内行"有节制地嘲笑没有 savoir-faire① 的外行，这表明了有知识者也对无知的表现普遍感到可笑。有一个事实能证明这种笑的价值：在争论中，一个人若渴望赢得其支持者的笑，便会尽力揭露对方无知的可笑程度。行家来到一群农夫中间，这种情势蕴涵着欢笑娱乐的种种可能。托马斯·哈代②笔下的威塞克斯乡民的愉快议论，便足以证明这一点。

对这些可笑的无知和无能的揭露，是截然不同的人群或阶级（例如野蛮人与白人，水手与未出过海的人）互相挖苦中的辛辣成分。我将在后文中说明这一点。

在这些情况下，观众也许并未指望别人认为他们具备知识或

---

① savoir-faire：（法语）本领，能力。——译注
② 托马斯·哈代（Thomas Hardy，1840—1928）：英国作家，以其威塞克斯（Wessex）系列小说著名，其中包括《远离尘嚣》（*Far from the Madding Crowd*，1874）、《卡斯特桥市长》（*The Mayor of Casterbridge*，1886）和《德伯家的苔丝》（*Tess of the d'Urbervilles*，1891）。——译注

技能。发笑者至多只是怀着一种模糊的期望，即局外人也像他自己一样。如果人们认为某些人理应具备知识和能力，他们便会对无知和无能（例如官员出奇的不称职）发出另一种更带讽刺意味的嘲笑。

人的无知表现如果涉及公认的常识，便会显得格外可笑。柏格森为我们提供了一个实例：一个失望的旅游者听说他附近有座死火山，便说"他们有座火山，却让它熄灭了"。（参见柏格森《笑，论滑稽的意义》，第45页）正是这种对普遍常识的无知，才是许多违反规则行为（尤其是违反语言规则）的可笑性的部分原因。我们都怀有一种顽固的成见：每一个人（甚至外国人）都应当能讲我们的英语，因此，我们听见明显的错误发音或对意义的误解时，便一定会觉得它们很幼稚。在同一部戏里，莎士比亚让我们嘲笑了卡厄斯医生和爱文斯爵士的拙劣英语。① 如果外国人无意间说了一句对自己不利的错话，那当然就更可笑。例如，一个德国人访问伦敦，有人问他妻子身体可好，他回答道："她平时都在撒谎（lying），不撒谎的时候就骗人（swindling）。"其实，他是想说"躺着"（lying down）和"头晕"（feeling giddy，即 hat Schwindel②）。

对荒谬的可笑性（即荒谬与常识截然对立的一面）使人产生的智力幼稚的印象，我将很快作出更充分的解释。夸张的描述和其他夸大的陈述之所以被人嘲笑，至少部分原因在于它表明了对什么是可信事物的无知。另一方面，一味地陈述人所熟知、显而易见的事实，如果伴随着吃力的争辩，也往往会使我们发笑，

---

① 参见莎士比亚戏剧《温莎的风流娘儿们》（*Merry Wives of Windsor*）。卡厄斯医生（Dr. Caius）是剧中的法国医生；爱文斯爵士（Sir Hugh Evans）是剧中的威尔士牧师。——译注

② hat Schwindel：（德语）头晕眼花。——译注

第四章 各类可笑事物

因为它不懂得听者或读者早就熟知了那些事实。

智力幼稚的可笑表现,起因于对正在发生或正在谈论之事的明显误解。伦敦人听乡下人说话,有时会误解后者认为完全无须解释的意思,因而使后者发笑。此类误解涉及的观念若与真相大不相符,其逗笑力便会增强。约克郡的陪审员说"斯卡莱特律师弄到了所有容易打赢的案子",这个说法就可笑地颠倒了因果关系。我有一次乘火车旅行,听见一位母亲对她抱怨天气太热的小女儿说:"你越想到天热,天气就越热。"那孩子听了之后,干巴巴地说:"我应当说,天气越热,我就越会想到热。"那位母亲的说法很像是颠倒了两者的真实关系。

另一些所谓"幼稚"的例子,至少也部分地属于这一类。缺少机智,援引与环境或与表达的观点根本无关的东西,乃是各个文化层次的人们的笑料。好心的野蛮人或儿童本想照顾客人,使客人感到舒服,但采用了不恰当的方式,那些方式便是这种幼稚性的良好实例。交谈和讨论中的题外话,例如 mal à propos①,对问题的误解、理由不当的建议等等,都属于笑这条大江的支流。这些与场合无关的话,是社会交往中轻松娱乐的丰富来源。离题万里的答话,就是格外逗笑的无关之言。例如,一个正在下降的气球上的人问一个乡下人,"我在哪儿?"后者回答说,"在气球上"。读这个故事时,我们会感到这句回答的愚蠢之处十分明显。

可笑事物的细心研究者认为,儿童的天真幼稚是逗笑的富矿,它说明了彻底幼稚的智力会使人发笑,说明了儿童援引的那些不相干的言行会使人发笑。儿童的强大理解力即时抓住和引用了那些言行,作为他们思维幻想中的例证。它最有价值的表现之一,是儿童惯于平静地替换成人的见解。儿童说出的大量"逗

---

① mal à propos:(法语)不合时宜(的话)。——译注

笑言论"（funny remarks）便能说明这一点。这里有个例子。一个小女孩儿诱使祖父跟她做一个非常顽皮的游戏，一个想提高儿童品德的人问她说："亲爱的，你祖父跟你玩儿这个游戏，这不是说明他很爱你吗？"小女孩儿回答时却针锋相对地纠正了这句问话："是我在跟他玩儿。"

还有一些十分明显的例子，说明了智力的简单令人发笑。偏见和激情会缩小一个人的心胸，造成对事物的错误认识，这样的主题尤其适于喜剧的表现。正像我们将看到的，智力退化的表现若达到了混乱的程度，其价值便更高，那个可笑的人完全沉迷于自己的幻想，说出一连串与那一刻的真实环境毫不相干的话，以致连严肃的旁观者都会被逗笑。

人们评价此类可笑表现时，也会受到相对性的限制，以上的话已十分清楚地表明了这一点。缺少知识或技能之所以会使我们发笑，是因为缺少的是我们大都很熟悉的知识或技能，而（至少）我们往往会认为别人理当具备它们。因此，上流社会的人会笑你对某种事情（例如英国贵族史）一无所知；农夫会笑你对另一类事情（例如牛犊的习性）一窍不通，如此等等。唯有与成年人的复杂思维方式相比，儿童的简单头脑才会显得可笑。自相矛盾的荒谬之处也是相对的，因为大部分常识虽然被我们欣然看做稳定的、不能改变的，其实也在变化。

（9）互相矛盾与不协调。现在我们要提到一类事实，讨论笑的作者们常常强调它们。孩子戴着大人的帽子（我在前文中已经对它作了充分分析），这个情景说明了一点：两个互不相干的元素的并列，由互不相适的局部拼成的整体，分明都是十足的可笑事物。此类事物之所以可笑，是因为我们注意到了不同因素之间的关系。人所共知，对某些关系的知觉，更具体地说，对互不适合、比例失衡、互相矛盾、不合逻辑的知觉，往往会使有教养者发笑。

要分析这些关系的可笑性，我们必须进行比较。滑冰者作出愚蠢的动作，极力不使自己跌倒，或者穿着令人无法容忍的服装，或者自命高雅者的装腔作势，这些表现之所以使人发笑，都是因为发笑者意识到了某种关系，例如缺少相适性、过分背离正常标准等等。不过，发笑者也知道，他并未有意地注意这种关系。相反，他会觉得，这种表现本身突然激起了他的"类化倾向"①，直接使他发笑。

另一方面，我相信他还会认为，某些事物之所以可笑，（还有一些情况）是因为观者直接注意到了关系。观者也许并未完全精确地领会这种关系，但关键是他在心理上抓住了这种关系，哪怕只是抓住了片刻。不仅如此，哪怕稍微想到相关的条件，也能使他在一定程度上明确地领会这种关系。

对一种关系中的可笑事物的这种定位，最明显地表现在一些复杂的表现里，我们看到其中构成整体的某些局部的互不协和、互不相适（我们称之为"不协调"，incongruity）十分醒目，引起了我们的注意。乡下女人身上奇异地混合着农妇与时髦女子的衣着，或者她说话中奇异地混合着农妇与时髦女子的语言；要足登考究的高跟鞋的女士去爬高山；当选人发表致谢词，但其语言却大大多于或少于那个场合的要求。这些表现都会启动笑的肌肉，因为它们把互相矛盾、互不适合的事物强行放在了一起。另一些情况也是如此，其中的一种表现与前一个表现（人们还记得前一个表现）不协调、不一致，例如马戏团小丑本来打算模仿行家的表现，却彻底失败。

在一些情况下，即使构成可笑的不协调关系的两个事物并未同时出现或相继出现，但人们只要很快看出了两者的关系（这至少包括朦胧地想到两者当中不在场的一个），也会感到可笑。例

---

① 参见本书第一章《绪论》关于"类化倾向"的论述。——译注

如，荷马史诗中的众神大声嘲笑蹒跚的、跛足的伏尔甘①想装成美少年加尼米德时，很可能联想到了加尼米德的形象，在心中将这两者作了比较。同样，我们更细致地判断夸张得好笑的服装和言语等事物时，也会像以上所说的那样，直接地参照某种衡量标准。

这些情况中的关系是否会成为意识的"焦点"，这无疑取决于构成复合表现的两部分之间的关系，或者取决于整体表现与联想到的标准之间的关系。例如，我们嘲笑牧师在讲坛上布道的手势过多、过于花哨时，我们心中注意到的是场合与行动之间的不协调，或者我们想到了惯例，想到了适用于布道的手势和动作幅度，看出了眼前的表演与这些要求不一致。难道不是如此吗？我将在后文中进一步讨论这一点。

我们必须用以上例子说明的观点去判断另一类笑，即出于心智或知识判断的笑。它由一点得到了证明：大众嘲笑这种不协调，大多都不依靠心智或知识的判断。大众能嘲笑职业与表现之间的明显不一，这一点见于一个事实：中世纪的平民往往会嘲笑僧侣们道德上的言行不一。②但是，判断固有的不一致性（例如目标不断变换、情感游移不定等等），却必须精确地观察事物之间的关系，必须立即联想到不在场的事物，而这会大大限制获得娱乐的范围。重大而明显的不一致表现能使大众发笑，但大多数自相矛盾的表现却属于"不合大众口味的逸品"（caviar to the general），例如莫里哀、乔治·爱略特③和梅瑞狄斯作品中那些

---

① 伏尔甘（Vulcan）：古罗马神话中的火与锻冶之神，即古希腊神话中的赫淮斯托斯（Hephaestus），天生瘸腿，相貌丑陋。——译注

② 正如我们采用的分类法表明的那样，我们可以将这些例子看做可笑的堕落行为的主要实例。不过，其中显然也包括了对矛盾的某种领悟。（作者注）

③ 乔治·爱略特（George Eliot）：英国女作家玛丽·埃文斯（Mary Ann Evans, 1819—1880）的笔名，其作品有《亚当·比德》（*Adam Bede*, 1859）、《织工马南传》（*Silas Marner*, 1861）和《米德尔马契》（*Middlemarch*, 1871—1872）等。——译注

第四章　各类可笑事物

使我们精神一振的描写。过度的、过分的、不合比例的事物之所以会使我们发笑，其道理也大多在此。

此类可笑事物的一个分支，是逻辑上前后不一或荒谬的事物。我们发现了一个领域，而文化想必也在其中很多方面发挥了关键影响。这种可笑的荒谬表现的一例，见于与我们最深的、最不可改变的信念相冲突的事物。逻辑上牵强的或自相矛盾的表现，都是人们熟悉的笑料。这种情况也像人们嘲笑过分花哨的服装一样，并不意味着嘲笑者立即清楚地知觉到了关系，而只是对我们根深蒂固的"类化倾向"的某种无害的冲击。因此，我们有理由期望这些表现也会引起智力较低者的笑。我们将在后文中看到：儿童会嘲笑一种想法，它直接对立于儿童衡量事物可能性的天然标准；野蛮人对明显对立于其衡量真实性的固有传统标准的事物，也表现出了同样的嘲笑冲动。可见，这些表现包含着一些暗示和命题，它们会使智力更成熟的人将它看做荒谬。换句话说，智力更成熟的人会将它们看做对其既定信仰习惯的冲击，看做对被他们欣然称为"常识"（common-sense）的信念体系的冲击。一些想法因为冲击了常识而被看做革命性的观念，无论它们出现在社会风俗领域、政治活动领域、道德领域还是科学理论领域，都会遇到大量的嘲笑。达尔文最初提出人类从类人猿祖先进化而来的思想时，激起的嘲笑很可能与激起的愤慨一样多。

逻辑矛盾的表现构成了逗笑的一个更有限的领域。看出一个人种种言论的可笑的前后矛盾，是理论家们的强项。这种矛盾必须十分明显，而几种自相矛盾的陈述也必须在时间上十分相近，唯有如此，它们才会使大多数人发笑。我认为，大众嘲笑自相矛盾的最好对象是"自相矛盾之言"（bull），你只要听出一句便会发笑。例如在辩论中，一位爱尔兰政治家谴责某一次战争时说："每个人都应当随时准备付出自己最后一个金币，才能保护他剩

93

下的金币。"①

人们可能自然地以为,在判断这些更带智力色彩的可笑事物时,事物的相对性绝不会产生限制作用。自相矛盾的关系似乎是人人都能直觉到的一种对象,是最不受个人气质和外部环境影响的知觉对象。但是,这个看法却不够正确。我们必须记住:道德的和逻辑的前后不一,这类自相矛盾的表现也具有令人不快,甚至令人痛苦的一面。一个人若素来以人格或思想的高度一致闻名,而一旦事实表明他并非如此,本来敬佩他的人自然会觉得自己受到了冒犯。不过,我们还必须对此作出一个限定——"除非自相矛盾的表现中不包含任何令人不快、令人反感的成分"。不仅如此,我们还应当记住,衡量被普遍称作"荒谬"的表现的真理标准,在大多数情况下也远远不是永恒的真理。人们对达尔文的"适者生存"学说(theory of natural selection)的嘲笑表明:被前一代人嘲笑为与基本观念截然对立的理论,在后一代人看来却是人所熟知的真理。

(10)俏皮话和妙语。另一类可笑的表现更能激起带有智力色彩的笑,那就是俏皮话(verbal play)和妙语(witticism)。我将在后文中更详细地考察机智的性质。

可以说,口头"逗趣"形式的最明显特点是嬉戏冲动的侵入。儿童的俏皮话就足以表明这一点。新词的声音往往会被儿童简化为熟悉的声音,简化的结果越可笑,他们就越喜欢这种简化。这与说双关语(punning)只差一步,双关语是故意赋予意思相当清楚的词或短语新义,或者虽然丝毫不改变发音,却用新义取代原先的、明显的词义,以造成所需的变化。我们能从中相

---

① 引自约翰·帕内尔爵士(Sir John Parnell)1795年在爱尔兰下议院发表的讲话。参见勒·法努(W. R. Le Fanu)著《爱尔兰生活七十年》(Seventy Years of Irish Life)第16章《自相矛盾的话》(Irish Bulls)。(作者注)

当清楚地看到一种嬉戏冲动：尽量远离形式规则和限制，将事物颠倒，抓住放纵恣肆、变化多端的奇思异想。

这种俏皮话也大都非常近于"作假"，其中伪装出了一种自然而明显的意义，而真实意义则被善于发明的说话者藏起了一半。尽管如此，我还是认为，此类可笑对象的性质十分接近不协和的、荒谬的事物。双关语只要包含着起码的智力成分，都必须具备一个锋芒、一个尖刻之处，而要做到如此，最自然而有效的办法似乎就是引进一种讽刺因素，将一句话原先的、明显的意义变得荒谬可笑。例如，一位牧师的布道冗长乏味，教徒们很想文雅地表示自己不耐烦的心情。他们可能会说这牧师的演说"非常动人"。这句机智讽刺的关键在于演说的最好效果与最差效果之间的彻底对立，而这对立是"动人的"（moving）一词的双重含义造成的，它使这句话带上了尖锐的讽刺性。

在一些情况下，即便不存在词句玩笑，比较轻松的机智也会表现出同样的倾向，即幻想的嬉戏般的无常变换。它代替了我们对他人的日常观点和标准，使人感到愉悦，被听者当做有趣的、富于幻想的、夸张的表述。我们的大多数愉快谈话即可说明这一点，这种谈话往往力求暂时逃开冷静判断的严格约束。例如一个人看到月亮在月食后的几小时依然显得苍白朦胧，便说月亮似乎还没有从月食的影响中恢复元气。

在这类诉诸思辨的娱乐中，我们再次看到了一些限制，它们既是不同的经验和知识造成的，也是不同的气质和心态造成的。人们通常随时都能容忍和享受俏皮话和废话中逗趣的一面，这也许能最清楚地表明人的一种习惯性倾向：既严肃，又爱逗趣。将言辞和严肃观点视为神圣的人，几乎不能享受这种消遣的任何形式。相反，随时都能欣赏这些机智玩笑的人，则意味着听者的幻想具备了必需的快速飞翼。它通常还意味着一个人的智力联系到了机智的立场，联系到了他的经验和观念运作。城里的高雅绅士对乡下农夫的俏皮话一窍不通。法官、政治家、神学家等人愉快的俏皮话，也像他们的梦一样，反映了他们的日常经验和思维习惯，但在与这些人毫无接触的人们耳中，那些俏皮话却单调无味，全然失效。

上述几类似乎足以说明可笑事物较为突出的特征或侧面了，其中有些特征在一些情况下使我们发笑，有些特征在另一些情况下使我们发笑。

这些可笑事物本身都能激起笑。我相信，熟悉人类之笑者都会承认这一点。我认为，还有大量证据表明令人尴尬的事物，与规则对立的事物，假意自贬的事物，虚幻的、自命不凡的事物，如此等等，在一些限定条件下，全都能激发人的笑。

毫无疑问，我们很难充分地表明每一种特征固有的可笑性。我已经指出，在可笑事物的最恰当的例子中，有很多都包含着由不同刺激的合力造成的笑。有时候，我们很难确定这些共同起作用的特征当中哪一个最明显，因而这种综合刺激的作用更为清楚。例如，仆人服侍高雅绅士穿衣打扮，这是莫里哀等人最喜欢在喜剧中表现的场景。作为一种明显的伪装，作为对傲慢的虚荣的绝妙展示，或者作为对上流社会礼节的夸张荒唐的有趣讽刺，这个场景会使我们发笑。服装等方面的奢侈夸张往往伴随着一种非常有趣的错误观念，即自以为重。智力上的幼稚会使我们发笑，道德上的天真也会使我们发笑。例如天文学家卡西尼（Cassini）请一位女士去观看月食，她发现自己来迟了，便说："卡西尼先生一定会为了我再弄一次月食。"（参见柏格森《笑，论滑稽的意义》，第45页）我已说过，在很多情况下，互不适合的事物会使人想到毫无价值的东西。例如，在宴会上的吃相几乎会使人联想到动物扑食的人，或者讲话或手势笨拙僵硬的演说家，或者最令人不快的比喻，例如巴特勒①《休迪布拉斯》中的粗野讽刺：

> 早晨渐渐由黑变红，
> 就像煮熟的龙虾。

作为可笑事物多面性的最后一例，我们要提到装假（affectation），尤其是模仿别人举止风度的装假，因为它会被我们看做明显作假的表现，或被我们看做模仿者的自然天性里侵入了不协和的外来因素，或被我们看做一种缺点、看做缺乏智力或道德的首创性，因而使我们发笑。

尽管如此，我们对可笑事物的交叉分类还是不会妨碍我们对它们的认识。收集足够的例子，当它们成为笑的主要刺激时，注意它们如何表现出了使我们发笑的某个方面，当那个方面发生变化时，注意它怎样继续使我们发笑，这样一来，我们便能认清这里列举的每一个方面如何发挥了刺激笑的作用。只要这种方法能抓住我们的论题，能更清楚地解释这个问题，它就应当属于实验心理学。

还有一种反对意见（它虽然与上述意见有关，但应当仔细地与它区别开来）：即使在有些情况下，可笑的特征能被清楚地定位，我们对可笑特征的描述似乎仍然存在某种任意性。例如，（或许有人会说）在一切情况中，不相适关系和各种相似关系都可被看做智力或趣味缺陷的产物或表现，何必把这些关系单独列为一组？不过，现在提出这个难点却预示了我们理论的难点，即

---

① 巴特勒（Samuel Butler, 1612—1680）：英国诗人，以其三部曲滑稽诗作品《休迪布拉斯》（*Hudibras*, 1663—1678）闻名于世，这部作品讽刺了清教主义的虚伪性及其对人性的钳制。——译注

可笑特征的这几类变化在多大程度上可被归纳为普遍原理。给前述各类可笑事物命名时，我力求将可笑之处看做自然人（他们并不懂得理论研究）都能见到的特征。

重要的是，我不但重视使我们发笑的对象种种可笑特征的频繁联合，而且重视一个事实，即我们可能从不止一个角度去看待同一个特征。这两种情况都有趣地说明了人们关于笑的长期讨论的意义，说明了笑的理论何以众说纷纭。

对事物的可笑特征作出以上分类时，我根本没有提到这部分考察与前一部分考察之间的联系。尽管如此，这种联系还是并未被完全掩盖。在新事物的娱乐作用中，我们发现了一种笑的因素，它来自欢乐的突然扩张。在下流事物激起的笑里，我们注意到了少许由"突然的快乐"引起的笑，注意到了少许我所说的"神经质的笑"。最后，考察更具嬉戏性的机智的愉悦性时，我们似乎也看到了笑的运作。

若给以上列出的可笑事物清单再添上两类，这种联系就更清楚了。它们就是作为欢乐情绪的表现的可笑对象，以及涉及胜者和败者关系的可笑情境。对这两类对象，只要分别说上一两句就够了。

（11）作为欢乐情绪的表现的可笑对象。几乎不必怀疑，一切能被立即解释为显示了可笑性的表现，都能激起欢快情绪。例如一系列迅速的、断续的、与笑声相仿的（音乐的和非音乐的）声音，就是如此。嬉戏般的运动也是如此，例如适度放松缰绳后的小马无节奏的欢蹦乱跳，或者马戏团小丑的欢蹦乱跳。事物包含的欢快气质的表现，唤起了观者共鸣的笑。对这种笑，或许更准确的说法是：我们不是嘲笑嬉戏的表现，而是因嬉戏的表现而发笑。但是，若不提这些嬉戏的表现，我们就不能理解被我们看做可笑的客观事物。

（12）涉及胜者和败者关系的可笑情境。从某种意义上说，

第四章 各类可笑事物

见到在搏斗中取胜或占了上风的人，人们往往会发笑。这一点无可置疑。我们可以把这种笑的一部分归入一类，即因为见到失败者处于困境而发出的笑。不过，我们列举更大的、得到普遍承认的欢笑来源时，它显然应当单占一席。

我们不必强调这样一个事实：世人最感兴趣的场景，大多是战斗、竞争以及一切被看做人与人较量的活动。这类场景之所以能使人发笑，大概是因为一种愉快的满足感，那种满足是不偏不倚的观众目睹每一次成功的进击时获得的，无论那进击来自较量的哪一方。这一点还可以从一个事实中得到证明：在市场里，在政治领域，在舞台上，在其他地方，一切智力对抗都会使人大感兴趣。通俗文学也表明，普通人也能从这一来源中获得丰富的欢乐。

能使旁观者产生这种"突然的快乐"的情境，并不仅限于竞赛。战胜别人，这种能力的一切展示似乎都能使大多数人感到开心。野蛮人见到一个男人打老婆时会十分开心，同样，观众目睹被打败、处境尴尬和受到羞辱的人也会十分开心，其中若包含着欺骗或愚弄的成分，观众便格外开心。因此可以说，最使文明观众开心的场景是以智取胜（outwitting）。

若将大自然或命运看做一种使人失败、捉弄人或智胜人的力量，我们便会发现一些更高雅的可笑事物。只要我们观察事物时产生了这种讽刺意念，任何不幸（尤其是涉及希望落空、努力失败的不幸）都可能激起笑声，那笑声中包含着洋洋得意的嘲笑的"泛音"。

一个人战胜了另一个人，或者显示出比另一个人优越，这种场景给人的愉悦，无论在什么情况下都会受到一些条件的限制，我在前文中已对那些条件作了充分论述。这种场景激起的笑，大概都包含着一种特定成分，即依靠共鸣的想象，联想到胜利者"突然的快乐"。因此，我们必须将这种笑归入比较残忍的笑。

如果活跃的感受运作得足够迅速，与战败者的感情产生了共鸣，它便会有效地遏制笑的冲动。

最后，我还想大致提及一点，那就是我们欣赏事物的可笑之处时，怎样因情绪或其他压力的缓解而发笑。我认为，宗教仪式和其他仪式中一切有失尊严的表现，其可笑之处不能仅仅理解为来自事物的不相适合和不相关联，而是必须与一种强有力的倾向联系起来，即用片刻的欢笑抛掉沉重的、使人压抑的精神负担。因见到无法无天的行为而笑，乃至，因见到下流的、亵渎的行为而笑，其中的部分欢乐当然都来自摆脱约束的感觉，而这是一切快乐的主要成分。笑的这些最初来源如何使我们感到对象可笑？更充分地讨论这个问题，则是本书另一章的内容。

第五章 滑稽理论

（一）贬低论：亚里士多德的理论——霍布斯的理论——贝恩教授的理论——对贬低论的批判（二）矛盾或不协调论：康德的理论，或预期落空论——对康德理论的批判——惊奇在滑稽效果中的作用——叔本华的不协调论——对叔本华理论的批判——不协调的各种形式——理论批判小结——将两种原理结合起来的尝试——可笑事物是未能符合某种社会要求——原始的笑如何演变为滑稽效果——突然欢乐与摆脱紧张的关系——滑稽效果中的轻蔑因素——笑与游戏情绪——滑稽表现的游戏作用——理论考察总结

我们对可笑事物的考察，已使我们认识了几类似乎能造成笑的情绪的事物，每一类都呈现出了可笑特征的特定变化。初看上去，其中一类可以叫做"展示灾祸"，另一类可以叫做"人性的缺点"，还有一类可以叫做"不相适、不协和的事物"，如此等等。现在，我们可以讨论那些从总体上阐释滑稽的理论了。

这里，我们必须再次提到权威们对所谓"滑稽理论"（Theories of the Ludicrous）提出的各种观点。幸好，我不必充分地引述这些观点，所以不会增加读者的负担。当然，我们将会提到从一些先验的（a priori）哲学概念推导出来的一切学说，但只讨

论那些至少能被事实分析所证实的学说。我将从这些学说里选出两三种典型的理论，其作者都很著名。我们将检验这些理论，方法是考察它们在多大程度上把握了我们面对的各种事实。

（一）这些典型理论中的第一种将滑稽的神秘力量归于对象包含的某种无价值的或被贬低的（degraded）因素。按照这种观点，笑的功能伴随着所谓"人的贬低冲动"（derogatory impulse），并用声音表达了这种冲动，这种冲动是人的一种心理倾向，即找出卑劣的、不体面的事物，并为之喜悦。这种理论可以叫做"道德论"（Moral Theory）或"贬低论"（Theory of Degradation）。

亚里士多德在《诗学》（Poetics）中对喜剧的简要论述，可以作为如此看待滑稽的一例。他告诉我们：喜剧是"对较差者的模仿，但'较差'并不是充分意义上的'坏'"；滑稽是"丑"的一个分支，其中包含着"某种并不令人痛苦、无破坏性的缺陷或丑"。① 作为一种足以阐释笑的理论，它当然几乎不会言不由衷。一位伟大的思想家，面前摆着其本国同胞阿里斯托芬②的作品，竟然将滑稽仅仅限于人物，完全忽略了滑稽情境的喜剧价值，这的确显得很奇怪。不仅如此，我们还可以说，由于"丑"在道德方面意味着"可耻"（比较拉丁语 turpis③），便将可笑的东西归入丑的、不体面的事物，这也暗示了"贬低论"的萌芽。

---

① 参见布彻尔（S. H. Butcher）英译《诗学》第五章第一段。（作者注）又：这段话的完整译文是："喜剧的模仿对象是比一般人较差的人物。所谓'较差'，并非指一般意义的'坏'，而是指具有丑的一种形式，即可笑性（或滑稽）。可笑的东西是一种对旁人无伤，不至引起痛感的丑陋或乖讹。"（参见朱光潜的《西方美学史》上卷，人民文学出版社1980年版，第91页。）——译注
② 阿里斯托芬：参见本书第一章《绪论》有关注释。——译注
③ turpis：（拉丁语）卑鄙的，丑恶的，道德败坏的。——译注

第五章 滑稽理论

在其著名的滑稽论中，托马斯·霍布斯[①]作了更仔细的尝试，那就是根据对象的某种卑劣或被贬低性质，构成滑稽理论。他认为，"笑的激情不是别的，而是突然的快乐，它来自通过与别人不如我们之处的比较，或与我们以前状况的比较，突然意识到了我们自己的某种优越"。这个理论认为：我们的笑并不直接来自我们对卑劣或不体面事物的知觉，而只是间接地来自这种知觉，即我们认识到了自己的优越，产生了与之相伴的情感活动[即"自我感"（self-feeling）的扩张]，因而使自豪感或力量感突然激增。不过，我们还是可以说这个理论属于贬低论，因为它认为启动笑的过程的是对低劣性的知觉。换句话说，就是通过对比，看出了滑稽对象的低劣。

这个理论的要点是每当我们因滑稽事物而发笑时，我们都意识到了自己比别人优越。我认为，这个观点几乎经不起检验。我也愿意承认，这种娱乐中（往往）会包含这种洋洋自得的快感因素，我将设法说明它是怎样产生的。不过，这个观点却根本不足以彻底解释我们笑的满足感的几种变化。即使对一些最明显适于用这个观点加以解释的情况（例如灾祸和尴尬处境），它也不能作出充分的解释。站在安全的海岸上，目睹暴风雨中的水手们在船上颠簸摇晃，因而发笑；或者见到溜冰者一时失去平衡而动作慌乱，因而发笑；或者看到一顶帽子被风远远吹离了它应在之处——体面公民的脑袋，因而发笑。在这些恶意的满足感中，难道不会发现几分洋洋得意吗？难道不会发现几分"幸灾乐祸"（Schadenfreude）吗？在这样的时刻，我们心中难道没有出现"我们自己平安无事"的念头吗？我们此刻的笑，难道不具有一种典型的、出于轻蔑而笑的味道吗？这种轻蔑来自我们意识到了自己的胜利，或者意识到了自己挫败了他人。

[①] 托马斯·霍布斯（Thomas Hobbes, 1588—1679）：英国哲学家。——译注

要讨论这类理论,更直接的办法似乎是考察最近一位作者提出的更成熟的同类理论。贝恩教授①将"滑稽的起因"(the occasion of the ludicrous)界定为"某些不能激起其他强烈情感的环境下对他人的贬低或对自己享有尊严的兴趣"。这个理论对霍布斯滑稽论的最显著改进是:(1)我们不一定会意识到自己的优越,因为我们也可能因为见到别人摆脱了逆境等情况而发出同情的笑;(2)被贬低的对象不一定是人,因为人类的一般事务(例如政治机构、行为规范、诗歌的写作风格等等)也会被贬低;(3)像亚里士多德的理论所说的那样,某些限制条件也会起作用,例如不存在能消除笑的情感(例如怜悯或厌恶)。提出这些扩展和限制,显然是想使霍布斯提出的原理不致受到批评,因为那个原理很容易受到批评。②

但是,即使获得了这种受到保护的新形式,这个理论也承受不住批评的压力。它能很好地解释我们已列出的一些笑的形式(例如小灾小祸、道德的或智力的缺点),它们不会打击或伤害我们的感情。这个理论也能很好地解释一些作假的形式,它们都是明显的虚伪,因而会立即被看做道德缺陷,(一旦被揭穿)被看做失败。像前面暗示的那样,这个理论也适用于解释下流之事引起的笑。不过,(至少我觉得)这样的解释有几分牵强。在我看来,这种笑里隐含着惠特曼③那样的淳朴的欢乐,即见到通常

---

① 亚历山大·贝恩(Alexander Bain, 1818—1903):英国经验主义心理学家,联想主义的最重要代表人物,其著作有《感觉与智力》(*The Senses and The Intellect*, 1855)和《情感与意志》(*Emotions and The Will*, 1859)等。——译注
② 贝恩指出,被贬低事物的表现对我们的影响,不仅是唤起我们的力量感与得意感,而且是唤起我们的摆脱约束感。这是他对霍布斯理论的进一步地重要扩展。这个观点很便于说明霍布斯的理论。(作者注)
③ 沃尔特·惠特曼(Walt Whitman, 1819—1892):美国诗人,其代表作为《草叶集》(*Leaves of Grass*, 1855)。——译注

第五章　滑稽理论

被隐藏起来的事物时感到的快乐。

我们暂且将这种笑当做存疑的一类，放在一旁，而来谈谈其他几类滑稽事物。我们能把不协调的一切可笑表现都看做卑劣吗？见到儿童穿戴"成年人的"大衣和帽子而发笑，这样的旁观者会把这种可爱的不相适性看做卑劣吗？我们发笑，是因为儿童这种错穿错戴贬低了成人服装吗？是因为我们把儿童的天真看做了人类智力的退化吗？坦白地说，如此解释笑的现象，使我感到十分荒谬。见到由根本不相适合的局部构成的整体时，人们大概首先会感到有趣的荒唐性，然后才会觉察到外表下令人愉快的简单性。

贝恩极有效地表明了一点：纯粹的不协调中若毫无贬低成分，便不能使人发笑。我乐于承认他的确说清了一个问题：在对不协调的辛辣而强烈的嘲笑中，大多都包含着一种贬低的成分，一种恶意贬损的因素。只是这还不够。问题在于，这个因素是否总是存在？在存在这个因素的情况下，它是否就是刺激我们发笑的唯一因素？我相信，更仔细地分析将表明并非如此。例如，一个孩子因见到他的保姆打扫房间时把家具弄乱而笑，这笑里的"被贬低的事物"何在？他是不是因为看见了保姆把椅子放在了桌子上，又挪动了其他家具，而没看见家具被协调一致地摆在各自应有的位置上，所以看不起保姆呢？他是否把正被打扫的房间看做了与人类似的东西，认为它的模样不对，正像他自己乱穿衣服时的样子那样？他笑的时候可能产生了一些自以为是的轻微心理活动，但这些活动是他发笑的来源吗？是他笑的主要动力吗？

作为检验这个理论的另一种方法，我们不妨看看一些例子，其中找不到任何古怪或出轨的畸形，我们似乎也没有在其中发现任何丧失尊严的表现，而只是其异常的外观本身惹我们发笑。我见过一个三岁左右的孩子，他看见一片公共场地上的两匹活泼的马被放开后作出的滑稽动作，便发出了一阵长时间的笑。难道说，这孩子在马的撒欢儿里看见了什么卑劣的、可耻的、丢脸的东西吗？难道不完全是因为那些马大大背离了它们习惯的正常行为——套上马具拉车，它们才显得格外可笑吗？我在大街上注意到了一个衣着古怪的人，我嘲笑他时，我感到自己是先产生了笑的冲动，很久之后才想到他的奇装异服意味着丢脸。事实上，在我笑的最初一刻，即便我对那个令人吃惊的狂徒的人格产生了一点明确思想，那思想又浮到了我的意识表层，它也是一种友好的思想。对那些能使我暂时摆脱一种难以忍受的沉闷景观的人，我天生怀有好感和感激，而那沉闷景观就是伦敦市民全都依照同一种愚蠢时尚去穿衣服。

我们再来看看另外一类：俏皮话和轻松的机智妙语。我仍然赞成贝恩的观点，颠倒事物的正常秩序，这的确会增强我们的满足感，但我们似乎不能认为我们的笑完全取决于认识到这一点。良好的双关语就是巧妙地操纵词语，使之产生与原义毫不相干的新义。我们几乎不能说，双关语之所以能立即启动我们的笑肌，是因为我们知觉到了对语言和严肃讲话习惯的贬低。相反，我应当说，一旦把心思用于这样的知觉，就会大大减弱，甚至彻底消除笑的冲动。一本正经的人听见双关语时紧闭着嘴，恰恰是这一点表明了双关语的这个特征。顽皮的孩子为了自娱，把单词和短语变成声音古怪的废话，即使在爱笑的人看来，那孩子的某些快乐，难道不是仅仅因为这么做很有趣吗？

（二）现在，我们来讨论滑稽理论的第二种主要类型，它被用来解释滑稽对我们感情及相关肌肉机制的影响。这类理论的区别性标志，不是找出笑的愉悦后面的情感或者我们道德态度的变化（即我们自己的优越感或对其他事物的低劣感），而是找出一种纯智能态度、一种思想活动的改变。按照这第二类理论，笑来自对我们智力机制的一种特殊影响，例如期望过程化为乌有，或者预期心理的落空。正是完全不偏不倚的智力过程，造成了事物

第五章 滑稽理论

的滑稽感，并使人以笑的方式表现这种滑稽感。这类理论可以叫做"智能论"（Intellectual Theory），或者叫做"矛盾或不协调论"（Theory of Contrariety or Incongruity）。考察立普斯的观点时，我们已经提到了看待滑稽效果的这种方式，所以，我们这里只要对它作一番简要的考察便够了。

要指出的是，如此看待滑稽是德国人的典型方式。康德及其后继者们的哲学主调，是将经验的全部决定作用看做一种本质上的理性过程。像在伦理领域中一样，这些思想家把常被英国伦理学家们称为"道德情操"（Moral Sentiment）的东西，看做一种本质上的理性过程。因此，在美学的一个分支——喜剧美学中，我们便发现，他们往往认为与其说滑稽的效果是一种刺激，就像一种为人熟悉的具体情感（例如"自豪感"或"力量感"），不如说是思想过程的一种特殊变化。

可以说，康德是这类理论的最重要代表。按照他的观点，他唯一提及的滑稽——机智是一种游戏，换言之，是一种思想的游戏。凡是能激发真正的笑的事物，都包含着某种荒谬的东西。笑是"一种情感，它来自紧张的（gespannte）预期突然转变为乌有"。这个转变当然不能直接愉悦悟性。它似乎是通过进一步的身体过程，间接地造成了满足感。顺便说一句，承认卑贱的身体也能在这些涉及悟性的高级事务中起作用，这是一位德国思想家作出的显著让步，而康德的后继者们很快就将这个让步一笔勾销了。为说明他的理论，康德举了一个例子：一个印度人坐在英国人的餐桌旁用餐，看见啤酒泡沫从酒瓶里冒出来，大为惊异。有人问他为什么吃惊，他答道："它从瓶子里冒出来，我根本就不吃惊；我吃惊的是你们是怎么把它弄进瓶子里的。"[1]

---

[1] 康德对笑的解释，可参见朱光潜著《西方美学史》下卷，人民文学出版社1979年版，第383—384页。——译注

我之所以详细地引述了康德的理论，主要是因为康德的权威性。连德国批评家们自己都承认，作为对滑稽效果的解释，康德的论述实在是少得可怜。① 要表明这一点，或许还应当再说几句。

康德思考的滑稽，显然仅限于机智妙语和逗趣故事，它们自然是这位哥尼斯堡②思想家的主要消遣。不过，即使对这个十分狭窄的方面的思考，他的理论也明显地表明了其本身的不充分。值得注意的是，为使理论能够解释前述那个印度人的话，康德似乎否认了一个见解：我们之所以发笑，"是因为我们自以为比这个无知者聪明"。记得霍布斯的理论的人一定会指出这个缺陷，但我们却不该因为空洞的断言（例如康德的说法）就轻易忽略这个缺陷。正如最近一位作者指出的那样，"我们很有理由假定：我们嘲笑的是此人的无知（更准确地说是此人的天真），因为他想在一个错误的地方去解释这个难题"③。

我们还可以更进一步，大胆地认为：不可能将一切滑稽的事件、故事或言论统统解释为由于预期落空或惊奇。

为此，检验康德理论的充分性时，我便从一个自然的假设入手。康德使用"预期"（expectation）这个字时，指的并不是对那一刻头脑想到之事的详细具体结局的明确预料（anticipation）。在他举出的那个例子里，他也许并不想说：那个提问者明确料到了对那个印度人的惊异的另一种解释。我们有理由假定，康德使

---

① 康德对滑稽理论的贡献，仅见于他关于艺术与趣味的讨论所附的"评论"中。参见《判断力批判》（*Kritik of Judgment*），伯纳德（Dr. Bernard）英译本，第221—224页。（作者注）
② 哥尼斯堡（Königsberg）：东普鲁士城市，康德的出生地，1945年划归苏联，次年更名为加里宁格勒（Kaliningrad）。——译注
③ 参见《一元论者》杂志（*The Monist*）1898年，第255页，编者的文章《论笑的哲理》（*On the Philosophy of Laughing*）。（作者注）

第五章 滑稽理论

用了"预期"（expect）这个字的一般意义，就像我在伦敦的大街上遇见一位朋友，而我本来以为他在国外，我会说："我没料到自己会见到您。"换句话说，"预期"在这里表示一种通常的心态（attitude of mind），代表一种类化的（apperceptive）心理准备，那就是随时都能将某个想法纳入某个序列，换言之，就是能使某个想法与当前的意念形成明确的关系。我们正是以这种心态去欣赏小说的情节发展的，只要情节发展得很自然，不会冲击我们的意识。

若从这个意义上使用这个字，我们便可以说，即使我们的笑是因为听到了困扰我们、使我们恼火的谜题的答案，这种笑也不是因为预期的落空。有个为人熟悉的事实可以说明这个结论：我们被某个难题所困扰，最后得知那个难题根本没有答案，于是我们的预期显然化作了乌有，这时我们很可能笑不出来。即使我们因为脾气足够好而笑了出来，我们的笑也不是预期落空使然，而是因为发现我们自己被愚弄了。若将愚弄的把戏再重复一次，我们便不会因为自己受到愚弄而笑。这种笑与"预期落空"的原理相去甚远，它是"尊严被贬低"的原理的一个实例，格外鲜明。

康德要说明的滑稽的最佳例证，似乎应当是古怪荒唐的服装或举止。在这些方面，正如我已经指出的，存在着对我们固有的"类化倾向"的冲击。但是，说其中存在"预期落空"的心理过程，却几乎不能算是准确。正像我提示过的那样，意外之事的突然出现之所以能使我们发笑，其首要原因是意外之事具有令人愉快的新奇性。

因此，我们似乎可以说，康德的"预期落空论"完全不足以解释滑稽的那些表现，而他最希望用它们说明这个理论。我还要补充一句：这个理论之所以失灵，是因为它并没有根据某些明确的特征，认真地划分出滑稽的领域。我们已经看到，能使我们发笑的对象都与人的事务有关，或者与人密切相关。"贬低论"显然承认这一点。它认为滑稽来自尊严的丧失，因而立即指向了人类活动领域。但是，"笑来自紧张预期的落空"的理论却暗示出了一点：它并不特指与人类生活有关的表现。

我没有把"预期落空"列为对象的滑稽特征，因此，我要谈谈我认为的"惊奇"（surprise）在滑稽效果中的作用。惊奇（即在见到某个事物的一刻，我们的头脑并未完全做好准备）似乎是造成生动的、令人兴奋的印象的常见条件，当然也是造成快乐心情的常见条件。所以我们不必奇怪快乐爆发（我们称之为笑）之前，我们先会产生惊奇感。

尽管如此，惊奇在享受滑稽中的作用还是很可能被夸大了。伦敦的观众听到潘趣与朱迪[1]的表演中那些粗俗笑话时一次次地发笑，这是否因为预期化为乌有呢？同样，绝不是只有道格培里[2]才总是喜欢讲老掉牙的故事。真正优秀的笑话在它最初造成的惊奇效果消退之后很久，依然能使人发噱。我们可以得出同样的结论说：即使怀着明确的预期心态去预期滑稽事物的出现，也会发出同样真挚的笑。人们讲述猥亵的故事时，听者因预期能听到新笑话而笑，说这种笑起因于预期的落空，这似乎不合情理。在这种情况下，出现更多的似乎是预期的实现（realisation）而不是落空（annihilation），即使我们不知道我们即将发出的笑的精确形式。不仅如此，在一些情况下，例如我们欣然地观看一个被恶作剧戏弄的人的行为，由于我们已经知道了恶作剧的秘密，所以能相当准确地预料到那个人的行为，惊奇的因素还会消失殆尽。可见，使我们发笑的基本条件似乎不是可笑的表现在那一刻

---

[1] 潘趣与朱迪（Punch and Judy）：英国传统滑稽木偶剧《潘趣与朱迪》中的一对夫妇，潘趣爱惹是生非，长着鹰钩鼻子。——译注
[2] 道格培里（Dogberry）：莎士比亚戏剧《无事生非》中的警吏。——译注

第五章　滑稽理论

遇到了毫无准备的头脑，而是可笑的表现与我们固有的、不可克制的"类化倾向"（它如同意志，即使我们预先对它作出了调节，它也依然存在）之间的强烈矛盾造成的温和的瞬间冲击。[1]

叔本华提出了一种见解，并作了更仔细的说明，它代表了对可笑事物的一种认识，即认为滑稽的本质就在于一种理性态度化为了乌有。叔本华把决定我们发笑的过程描述为一种智能的努力及其失败。他告诉我们："在各种情况下，笑的现象都标志着突然知觉到观念（Begrift）与真实对象之间的不协调，而我们依靠这种观念去理解或'思考'真实对象。"知觉与观念（它必然极力去理解知觉）之间的不协调必须达到这样的程度：知觉与观念大不一致。这种不协调越显著、越出乎意料，我们的笑就越猛烈（heftiger）。

叔本华所举的那个例子，即弧线和直线极力迫使自己去适应"角"的不协调概念，就是想要说明这个理论（参见《意志与表象的世界》，第6页[2]）。他又举出了一例，它更有望说明这个理论：有个人被一群士兵逮捕了，士兵们让他一起打牌。他因为打牌作弊而被撵走了，他那些玩伴（士兵）完全忘了此人是他们的俘虏。叔本华认为，我们对此发笑是因为这个事件（即放走一个刚逮到的俘虏）并不在"作弊者应被逐出"的常规之列。

这种"智能论"显然避免了康德滑稽论的缺陷。我们对事物发笑时，心中往往事先根本不会出现堪称明显的预期（它带有观念的性质），因为我们认为观念产生于知觉之后，观念是知

---

[1] 写出这个关于"惊奇"（其含义是心理上的毫无准备所产生的感觉）的作用的段落以后，我发现"惊奇"之情并不总是出现在我们对可笑事物发笑之前。法国作者库达沃（M. Courdaveaux）就极力主张这个见解。而我认为，杜加对他的批评（参见《笑的心理》，第36页之后）似乎未能有效地反驳这个见解。（作者注）

[2] 此例参见本书第一章《绪论》。——译注

111

觉的结果。更无可争辩的是我们作出的清晰判断，例如我们说"这幅油画是（或不是）鲁本斯①的作品"，其中包含着概括的表达或者某种具有观念性质的东西，而知觉的对象或符合这个观念，或不符合。

同时，正像我在本书第一章里指出的，明确产生了这种概括的表达只是偶然现象，因此，它并不是我们知觉是否与正常类型相一致的先决条件。无论我判断一个人的穿着是正常还是反常，全都无须想到正确着装的示意图。同理，在许多情况下，我们虽然也感到某些表现符合（或违反）明确的规则（例如语言规则和礼貌规则），但也无须想到规则的明确表述。我们至多可以说这种情况中存在着诉诸概念的倾向，存在着对某些特征的承认或否定，这些判断全都出于我们的"类化倾向"，而那些特征或者具有普遍形式的特点，或者标志着对普遍形式的背离。

即使采用这种经过改进的叔本华滑稽论，我们也会发现它并不足以解释他列举的例子。那个可笑的切线角的例子，已经无须再说了。他对那些自我愚弄的看守②的解释也经不起推敲。首先，我们会注意到他对这个例子的解释具有某种武断性，而对这个例子本来可能存在其他的解释。攥走作弊的俘虏不在"作弊者应被逐出"的常规之列（这是叔本华的观点）；攥走作弊的俘虏违反了"俘虏必须被关押"的规则，可以说这两个说法都很有道理。只要把这种对不协调的知觉看做我们发笑的直接起因，那么更恰当的说法就是这个事件所呈现的两个侧面之间似乎存在着不协调。那个人同时被看成作弊者和俘虏，因而属于两种直接对立的规则体系。对这个故事的可笑性的知觉，肯定始于看出了

---

① 彼得·保罗·鲁本斯（Peter Paul Rubens, 1577—1640）：法兰德斯画家，巴罗克艺术的代表。——译注
② 自我愚弄的看守：此指前文所说的攥走打牌作弊俘虏的士兵。——译注

第五章　滑稽理论

这两种规则体系的互相冲突。

不过，这当然不是知觉的全部或主要部分。唯有认识到那些看守让那个俘虏成为玩伴，因而把自己置于一条完全破坏了其看守职能的规则之下，所以天真地"上了当"，我们才会大笑出来。可见，用不协调原理去解释这个例子，也显得不够充分。现在我们应当补充一句：如果事实表明，叔本华的理论甚至都不足以解释他自己选出的事例，那么，用它去解释我们列出的其他几类可笑事物，就更是一定会失败；在那些可笑事物中，即便存在几分不协调成分，它也似乎不十分显著。例如我们不能说我们嘲笑不严重的、无害的缺点（例如亚里士多德提到的那些缺点①），是因为突然想到了"真实对象"（real object）或表现与看似充分的观念之间的不协调。不协调论的作者是否愿意说，在这些例子中，我们心中出现了道德完善者的观念，我们发笑是因为我们发现了对象不符合这个观念呢？任何此类高尚的"观念"的介入，当然都必定会消除这些缺点的可笑之处带给我们的愉悦。

与这个观点相反的事实随处可见。我们完全可以说：世上最大的笑料之一是福斯塔夫爵士②。按照不协调论，福斯塔夫第一次表现出他的缺点时，我们应当笑得最厉害，因为在那一刻我们最有可能用他去对照体面正派绅士的"观念"。但事实并非如此。唯有我们不再把他看做清醒正派的化身，并借助概念倾向的反应，看出他不属于有道德公民之列，而属于约翰·福斯塔夫自己的总体行为方式或人品，我们才更容易发笑。难道不是如此吗？日常生活里也是这样。我认为，我们往往最容易嘲笑一个人的自负，例如爱慕虚荣或者言过其实，而一旦知道了此人的底细，我们便会说："算啦，别拿他的话当真，他就是这号人！"

---
① 此指前文引述的亚里士多德关于喜剧的模仿对象的见解。——译注
② 福斯塔夫爵士：参见本书第三章《笑的起因》有关注释。——译注

可见，无论是康德的理论还是叔本华的理论，似乎都不能完成它们要做的事情，即对可笑事物的各种形式或表现作出解释。这两个理论虽然不同，但在一点上一致，它们都认为：我们知觉到的事物与我们以前的经验，与我们事先存在的观念，与"类化倾向"使我们看做自然而正确的事物之间，存在着不协调性，因而使我们发笑。但是，我们对（立普斯博士提供的）那个帽子与头不相配的例子的分析，我们在前一章对不协调性的更充分讨论，却使我们看到：在同一个陈述的不同部分之间，在所谓"固有的不协调性"与康德和叔本华讨论的外部条件之间，存在着有趣的矛盾。因此，我们必须考察一下这两种理解不协调性的方式之间的关系。

初看上去，我们在其中发现了知觉形式的真正区别，这似乎无可争辩。读者不妨比较一下两种景象：其一，戴着格外高的帽子的成年男人；戴着成年人的高帽子的小男孩儿；其二，独自站着的小个子男人；站在身材高大的女人旁边的小个子男人。的确，在一些情况下，我们会看到一个表现的局部之间存在着固有的不一致性，例如女装上的两种强烈冲突的颜色，或者明显自相矛盾的陈述。其中似乎与以前的经验或惯例毫不相干（无论多么模糊）。同时，我们却很容易看到：这个固有的不协调性的范围其实非常狭窄。深入的考察表明：这种看似固有的不协调性，大多取决于外部条件（至少部分地取决于外部条件）。服装或举止中不协调元素的古怪混合，就是如此，因为正是经验和社会生活习惯使我们将这些元素看做不协调。不协调的表现带给我们的愉悦满足，大多起因于我们知觉到了某种不协调因素介入了情境。例如，看到牧师在布道讲台上做了一个十分活泼的手势，我们心中便会认为这个动作有悖于当时的背景情境。此刻的情境一目了然：牧师的活泼手势过分夸张，其附加的总体意义大大改变了这个动作的原有意义。面对这个场景，观者的心理态度是他们

第五章 滑稽理论

的"类化倾向"决定的,那种倾向往往会使人们期望看到某种行为。同时,这也表明,这个手势使观者开始了朝着某些方向的想象活动,开始联想到具有"类的形象"(generic image)性质的东西,开始了概念思维。经验与"类化"的习惯修改了我们的知觉,这种作用可能存在于我们对一切可笑的不协调性的欣赏中。我们再来看看那个小孩戴成人帽子的例子,我们难道不能说,在那个例子里,我们也把帽子看做了闯入者,它闯进了托儿所这个美好圣地吗?

因此,似乎应当说康德和叔本华十分聪明,因为他们讨论不协调性时,强调了"类化"这个要素。与我们的习惯看法截然相反,他们认为一些事物使我们发笑的决定因素无疑是分类不当(ill-assortments)[①]。所以,考察这两人的理论时,我们似乎是在探讨最全面、最有效的智能原理。我也不认为这个原理的哪种变化会使它成为一种有效的理论。小灾小祸、尴尬处境、上当受骗、道德和智力的缺点,以及以上讨论的其他形式的可笑事物,始终都不肯按照这个理论的吩咐,吐露它们的秘密。

现在,我们来总结一下我们的理论考察。我们似乎发现,虽然这两类主要理论都不能用来解释可笑事物的全部领域,但其中每一种都适用于解释各自特定的、有限的范围。可以确定,在许多情况下,我们因某个事件、情势、行为发笑,而对其刺激原因的最好描述是尊严的丧失。同样可以确定,在其他许多情况下,我们的笑直接来自对不协调的或多或少的知觉。在本书前一章里,我已充分表明这些原理的每一条都能对我们的笑发挥巨大的支配作用;而面对同一个可笑表现,它们也常常共同运作。因

[①] 这里所说的"分类不当",是指可笑事物的表现不符合"类"(genus)的概念。作者认为,人们参照"类"的概念去判断知觉对象,这就是"类化倾向"。——译注

此我们便可以认为，无论主张哪一种理论的人，都能引证相应的事例，有时甚至会去引证另一派理论家引证过的事例。

但我们还是要指出，即便事实表明这两类理论都有道理，我们还是可以将它们结合起来。两类理论的结合如果意味着不协调与（被视为抽象概念的）丧失尊严或无价值是同一的，或者两者之间存在逻辑上的关联，我便不必去讨论这个观点了。为了目前的讨论，我们只需认定一点：各种知觉方式和有关的细微感觉都能被清楚地加以区分。

两类理论的基本特征相同，这将使一种尝试归于无效：将其中一类理论作为另一类理论的特例。若从"智能论"出发，我们无疑会有效地解释许多（如果不是全部）丧失尊严的可笑表现，例如轻微的丢脸，或陷入了某种"困境"，它在逻辑上包含着可笑表现与正常习惯或规则之间的矛盾。但我们的任务不是对意义进行逻辑分析，而是对过程进行心理分析，而我却没有发现任何证据能支持这类理论，它认为在我们对这些事物发笑的那一刻，我们领悟到了这样的矛盾。

同样，我们若从"道德论"出发，也会如此。不符合标准观念的不协调，当然也可以被视为丧失尊严，像我们已经承认的那样。这个理论可能表明，从逻辑上说一切不协调的表现都包含着某种程度的丧失尊严。但即便如此，心理学的观点还是认为，在许多不协调的表现中（包括我们已经熟悉的孩子戴父亲帽子的例子），我们都充分地感到了不协调表现的可笑，而我们笑却根本不是因为感到这些表现丧失了尊严。孩子骑在牛羊的背上会发出欢笑，其中的"丧失尊严"何在？其实，只要我们的理论家们注意到了一些小事，例如孩子们因世上有趣之事而欢笑，他们便不会如此长期地坚持"贬低说"（即丧失尊严论）的假设。

不过，我们自然会想到另一种避免明显的二元论的方式。承认这两类理论都有道理，我们至少能够将两者综合成一种理论概

第五章 滑稽理论

括的形式。例如威廉·哈兹利特[①]就这样做了：他虽然在不协调的表现中发现了可笑的本质，但认为滑稽涉及预期的落空，而预期落空的原因是某种畸形的或某种不合适的事物，它们与习俗和令人满意的事物截然相反。[②] 斯宾塞[③]的说法"有损尊严的不协调"（descending incongruity），显然也是综合这两类理论的一种方式。[④] 我认为，立普斯的不协调论（其中谈到了渺小事物，谈到了被人蔑视的表现）也很容易用来说明综合两类理论的另一种方式。最近，福耶（Fouille）等人还指出：从某种意义上说，这两类理论互为补充。[⑤]

然而，这种明显的规避方式却显然无助于我们的讨论。这种综合理论隐含着一点：一切可笑事物都既是不协调的，同时又是丧失尊严的，换句话说，我们对它们的知觉和感觉都是如此。不过，分别讨论这两类理论时，我们却看到，无论是哪一类理论，都有一些它不能解释的、为众人承认的事例。这个结论显然引出了一个观点：有些事例不能用这个合二为一的理论去解释。

避免这种二元论的最后尝试，也许是让这两类理论分别解释各自的明确范围。它可能主张：解释严格意义上的滑稽，我们必须运用"智能论"；唯有范围扩大到了可笑的事物（因而也是滑稽领域的扩大）时，我们才应当运用"贬低论"的原理。[⑥] 理论

[①] 威廉·哈兹利特（William Hazlitt, 1778—1830）：英国散文家、文学批评家，文风犀利。——译注
[②] 参见哈兹利特《英国的滑稽作家》（*English Comic Writers*）的第一讲《机智与幽默》。（作者注）
[③] 斯宾塞：参见本书第三章《笑的起因》有关注释。——译注
[④] 参见斯宾塞《笑的心理学》（*The Physiology of Laughter*），第206页。（作者注）
[⑤] 参见杜加在《笑的心理》，第85页中引用的观点。（作者注）
[⑥] 哈兹利特把"滑稽"界定为最高程度的可笑事物，说它是"讽刺的恰当对象"。见前书。（作者注）

家们也许会坚持作出这种区别，但在我看来，这两类理论之间并不存在明确的严格界限。正像前文表明的那样，可笑的事物影响我们的方式大不相同。看见欺骗行为取得的小成功，人们的笑往往带有几分恶意的味道。但是，这与我们对格外不协调事物（例如"自相矛盾之言"）的笑并无本质上的不同。当嘲笑的音符变得清晰起来，人们当然就不再会认为这是纯粹而简单的可笑事物造成的效果了。事实表明，分析我们对可笑事物的知觉，希望以此归纳出仅仅一种综合原理，这样的尝试失败了。我们最终发现，造成笑的两类原因依然存在。

看来，若将最有望造成事物的可笑作用和表现的方式归于一点，那就是它们都表现出了某个有缺点的事物，即不能达到某些标准的要求，例如规律和习俗的要求，但这个缺点应当小到被看做无害的玩具。至少，我们对与惯例相悖的古怪发笑，对畸形发笑，对举止不当和违背社会生活的其他规矩发笑，对智力和性格上的缺点发笑，对陷入困境、遭到灾祸发笑（只要这些情势意味着缺少预见），对不懂得事物的恰当分寸发笑，对其他可笑的特征发笑，这些都无疑可以看做针对某种不符合某种社会要求的事物，但它们都无足轻重，不值得我们作出严肃判断。

我确信，构成滑稽理论，用这种方式去看待可笑事物是不可或缺的一步。我们即将看到，我们必须研究笑的社会功能，以补充将笑作为抽象的心理学问题的普遍研究方式。不过，这并不一定意味着研究笑的社会功能会直接让我们得出一种简单的滑稽论。我在前一章里已经提到，我们很容易夸大笑的更严肃功能，我在下一章里将更清楚地说明这个观点。

并非一切可笑事物的作用都能成为匡正或改进社会的手段，这一点（即便在我们目前的考察阶段）可以通过考虑我将提到的另一点显示出来。任何对包含可笑成分的事物的分析，都不能使我们解释这些事物，即便我们的考察范围仅限于得到普遍承认

第五章 滑稽理论

的滑稽事物。我在前一章已经解释了这一点，为使它清楚，或许现在还应当多说几句。

我已试图表明，一些景象使我们发笑，这至少是因为它们引起了我们内心的某种快乐，它非常近似于儿童见到令人愉悦的新事物和过分夸张的事物时的快乐。同样，这也意味着这些景象能激起（我已经说明的）笑的基本形式，它们来自欢乐的突增。小丑的可笑服装和滑稽动作使我们愉悦，这种愉悦有些类似野蛮人见到欧洲人的机器时的反应，有些类似于幼儿突然见到阳光在幼儿园的墙上闪烁时的反应。[①]

只要再稍微回顾一下几类可笑的事物，我们便会发现，我们对滑稽的欣赏中，包含着这种笑的基本形式的成分。贝恩博士发现自己不得不去弥补霍布斯滑稽论的不足，因而指出：丧失尊严的表现可能使我们发笑，而这并不仅因为它激起了我们的力量感或优越感（像霍布斯说的那样），而且因为它突然使我们摆脱了约束状态。教堂里发生的某些小意外会使人们放弃严肃态度，这就说明了某种事物的尊严被降低了，或者说明了一个契机，它使我们因为突然得到自由而精神一振。[②] 这个见解使我们想到了比其作者想到的更多的问题。我认为，事实将表明：从压力和约束中欣然获释，这大多都会使一些滑稽表现（其中不包含贬低尊严的因素）中的其他心理成分有所增强。约束有时非常严格，例如讲述滑稽故事的人都懂得怎样把我们的恐惧情绪调动到恰当的程度，以使我们发笑时感到美妙的精神放松。在这种情况下，我们的笑里包含着摆脱了神经紧张状态的快乐。

[①] 柏格森虽然提到了我们的笑里有"童趣之乐"在发挥作用（参见《笑，论滑稽的意义》，第69页），却并未看到这个因素的重要性。（作者注）
[②] 参见贝恩《情感与意志》第十四章《情感》，第38—40页。（作者注）

同样，在另一些情况下，这种放松是以某种不相干事物的闯入，以无足轻重之事的对比，打破某个庄重场合。教堂里的小意外引起的窃笑，便是一例。你若愿意，也不妨说其中包含着两类思想规则之间的不协调；或者像我所说的，其中包含着两个兴趣层次之间的不协调。关键在于，对庄重场合的这种打破明显带有无足轻重的特征，有力地暗示了某种毫不相干的观点，所以必定显得滑稽。

正如我已提到过的那样：快乐情绪的突然来临，摆脱约束，这是笑的两个来源，它们紧密相连。令人愉悦的意外表现通常都会使我们心情放松。这当然适用于解释一切释然的笑，人们发笑前的心绪往往是消沉厌倦。我们往往笨拙地努力使年轻人笑，而年轻人作为回应的笑，便可能是逃避某种属于厌倦心绪的紧张。逃避限制或约束，它们是年轻人不得不承受的贫困环境造成的。[1]

还有一种可能的办法，可以将突然快乐与摆脱紧张的作用结合起来。有人提出，一切可笑的事物都以一种方式影响我们：先是惊奇的震撼，然后是放松感。例如，莱因·哈特[2]认为：我们对某个事物发笑时，我们被惊奇震撼，因而呼吸被中断，其程度与引起惊奇事物的活跃性成正比，我们的笑是从这种状态中的解脱。[3] 这个理论体现了一种深刻的生理学原理（我们已经采用了这个原理），只是似乎走得太远了。我已经设法表明：惊奇（以我们对这个字的通常理解）的震撼，并不是我们对可笑事物作出反应的永恒前提。相反，我们可以不无道理地说，即使不存在

---

[1] 参见杜加《笑的心理》第 128 页之后。（作者注）
[2] 莱因·哈特（Leigh Hunt, 1784—1859）：英国作家，《观察家》杂志（*Examiner*, 1806—1821）的主编。——译注
[3] 参见莱因·哈特《机智与幽默》（*Wit and Humour*），第 7 页。（作者注）

第五章　滑稽理论

意外之事的充分震撼，人们以习俗的眼光目睹对象时也会产生片刻的紧张。笑表示对冒犯习俗的宽容，表示将这种冒犯看做了无害的游戏。

　　为了完成对我们的滑稽愉悦中各种倾向的心理学分析，我们必须考察笑的另一种基本形式，即轻蔑的笑。在本书第三章的讨论中，我们区分了什么是轻蔑的笑、什么是将可笑事物看做"客观对象"的真正欢笑。尽管如此，这两种笑依然的确存在着紧密的联系，不承认这个事实，便是大错。首先，轻蔑的笑（例如嘲笑投降的敌人，或者嘲笑被我们的恶作剧作弄的人）很可能成为严格意义上的可笑事物激起的愉悦。我们嘲笑某个事物时，笑中显然包含着这种愉悦。不仅如此，我们还可以假定，这种表现为笑的愉悦包含着成功的旁观者不那么严肃的态度，而不是嘲笑或恶语讥讽的态度。这种笑会自然地针对被扰乱一方失去尊严的表现，其他人往往也把那些表现看做笑料。

　　霍布斯表述的滑稽论认为，嘲笑起因于旁观者的自我意识膨胀为优越感或力量感。我虽然认为这是错的，但还是认为有一点无可争辩：凡是明显属于由轻度丧失尊严造成的可笑事物，似乎都会使我们感到欢欣，它非常近似于霍布斯所说的"突然的快乐"。正如贝恩博士提醒我们的，歹毒或恶意有各种伪装，而其中一种无疑就是笑的欢乐。毫无疑问，在某些讥笑中，在更残忍的笑话中，我们能最清晰地听见恶意的音符，听见"幸灾乐祸"（Schadenfreude）的音符。尽管如此，我还是怀疑一个观点：我们的笑里大都隐含着几分恶意，它如同被击败的敌人，虽然力量大减，但毕竟不能被彻底消除。

　　在我看来，根据一两个事实似乎可以得出一个结论：在明确针对个人的笑里，隐含着发笑者的优越感（即便不是明确表现出来的）。其中之一就是那个为人熟悉的事实：让可笑者产生自卑感的任何事情，甚至可笑者所尊重的任何事情，都不会使冷静的旁观者发笑。但我认为，还有一些事实似乎更具说服力。第一个事实是：某个人若发现自己明显卷入了耻辱，陷入了可笑的处境，或被牵连进了其他任何被人嘲笑的事，他既不会再笑，也不会再嘲笑别人。看见我那位可敬的学者同行被大街拐角的风吹走了帽子，我会得意起来；片刻之后，我自己的帽子也可能被那里的风吹走。在这种情况下，我大概不会再笑，而心中生出了另外一种情感。或者，我若是十足的"爱笑的动物"，我便会接着笑下去，但我的笑已经变了。所有的愉快、洋洋自得和欣喜都会消失，新的笑（它是对我自己遭遇的那个小灾祸的笑）将隐含着某种羞耻感，它至多会缩小为"受到了抑制的欢乐"（chastened joy）。

第二个事实更有说服力。若我们嘲笑别人时根本未感到自己优越，那为什么我们全都不喜欢让自己成为嘲笑对象？即使是脾气最好的人也会发现自己很难容忍别人的嘲笑。能从别人的嘲笑中获得极大满足，达到了这个最高境界的人想必是位英雄，或者按照另一些人的说法，是个懦夫。有些人为人真诚，性情最无可挑剔，他们对别人嘲笑的反应，并不像最一本正经者那么敏感。只有将对别人的嘲笑明确地解释为强调自己比对方优越，我们才能解释这一现象。难道不是吗？

因此，有一个观点似乎很有道理：若一般情况下的笑中涉及优越性，被笑对象也感到了这一点，发笑者的愉悦中便很可能隐含着优越感的意味。我认为，这就是霍布斯滑稽论的真髓。

以上的论述似乎已经表明，滑稽的领地不是封闭的，其边界也不分明，并不像大多数理论家设想的那样。滑稽事物的可笑表现使我们愉悦，这愉悦本身联系着（并且包含着）一些心理倾向，我们在儿童和蛮族成人那里都能观察到那些倾向。如果这是事实，那么，这个事实就似乎要求我们返回去研究那些原始的心理倾向，看看它们与笑有多少联系；换句话说，看看滑稽效果在

第五章 滑稽理论

多大程度上可被看做来自那些倾向的运作。

对笑的原始形式（它们尚未受制于某种意念）的分析，已经揭示了一个事实：笑是表现快乐的形式，但不是表现一切快乐的形式，而只是表现快乐的突然出现或增长，表现被我们叫做"欢喜"（gladness）的情绪。不仅如此，这个分析还使我们认识到了一点：这种笑的欢乐在很多情况下（如果不是全部情况下）都是来自精神紧张的突然缓解，并且，根据这种状况，我们的欢乐的确可被描述为一种摆脱了压力的感觉。这一点也可以解释较庄重场合中的笑，那些场合常会出现神经质的笑，例如轻松的笑（如小学男生从教室跑向操场时的笑），以及只能暂时缓解紧张的、更轻松的笑（它来自搔痒），这些都是最好的例证。

现在似乎可以明确一点：在所有这些笑的体验中，我们都能发现某种类似于游戏的成分。笑与游戏情绪的天然联系，我已经在前面几章里提到过了。现在我们可以进一步地说，欢乐意识的这些迸发（它们具有不受思考束缚的简单性质）通过笑而自动表现出来，这就是游戏的本质。其实，因笑的欢乐而喜悦，抛掉拘谨的、令人厌倦的严肃态度，让自己沉浸在欢笑和快乐中，这就是开始游戏。

只要认真比较笑与游戏，我们便会发现它们之间的关联既深刻又紧密。我们来看看这两者的一些共同特征。

游戏与工作的对立，不同于休息或静止不动与工作的对立，而是轻松愉快的活动与较吃力的、含有几分不愉快成分的活动之间的对立。游戏是轻松愉快的活动与我们工作时间内更繁重活动之间的对立。

此外，游戏还是仅仅为了游戏而采取的自由活动，换句话说，游戏并不是为了其自身以外的任何目的，不是为了满足任何愿望（只满足游戏冲动本身）。因此，游戏不受外界的限制，不受耳边回响的"必须怎样做"（must）的强制要求的束缚，无论这要求体现为主人的声音，还是体现为伴随劳动者心态的那个更高自我本身。同样，我们笑的时候，我们就摆脱了思想认真集中的紧张与压力，摆脱了实际需要和其他需要的强制，那些需要使大多数人都成了严肃者。

我们由此立即得出一个结论：游戏与工作相对，人们享受游戏就是摆脱较严肃的职业工作，同时游戏不能无限地延长。此外，正如我已经提示的那样，这个道理也适用于笑和被我们恰当地描述为"干蠢事"（playing the fool）的活动。

游戏是自发性的活动，不受"必要性"的专横约束。我这样说，并不意味着游戏无目的。游戏冲动本身就是游戏的目的，因为若无某种目标，游戏便不能成为充分意义上的有意识活动。所以，无论如何，儿童（大概还有幼小的动物）做打斗游戏都（像卡尔·谷鲁斯教授[①]指出的那样）意味着某种努力，其目的近似于征服。换句话说，作为这种活动的基础的本能，似乎为这种活动确立了类似于目的的东西。儿童的另一些游戏也是如此，那些游戏旨在表演某种观念，因而很像艺术。在这种情况下，一种本能（即模仿性生产的本能）也造就了一种严肃的意志过程的假象，即为实现某个目的而奋斗。逗乐活动也是如此。开一个人的玩笑时，我们显然怀着明确的目的。但是，无论是哪种活动，其目的都不会被看做严肃的或重要的。一旦把游戏的目的（例如征服）看做游戏者的追求，游戏便不再纯粹。同样，一旦把笑的目的（例如发明一句俏皮话）看做切实的个人利益（例

[①] 卡尔·谷鲁斯（Karl Groos, 1861—1946）：德国心理学家、美学家，著有《动物的游戏》（Play of Animals, 1898）和《人类的游戏》（The Play of Man, 1901）。关于他对游戏的研究及美学观点，可参见朱光潜著《西方美学史》下卷，第613页之后。——译注

第五章 滑稽理论

如使自己扬名),笑便不再是纯粹的欢乐。①

如果介入游戏的严肃态度具有精致的形式,因而要求集中一定的注意力,游戏也不再是纯粹的了。只要目的并不十分重要,它便不会破坏活动的游戏性质。在这方面,笑也与游戏相仿,因为我们策划恶作剧时虽然可能会费力和吃苦,却始终都不会忘记我们旨在取乐。

这使我们看到了游戏与笑的另一种紧密关联。游戏与笑都有别于现实的严肃世界,但也都以某种方式与这个世界相关。动物的和儿童的游戏大多是作假(pretence),换言之,它们造就了与严肃生活行为相似的假象,涉及造成虚假幻觉的意识。这一点可以从动物的游戏中推论出来:动物的游戏(例如假意的打斗)显然将动作限制在了不会造成伤害的范围内。② 至于呵护幼儿的游戏,尽管它自始至终都呈现着有趣的严肃性,但依然会使我们朦胧地意识到它是假装的。我们在这种游戏里看到的,很可能是双重的(或者说"分开的")意识③。此外,正如我们解释过的那样,笑往往还会盘旋在严肃王国上空。在游戏里,在笑里,我们都发现了一种心理:热爱与现实世界开玩笑的作假游戏,剥夺事物在我们严肃思想中的意义和价值,依靠幻想,将它们变成纯粹供我们消遣的表现。

我还联想到了游戏与笑的另一个相似性。近来关于游戏本质的讨论,已经阐明了游戏的效用或有用性。儿童和幼年动物的嬉

---

① 我认为,谷鲁斯教授并未把这个界限划分得足够清楚,尽管可以说他已多半意识到了这个界限,因为他说打斗游戏的目的是"征服的欢乐",见《动物的游戏》第291—292页。(作者注)
② 这种限制有时表现为一种自我控制的意志过程,例如较年长的猫受到好动的小猫的不断纠缠时的反应。(作者注)
③ 关于这种"分开的意识"(divided consciousness),可参见谷鲁斯《动物的游戏》第303页的脚注。(作者注)

戏活动不但是有益于健康的锻炼，具有生理益处，还被看成是一些行为的初步练习，那些行为在日后将成为必需。因此，儿童和幼年动物在打斗游戏里能学会进攻和自卫的熟练技能。① 游戏活动的益处大多在于一点：游戏是一种有组织的合作方式，它为游戏者参与日后的严肃社会活动提供了一种训练。我想在后文中说明笑也具有与游戏类似的价值，笑不仅仅能给人生理上的益处，而且有助于我们成为良好的社会成员。几乎不必指出，由于游戏者和笑者都不知道这个事实，它也绝不会使我们的满足感失去真实性，所以，这些人的活动并不受制于一些外部目的，那些目的具有实际价值或者其他严肃价值。

我们对游戏和笑的比较，使我们有理由认为我们游戏的时候、我们笑的时候，只要我们的情绪基本相同，我们便可以将两者看做相同。日常语言似乎能支持这个观点。对欢乐愉快的游戏，对形形色色的欢笑，我们往往都用"娱乐"（fun）、"嬉戏"（frolic）、"玩笑"（sport）和"消遣"（pastime）等字眼去描述。因此，我们有理由把游戏原理当做我们笑的理论的基础。② 现在，我们可以说明游戏态度在笑的更高领域中的更充分表现了，而所谓笑的更高领域，就是对滑稽的欣赏。

首先，以上提到的可笑事物，大多都可以看做游戏情绪在个人或事物上的表现，这些表现能引起旁观者会意的共鸣。我已经

---

① 关于动物游戏的用途，可参见谷鲁斯著《人类的游戏》第三部分第 2 节，以及劳埃德·摩根《动物的行为》（*Animal Behaviour*）第六章第 2 节。（作者注）又：摩根教授是指劳埃德·摩根（Conway Lloyd Morgan，1852—1936），英国心理学家、生物学家、哲学家，比较心理学的先驱，著作包括《比较心理学导论》（*Introduction to Comparative Psychology*，1894）和《突生进化》（*Emergent Evolution*，1923）等。

② 在以往的作者对这个题目的讨论中，杜加似乎已经最清楚地理解到了笑在本质上具有游戏的特征。参见《笑的心理》第六章，尤其是第 115 页之后。（作者注）

第五章 滑稽理论

提到了一些例子，证明了表现为嬉戏的无目的动作能激起笑。正如"俏皮话"（word-play）这个字表明的那样，人们都承认口头笑话是游戏情绪的结果，它暂时抛掉了对语言应有的严肃态度。同样，反常（odd）一旦太过分，也会表现为明确的游戏行为。掩饰和伪装（包括某些"模仿"）的逗趣效果，似乎大多都涉及一个认识：这些表现中包含着"以假当真"的游戏成分。可以说，混乱（哪怕是房间的混乱）至少能使人明确地联想到各种顽皮游戏的方式。思想和行动的无序（irregularities）大多都很容易表现为无拘无束的纵情游戏。例如，互不相关的混乱想法，可笑的、看似无目的的行为（像舞台上某个角色一次又一次地上场下场），同一个人或几个人毫无意义的动作，这些都是马戏团和大众剧场中常见的笑料。最后还有一例，那就是庄重场合里那些小小的不协调表现造成的滑稽效果。这些表现之所以可笑，当然是因为它们太像儿童游戏里的"打岔"（interruption）了。

这个原理究竟在多大范围内有效？行为的和环境的许多有趣的不协调，智能的和道德的许多表现为愚蠢的毛病，都能使我们笑，这难道不会被我们看做游戏情绪的表现吗？看到某些小灾小祸，例如有人绊了一跤、受到愚弄（无论是被别人、被环境、还是被所谓"命运"愚弄），我们也会笑，这笑难道不是因为我们见到的很难区别于游戏的戏弄吗？

不过，我们还是不可过分看重游戏情绪的这些表现。似乎还有很多可笑事物能唤起游戏情绪，例如有趣的缺点、心不在焉、庄重场合中与环境相悖的一切表现，而在庄重场合里，人们的情绪本应与游戏情绪大大相反。我们也不可将这个原理推至极端。即使可笑的场景并没有表现为对抗的游戏，它仍然能以另一种方式唤起旁观者的游戏情绪。不妨说，游戏情绪的特征是使我们放弃严肃稳定的心态，用一种美妙的强制冲动（compulsion）迫使我们与这种心态做游戏，而不是认真看待它。只要大致回顾一下

127

我已经列举的那些可笑事物，便能理解这一点。

先从我们嘲笑新奇、古怪和过分的事物说起。我们的笑就是游戏冲动的结果，就是意志的一种欢乐的奇想，它暂时不去严肃地看待对象，而是忽略对象的真正性质和意义（实际意义、理论意义甚至审美意义）以获得一种快乐，那就是使对象成为眼睛的玩具。除此之外，我们的笑还能是什么呢？此外，我们若是因为见到新手违反了规则而笑，我们的笑便表明了一点：这种犯规无关紧要，我们并未在意破坏传统的良好规矩的行为，我们心中欢快的游戏精神把它变成了娱乐。

小灾小祸、尴尬困境以及一切道德的和智力的缺点，也是如此。这些事物显然包含着本应让我们严肃看待的成分。它们本应被看做可怜的、令人遗憾的表现，并常被看做显然应当受到责备。尽管如此，我们还是对它们发笑，放弃了对它们作出公正判断的责任，而这完全是由于我们将这些表现看成了小小的过失，这种态度立即激起了我们对游戏的爱，即游戏冲动，它能把严肃的意义变成令人开心的无意义。

听到对下流之事的巧妙暗示，我们也会发笑，这种笑里也包含着从严肃态度向游戏态度的迅速转变，而游戏态度似乎就在我们笑的最深处。正像我已指出的，在这种情况下，我们也把这种事情看做小过失，它随着笑的性质而被大大改变了，而正是这种过失之小，才使我们放弃了严肃态度，转而采取了游戏态度。

在使我们发笑的伪装（包括伪善和不那么严重的伪装）中，我们注意到了同样的、向游戏态度的迅速转变。这是因为，要想以完全快乐的态度去欣赏这些虚荣的表演，我们就必须准备确定一个心理"盲点"，这样才能忽略这些表演中一切具有严肃道德意义的东西。在这种情况下，我们也跃入了游戏者的世界，因为我们把那些具有严肃性质的东西，甚至是一些令人不快的有害的东西，变成了纯粹的玩具。

第五章 滑稽理论

更带智能色彩的滑稽表现,也显露出了同样的、根深蒂固的特点。不协调、荒谬、模棱两可的花言巧语,这些都会使我们这些严肃的凡人感到不悦,因为我们在社会生活中大多都思想连贯,表达清晰。这些滑稽表现一旦颠覆了这种严肃态度,战胜了我们,使我们仅仅将其看做有趣的表演,我们便会发笑。

在我们更具智能色彩的笑里,我们似乎发现了思想游戏的完美形式。我之所以说"完美",是因为心理学家等人常把诗意的想象说成游戏式的活动,尽管与我们在嬉戏情绪下更自由的思想运动相比,这种思想游戏(因受制于艺术的种种目的)本身是严肃的。

我们也不该忽视另一类事例,它们能表明游戏精神在可笑事物领域中的作用。我已经提到过,微不足道的事物闯入了庄严场合,这是儿童顽皮性的表现。不过,正像我已经指出的,这还不仅仅是儿童顽皮性的表现。在极为讲究礼节的场合,我们被迫严格地控制自己。这种场合往往会使不那么喜欢严肃的凡人感到厌烦,往往会使我们的情绪极不稳定。因此,我们自然会欢迎一切能触发我们游戏感的表现。在这种情况下,我们会发现一些小事(在其他情况下,它们根本不会被人注意到),把它们当成笑料,而这恰恰是因为人类必须不时地逃避到游戏的自由里。

正如我已经指出的,这种包含游戏精神的笑是一种更欢快的笑,其中没有半点严肃色彩。一旦我们的诙谐冲动让位给了严肃目的(例如讽刺的笑),这种游戏特征便不那么容易被辨认出来了。不仅如此,我们也不再能看到笑与游戏之间的相似性了,因为我们知道,被我们称为"游戏"的活动大多都具有严肃的兴趣,而游戏者也像发笑者一样,很容易越过游戏态度与严肃态度之间的那条界线。尽管如此,我们还是应当坚持一点:笑是多种多样的,有些笑比另一些笑更带游戏性,同时,只有区分出这些不同的笑,才能认清笑的性质和作用。

笑的研究 / AN ESSAY ON LAUGHTER

我们这番考察的结论是我们不能仅仅用一两个原理去解释可笑事物的表现。我们的笑色彩各异。我们的笑汇聚了一些原始的倾向，表现了智力和道德各个广阔发展阶段的结果。其实，承认智力和道德原理的人，全都承认这一点，因为我们因看到丧失尊严而笑，其起源大概比"出于智力判断的笑"（例如辩论者嘲笑对手的滑稽言词）更古老。我们的讨论还让我们走得更远。换言之，它还使我们得出了一个结论：可笑的事物（甚至是哲学家们列举的、作为滑稽例证的可笑事物）的效果是一种极为复杂的感情，其中包含着儿童见到新鲜和未知事物时的快乐惊奇，包含着儿童对打斗游戏作出的欢乐反应，也常常包含着一种舒展的喜悦感——幼小动物和儿童一旦摆脱了压制，这种喜悦感能使其重获自由的四肢灵活敏捷地活动起来。

如此认识可笑事物与我们的笑的关系，我们便会想到，我们必须改变我们的研究方法。我们的研究本身自然地化作了一个问题：我们能否找出我们的分析已经揭示的这些精神倾向的历史分化与综合？换句话说，我们发现，我们必须借助发生学的方法（genetic method），追溯可笑事物的各个发展阶段，力求以恰当的科学方式，解释可笑事物对我们的影响。只要我们对可笑事物的本质成功地作出了更出色的逻辑分析，那么，这样的解释总有一天会上升为明确的哲学解释。而在目前，我们却似乎只能作出这样的解释。

因此，我们马上认识到了一点：广泛调查笑的冲动的起源和发展，将使我们超出纯心理学研究的范围。我们必须考察笑的冲动在人类发展过程中的成长，而这将使我们不得不从生物学的观点去考察一个问题：笑的这组特殊动作何以被选作并确定为我们人类的特征？另一方面，笑也不仅仅是一种生理和心理现象。正如我已经指出的，笑还具有社会意义。而我们将发现，唯有研究笑与社会进化运动的联系，我们才能充分地研究笑的更高发展阶段。

最后，只有追溯笑在人类社会中的演化，我们才能最好地阐述笑的理想，这个理想理应制约笑这个有几分难以驾驭的人类冲动。这样的研究似乎会使我们去揭示一些倾向。在以往，这些倾向已使笑得到了提高精进；在未来，它们将会使笑得到自觉的表现。

第六章 笑的起源

> 人类笑的起源问题——动物欢笑的可能基础——狗的玩乐感的表现——猿的欢乐表现——儿童第一次的笑：微笑的日期——第一次大笑的日期——微笑之后的大笑——两种笑在人类进化中的次序——对人类微笑起源的推测——原始的微笑如何变成大笑——搔痒笑的进化问题——搔痒对动物的影响——儿童第一次对搔痒作出反应的日期——搔痒来自远祖的遗传——搔痒进化理论的价值——搔痒何以可能引起大笑

追溯人类笑的起源，这个尝试很可能显得目标过高。事物的起源都很小，很容易被我们忽视，哪怕它们明明离我们的眼睛不远。既然如此，我们又怎能期望发现隐藏在遥远过去的黑暗中的事物萌芽呢？

我们要采取的方法，显然只能是一种适度的推测。这种方法必须尽力作出合理的推测，并且必须始终承认一个事实：它毕竟是推测法。我们的目的在于借助我们对现实场景中产生的笑的解释，结合我们对动物世界许多奇特声音的分析，作出一种能被理解的假定。

这番推测式的考察，将从设法回答一个问题开始：笑是通过什么过程，从一种愉快的普通迹象特化（specialise）成了快乐高涨、嬉戏情绪或欢乐精神的表现？这个问题自然引出了另一个问

第六章 笑的起源

题：玩笑精神的发展过程及其典型表现方式是什么？

当然，我们可以对这些遥远的、没有年代记载的事件作出推测，但我们已经有了构成假定的新工具，它是达尔文的进化论（The Theory of Evolution）提供给我们的。我们冒险去完成这个任务时，至少已经有了一个范例，它来自最具权威性的人士之一。达尔文已教给我们怎样大胆而谨慎地深入以往世代的黑暗，而我们最大的希望就是能够踏着他的足迹，像他那样前行。

我们进行的这种尝试，其结果至多是一种似乎合理的猜测，因此，我们显然必须利用一切可以利用的线索。这意味着我们不仅要追溯表达愉快的方式的历史，研究这些方式在个人和人类进化过程中的表现，找出其天然的早期形式，而且要考察动物界中表达快乐的迹象，它们与人类的笑有几分相似。

这最后一点很可能被读者看做对人类早期自豪感的又一次打击。杰出的博物学家达尔文将人类称为"会笑的动物"，他大概不屑于考虑这种属性是否有损于人类的尊严。笑是唯有人类才会做的事情之一，因此，它被当做了描述人类特征的一种便利方式。不过，近代的发展心理学已经使我们更宽厚地承认，较低等的动物身上存在着某种非常近似人类推理思维的东西，所以，我们听到一个说法时不必感到过于震惊：具有简单的嬉笑感，并具有表达这种感情的典型方式的，的确并不仅仅是我们人类；换句话说，动物也有相当于人类的笑的感情表达方式。

若说我们必须小心谨慎，那么，在这个问题上就该如此。分辨动物欢乐表现的踪迹时，我们面临着双重的危险：一个是一切动物考察的普遍缺点，即过分从"人类中心论"（anthropomorphic）的角度去解释考察结果；另一个是把我们在其他动物（无论是人类还是低于人类的动物）身上观察到的可笑表现误解为嬉笑意识。若不以严格的科学态度去观察动物咯咯做声的欢乐表现，我们显然就会犯这个错误。我记得，一天清晨，我在挪威某

133

笑的研究 / AN ESSAY ON LAUGHTER

地看到一只喜鹊在一段时间里频频低头，翘起长尾巴，同时发出类似"咯咯"的声音。我当时很难不相信它在拼命嘲笑什么，也许是在嘲笑在挪威的外国游客的可笑做派。尽管如此，按照科学观察的标准，这种"自然的"解释还是几乎无法令人满意。

我们的研究迫使我们尊重科学，因此，我们不能接受对动物"淘气"表现的一些常见解释。猴子的很多顽皮花样都相当"可笑"，可我们还是应当真心地怀疑猴子是否会把那些花样当做恶作剧。猴子的庄重风度当然不会使我们如此认为。但我们却可以说，开玩笑的人却有办法保持一本正经的样子。还有一个更有分量的见解：在我们看来很像快乐玩笑的表现，一旦超出了玩笑的界限，便可能是戏弄本能的展示，其目的在于真正地激怒或者伤害对方。这个观点可以用来解释一些非常有名的"动物幽默"故事，例如查尔斯·狄更斯①写的那个关于乌鸦的故事。我们大概会想起，那只乌鸦不得不与一只被俘的老鹰同住在花园里。乌鸦先仔细地量出了拴可怕老鹰的链子的长度，然后巧妙地利用那只大鸟睡觉的机会，偷走了它的吃食。后来，那些吃食的合法主人大概睡醒了，便突然扑向那些吃的，却没有吃到，因为它们在老鹰的"势力范围"（sphere of influence）之外。这无疑表明了乌鸦的某种精明以及某种恶意，但这是否标志着乌鸦在享受此事的乐趣，我们却并不清楚。

动物这种戏弄和施展诡计的表现，往往近似于人类的恶意取乐的心态，这并非不可能。猫与被它捉到的老鼠"做游戏"，那游戏半真半假，猫仿佛不顾那小老鼠无望的"逃跑"尝试，也许暗自享受着欢乐，这类似于人在取胜时的欢乐。同样，活泼的、尚未完全被驯服的猴子（它被一个淳朴的水手送给母

---

① 查尔斯·狄更斯（Charles Dickens, 1812—1870）：英国著名现实主义小说家。——译注

第六章 笑的起源

亲，以使她快乐）的某些恶作剧行为，也显示出了玩笑精神的萌芽，显示出了恶意的顽皮的萌芽，而猴子能将这些行为当做享受。

有一种观点认为，我们可以按照雷默斯大叔①的方式，将这些淘气行为看做对恶作剧的享受。我们虽然可以怀疑这个观点的正确性，但还是可以毫不犹豫地认为，动物也具备儿童那种玩笑感的简单形式。这个特征，在人们熟悉的很多幼小动物（包括我们的两种家养宠物②）的消遣中表现得最明显，那些消遣完全可以恰当地称作"动物的游戏"。这种嬉戏活动的一些特殊形式，例如打斗、双方的进攻与退却、追逐等等，当然都来自特定的本能。③但是，作为游戏，这些动作却表现了欢乐情绪，表现了某种近似于儿童热爱"作假"的倾向。例如，一只狗看见一只陌生的犬科动物正在接近它时，会马上"伏下身子"，露出如临大敌的警惕表情，但当那只陌生动物来到它跟前，这只狗便"放弃了这番表演"，用几近于可耻的快速与对方结成了彻底的友好关系。狗的这些表现，难道不是几分嬉戏的"作假"吗？同样，一只狗戏弄地恐吓另一只狗，这也显示出了它在享受这个把戏的迹象。斯坦利爵士④曾写道："我的狗快速地跑到一只小狗身后，发出可怕的吠声，从中取乐，这与儿童从拐角后面突然

---

① 雷默斯大叔（Uncle Remus）：美国作家、记者约耳·钱德勒·哈里斯（Joel Chandler Harris, 1848—1908）1881年后发表的动物故事集《雷默斯大叔，他的歌和格言：老种植园的民间故事》（*Uncle Remus, His Songs and His Sayings: The Folk-Lore of the Old Plantation*）里的人物，是个善良而有智慧的黑人。——译注
② 我们的两种家养宠物：此指猫和狗。——译注
③ 谷鲁斯将幼小动物的打斗和撕咬与性竞争的本能联系了起来，参见《动物的游戏》，第35页之后。（作者注）
④ 亨利·斯坦利爵士（Sir Henry Morton Stanley, 1841—1904）：英国记者、探险家。——译注

跳出来、大喝一声'呔'的取乐相同。"[1]

也许（至少在相当大程度上）由于人对狗的训练，狗表现出了玩乐感的很多最清晰特征。带着年幼子女散步的人，若碰见一只狗，常会看到孩子们很愿意与它戏耍。这个事实清楚地说明了玩乐天性的感染性。一只狗欢跳或大叫起来时，它那些快乐的玩伴也会模仿，甚至跟着叫。在做掷木棍游戏的狗的欢乐表现中，达尔文已经正确地辨认出了人类那种"幽默感"的萌芽。[2]你若扔出一根小棍，让狗去叼，它便可能叼起棍子，跑到远处，坐下来，把小棍放在它前面的地上。然后，你接近它，假装要拿走小棍，它会立即叼起棍子，得意地跑开，并带着明显的快乐重复这些"作假"的小把戏。

我用这个方式与一只狗玩耍，反复地检验了它的表现，得出了一个满意的结论：它被游戏情绪所支配，并完全知道你也如此。因此，你若假装严肃，用最威严的口气命令它放下那根小棍，它便会走到你前面，发出叫声，表示服从，但这骗不了谁，它仿佛在说："我才不会上当呢，你不是真的严肃，所以我还要接着做这个游戏。"在这种情况下，你大概会分辨出玩乐的全部真正成分：欢乐喜庆的情绪以及对参与"作假"游戏的强烈爱好。

摩根教授[3]提供了一个例子，它清楚地表明了一只狗在快乐地"作假"，而其中完全没有人的参与。他告诉我们，有一次，他带着一只聪明的寻猎物犬[4]在海边沙滩上散步，那只狗一直在

---

[1] 参见《心理学评论》杂志（*The Psychological Review*）1899年，第91页。（作者注）
[2] 参见达尔文《人类的演进》（*Descent of Man*, 1871），第一部分第三章。（作者注）
[3] 摩根教授：参见本书第五章《滑稽理论》有关注释。——译注
[4] 寻猎物犬（retriever）：经过训练、能找到并叼回猎物的猎狗。——译注

第六章 笑的起源

本能地自娱自乐。它把几只小螃蟹埋进了沙子里，然后在一旁等着，一直等到沙子里露出小螃蟹的一只腿或螯，"一见到这情景，它便来回跑着，发出愉快、短促的叫声"①。

我几乎不怀疑这是欢快情绪的真正迸发，是爱玩乐天性的某种难以觉察的形式，它关系到某个恶作剧的"即将得逞"（coming off）。那只狗若见到自己埋进沙里的小螃蟹没有伸出腿或螯，便会再埋几次，直到把戏得逞。这表明，它意识到了这番表演具有"作假"的特点。

无论未受人的训练的狗热爱诙谐的力量是大是小，我们都可以有把握地认为，狗高度发达的玩乐感，大部分起因于狗对人类训练影响的高度接受力。这种接受力（在这一点上，狗和猫的可塑性的差别会立即显现出来）又意味着，狗具有依恋人类的本能，这种本能力量非凡，几乎使狗成了忠诚的典型。

有人会问：对狗这种最适于做朋友的家养宠物，人类训练的影响究竟有多大？普莱尔②告诉我们：狗能模仿人类欢乐的表现，聪明伶俐的狗听见人的笑声时，也会咧开嘴角，欢快地蹦跳，眼里闪着愉快的目光。③ 在这种情况下，我们似乎也见到了真正的笑的雏形，并且可能不再会说出"狗用尾巴笑"（laughing with his tail）这种引起误会的话。罗曼尼斯（G. J. Romanes）就讲过，他有一只狗，其表现几乎使它充当了相当于小丑的角色。这只狗常常表演一些无师自通的小把戏，其目的显然是引起笑声。"例如，它会侧躺在地上，嘴巴大大咧开，叼住自己的一条腿。"在这种情况下，"最让它开心的就是有人真正欣赏它

---

① 参见摩根著《动物的生活与智能》（*Animal Life and Intelligence*），第407页。使我印象极深的是，承认这些犬科动物的欢乐表现的证据时，这位作者几乎到了过分谨慎的程度。（作者注）
② 普莱尔：参见本书第二章《微笑与大笑》有关注释。——译注
③ 参见普莱尔《儿童心理》，第197页。（作者注）

的把戏，而如果没人注意它，它便会生气"①。

有人会认为，这动物是一只"格外有趣的狗"。遗憾的是，它咧嘴时，我们没能给它拍一张"快照"，而那张快照也许能给那种表情减少几分抽象感和"不确定感"（in the air），不像路易斯·卡洛尔②笔下那只"咧嘴傻笑的猫"的模样。有一点似乎已经清楚：狗的这种面相非常近似于我们人类的笑容，只是古怪地变了形而已。对这种表情的声音部分，我们不必期望过高。狗的叫声可能不同于我们活泼的欢笑声。人们常说，狗会用一种特殊的叫声表示快乐。有人还说狗感到事物可笑时会发出这种叫声，这大概就是它在表达快乐。

在精神方面，狗更有望成为一种具有幽默感的动物。狗能明确地展示某些初级的情感和心理态度，它们十分近似于人类的反思性幽默（reflective humour）。熟悉狗的人都知道，狗有时也会感到极度无聊。不久前，我见到一只小狗正被拴上链子，因为它要跟着女主人去买东西。那小狗大大地咧开了嘴巴，其表情中显然隐含着一种强烈的感情，它感到女士们的购物习惯十分荒唐。而若恰当地形容一下那种感情，我便可以说，那是一种温和的、宽容的讥讽。尽管如此，我们还是必须注意提醒自己，不可过于草率地解释狗的这些动作。③

现在我们来谈谈在动物学尺度上十分接近我们人类的那些动

---

① 转引自摩根《动物的生活与智能》一书。（作者注）
② 路易斯·卡洛尔（Lewis Carroll）：英国数学家、作家道奇森（Charles Lutwidge Dodgson，1832—1898）的笔名，其著名童话故事《爱丽丝漫游仙境》（Alice's Adventures in Wonderland，1865）中写了一只咧嘴傻笑的猫（Cheshire cat）。——译注
③ 摩根在他的《比较心理学导论》里指出："如果一种动作可以解释为在心理等级上较低的心理功能运作的结果，我们就绝不可把它解释为一种高级心理功能的结果。"这个观点被称作"摩根法规"（Morgan's Canon），它强调了对行为作出最简单的合理解释的必要性。——译注

第六章 笑的起源

物。在猿类动物中，我们无疑发现了更近似于人类的微笑和大笑的表现。对这两者之间的相似性，达尔文作了仔细调查。他告诉我们，大笑时面部表情的一些基本特征：嘴角咧开，眼睛下面形成皱纹等等，都是"各种猿猴类动物快乐情绪的典型特点和表现"①。

对近似笑声的声音，达尔文为我们提供了几个相关事实。幼年黑猩猩见到任何与它有关的黑猩猩返回它身边时，会快乐地大声叫起来，而看守黑猩猩的人会把那种叫声解释为大笑。这个解释的正确性，得到了一个事实的佐证：其他猿猴类动物见到它们喜欢的人时，也会发出一种"嗤嗤"的笑声。搔痒幼年黑猩猩的腋窝，它会发出更清晰的嗤笑或大笑。"同样，幼年猩猩被搔痒时也会发出嗤笑声并露出牙齿。"

罗宾森博士发现，幼年类人猿体表的易痒区（ticklish regions）与儿童体表的易痒区一致。不仅如此，被搔痒时，幼年黑猩猩还会表现出极大的快乐，用后背打滚，十分享受这种消遣，与儿童非常相似。搔痒的时间一旦延长，它更会像儿童那样护住易痒部位。还应当补充一句，像许多儿童一样，幼猿被搔痒时，也会作出假咬的动作。

总的来说，幼小的高级猿类高兴时，会有类似我们人类微笑和大笑的表现，并作出必要的运动。我们愿意相信，猿类作出笑的尝试，这表明了一种类似于使儿童发笑的、突然欢乐的情境。那情境就是，经过长时间的分离，猿类所爱的同伴再次出现了。猿类被搔痒时，也会作出笑的尝试，并伴有其他表现，那些表现能使我们想到猿类也具备儿童的那种初级能力，即玩乐和从事"作假"游戏的能力。

我还要提到一个事实，以说明猿类对待可笑事物的态度与人

---

① 参见达尔文《情感的表现》，第208页；又见该书第132页之后。（作者注）

类相似。根据几位考察者提供的证据，猿类动物很可能也讨厌被嘲笑。[1] 对可笑之事发笑，讨厌成为被嘲笑对象，这两者的确不是一回事。对人类来说，这一点也没有多少改变，否则，在强烈厌恶被别人嘲笑的人当中，便不会那么经常地发现那些"从不笑的人"[2]。尽管如此，这两者还是可以大致被看做相关的特征。可以假定，对被嘲笑表现出明显厌恶的动物也能嘲笑，至少能够理解嘲笑。

我们已经提到了类似人类之笑的一些表现，现在来谈谈人类之笑的充分表现。我们将简要地追溯人的幼年阶段微笑和大笑的历史。在这方面，最早出现这些表情运动的日期，便成了一个重要问题。幸运的是，我们在这方面的详细观察资料比较多。

人们大都认为微笑最先出现。在这方面，我们有达尔文和普莱尔提供的观察记录。达尔文说，他的两个孩子中有一个第一次微笑的年龄是45天，另一个则更早一些。[3] 微笑时不但嘴角咧开，眼睛也发亮，眼皮轻微合拢。达尔文还补充说，这些情况表明了婴儿的快乐情绪。对这个问题，普莱尔提供的资料更加充分。[4] 他指出，很难确定婴儿第一次真正快乐微笑的日期。根据他对自己的一个男孩的观察，嘴角的运动，与之相伴的颊部酒窝的形成，出现于婴儿出生后的第二个星期，既见于婴儿的睡眠状态，也见于婴儿的清醒状态。不过，这位父亲却认为，婴儿第一次快乐的微笑出现于出生后第26天，当时，孩子喝饱了奶水，看见了母亲的脸，眼睛便发出了快乐的光。他又说，这种早期的

---

[1] 参见达尔文《人类的演进》第一部分第三章。（作者注）
[2] "从不笑的人"：参见本书第一章《绪论》有关内容。——译注
[3] 参见达尔文《情感的表现》，第211—212页。此外，《大脑》杂志（1877年卷二，第288页）还有关于两个婴儿的记载，其中一个的第一次微笑出现于出生后第45天，另一个出现于第46天。（作者注）
[4] 参见普莱尔《儿童心理》。（作者注）

微笑既不是对别人微笑的模仿，也不意味着因为认出了母亲而感到欢乐，它只是婴儿感到身体满足时的一种本能的表情。

对第一次出现真正微笑表情的日期，其他观察者们的说法不一。例如，钱普尼斯博士（Dr. Champneys）认为是婴儿出生后的第六周，西吉斯蒙德（Sigismund）认为是婴儿出生后的第七周，他们的说法与达尔文的大致相近；而希恩小姐（Miss Shinn）则认为是在婴儿出生的半个月之后，与普莱尔的说法一致；另一位女士——摩尔夫人（Mrs. K. C. Moore）比普莱尔走得更远，说婴儿的第一次微笑出现在出生后的第六天。[1] 还可以补充一句，希恩小姐对婴儿微笑的早期发展的叙述比普莱尔更准确。她告诉我们，她侄女（我们此后叫她的名字"鲁思"）的第一次微笑大致符合一般的标准日期，出现在出生后的第二个月，其起因是看见了使鲁思感到愉快的对象，即俯视鲁思的那些脸，鲁思对那些脸很感兴趣。这种特殊快乐引起的微笑表达了很多欢乐情绪，它出现在鲁思躺着吃奶、感到温暖、感到非常舒适的时候。

我们可以比较有把握地确定一点：这些差异标志着这些被观察儿童发育的不平衡。同时，这几位观察者看到的也可能是微笑的不同发展阶段。普莱尔清楚地指出，微笑经过了相当大的扩展，包括运动的复杂性有所增加，还包括一个重要的特征，即眼睛闪闪发亮。摩尔夫人并未描述她在婴儿出生第六天和第七天见到的情况，而可能是推测性地提到了与微笑的萌芽隐约相似的面容，它并不具备表情的意义。普莱尔讲述的情况，其中有些东西

---

[1] 钱普尼斯和西吉斯蒙德的说法见于普莱尔的引用。希恩小姐的说法见于她的著作《一个儿童成长的笔记》（*Notes on the Development of a Child*），第238页。摩尔夫人的说法见于她的论文《一个儿童的心理发展》（*The Mental Development of a Child*），第37页。希尔博士写道，他注意到他儿子的第一次微笑是在出生后的第三周，他女儿则在出生第三周以后的几天第一次微笑。（作者注）

使我们作出了一个推断：他提到的微笑，尚未达到达尔文所说的那种发展高度。①

因此，我们只能确定一点：表示快乐的微笑运动经历了一个渐进的发展过程，真正意义上的快乐微笑，出现在婴儿出生后的第二个月。

若考察婴儿初次大笑的日期，我们便会发现，这个日期至少也像初次微笑的日期一样难以确定。达尔文说明了一点：微笑会渐渐有声音的伴随，因而越来越像出声的笑。他认为，他的一个孩子最初的微笑出现在出生后第 45 天。八天之后，这种笑容变成了更明显的、能给人留下印象的微笑，还伴随着轻微的"咩咩"声（"bleating" noise）。他又说，这"大概代表一个笑"。不过，一直到了很长时间之后（出生后第 113 天），那种声音才变成了断断续续的笑声。达尔文的另一个孩子在出生第 65 天时，其微笑也开始伴随着"很像笑的声音"。他的一个孩子在出生第 110 天时出现了标志着真正快乐的笑。当时，他把一个围嘴扔到孩子的脸上，再突然扯掉，接着，这位父亲突然露出自己的脸，去接近那个婴儿。他补充说，在出现这种笑之前的三周或四周，轻捏孩子的鼻子和脸颊时，那婴儿似乎感到很快乐。

像普莱尔提出的婴儿初次微笑的日期一样，他提出的婴儿第一次发出类似大笑的声音的日期，也早于达尔文提出的日期。他说，他观察到了自己的孩子在出生第 23 天发出的明显的、可被听见的笑声。那是他的孩子见到玫瑰红窗帘时发出的"咯咯"声。其后的几个星期里，那个婴儿见到色彩逐渐混合变化的对象，或听见新的声音（例如钢琴声）时，也会发出"咯咯"声。同时他又告诉我们，这个男孩 8 个月大时与母亲一起玩耍，第一

---

① 尤其见于普莱尔对一种非凡表情的描述，包括"眼睛闪闪发亮"，这种情况发生在婴儿出生的第八周。参见《儿童心理》，第 194 页。（作者注）

第六章 笑的起源

次发出了时间较长的响亮声音,不知情的人会将那种声音判断为大笑。至于其他几位观察者,我要提到其中最仔细的一位,那就是希恩小姐。我们还记得这位女士认为其侄女鲁思初次微笑的日期是出生后一个月,她把鲁思第一次真正大笑的日期确定为出生后第 118 天。当时,鲁思看见了母亲在做鬼脸。值得一提的是,11 天之后,鲁思又大笑了一次。①

在这方面,我们不仅看到了被观察儿童发育程度的不同,而且看到了一点:确定有关表情的清晰实例,这是很难的事情。②毫无疑问,人类的大笑是一步步地逐渐发展出来的。达尔文对这一点作了充分论述,普莱尔也赞成这一点。尽管如此,我们还是很难说清一个问题:婴儿快乐时发出的一连串类似笑声的声音,有多少能被纳入大笑的发展阶段?希恩小姐听见鲁思发出奇特的、由两个音节组成的"咯咯"声,是在鲁思出生后的第 105 天,又过了 13 天,鲁思发出了大笑声。希恩小姐说,在鲁思出生后的第 113 天,也就是鲁思大笑的前 5 天,这个孩子发出了一种新的喉部声音(例如"咯咯"声和"哇哇"声等),并且表现出了以发出各种声音表示快乐情绪的明显倾向。这些声音似乎极可能是大笑发展的预备阶段。③

大笑出现在微笑之后,这一点相当清楚。普莱尔的说法大概无疑会使我们认为,第一次大笑(出现于人出生后第 23 天)先于第一次微笑(出现于人出生后第 26 天)。但他对这两类笑的

---

① 我这里要感谢希恩小姐,因为我参考了她全部的第一手笔记。我引用的一些例证就来自这些笔记。(作者注)
② 很遗憾,普莱尔并未精确地描述他的孩子在出生后第 23 天发出的那种声音。(作者注)
③ 希恩小姐认为,大笑不是从"咯咯"声中发展出来的,因为像许多清晰声音的出现一样,大笑显然也是突然达到了完全形式的。不过,大笑若是一种来自遗传的运动,希恩小姐的这个说法就恰恰是我们应当期望的。(作者注)

发展的叙述却清楚地表明他并不是这个意思。他明确地说，大笑完全是被延长了的、有响亮声音的（laut）微笑。他还进一步指出："所有的（儿童）都一样，快乐的表达都始于刚刚能被听见声音的微笑，在婴儿出生后的最初三个月里，这种微笑会渐渐地转变为大笑。"他又补充道：这种发展依赖于大脑高级中枢的发展，依赖于知觉能力的发展。①

像微笑一样，初次大笑也是快乐的表现。正如普莱尔所说，大笑纯粹是快乐表情的强化。不过，大笑还表明了更高层次的愉快意识。微笑的笨拙尝试仅仅标志着满足的舒适状态；而大笑的初次尝试则是对令人愉快的感觉表现（例如色彩缤纷的对象，以及钢琴发出的新声音等）作出的反应。按照普莱尔的说法，出现由视觉和听觉表现引起的笑之后的6—9个星期，便会出现带有更明确的欢喜成分的笑，例如婴儿认出了母亲的脸时发出的笑。在婴儿出生后大约第四个月的早期阶段，这种表达精神愉悦的笑似乎伴有四肢运动（例如胳膊的上下起落等），而这是喜悦心情的复杂标志。②

达尔文说过，突然掀去蒙在婴儿头上的围嘴（或者突然掀去蒙在他自己脸上的围嘴）会使婴儿发笑。这种笑在多大程度上意味着玩乐精神的萌芽，我不能断定。不过，它毕竟表明了笑与令人愉悦的意外之间的最初联系。所谓"令人愉悦的意外"是一种温和的打击，它虽然令人心惊，却在总体上使人愉快。

笑的另一种早期形式（在一些幼年动物身上也能发现它）来自搔痒。婴儿出生后第二个月或第三个月时，我们可以第一次观察到婴儿的这种笑。普莱尔的男孩因被搔痒而笑，就发生在出

---

① 参见普莱尔《儿童心理》，第197页。（作者注）
② 普莱尔认为这种情况发生在婴儿出生后的头半年，我认为这个日期还要早一些。（作者注）

生后的第二个月（参见《儿童心理》，第96页）。希尔博士告诉我们：他的小女儿渐渐对搔痒作出了反应，而因被搔痒而笑则出现在她出生后的第十个星期。

我们的分析使我们认为，搔痒引起的笑包含着很多精神成分，包含着一种玩乐态度。因此，这个事实便证实了一个结论：与游戏伴随的、特定的笑，其明确的形式出现在婴儿出生后的头三个月当中。

我们来总结一下。我们发现，婴儿出生后两三个月内会出现微笑和大笑，它们都是快乐的表现，包含着肉体的舒适感和令人愉快的感觉对象引起的喜悦。我们还发现，婴儿被搔痒时会作出笑的反射性反应，它出现于婴儿出生后大约第二个月末，它是玩乐感的萌芽，或者说是欢乐游戏的萌芽。婴儿出生后三个月末，轻捏他的脸颊，也会使他发笑，而这也同样是玩乐感的初期标志。

可以确定，这些倾向并不是靠模仿而习得的。普莱尔提出的一个事实可以证明这一点：正常的婴儿在很晚的时候才会出现模仿活动。另外，一个名叫劳拉·布里奇曼[1]的孩子因为失明和耳聋而失去同伴，但也有微笑和大笑的表现。因此，我们必须得出结论说，这些倾向来自遗传。

如果达尔文等人没有为我们打开物种进化的更广阔视野，心理学家们对笑的考察便很可能到此止步。目睹更广阔的物种进化图景，我们能否推测出这些本能运动在动物进化中演变为习惯的过程？

---

[1] 劳拉·布里奇曼（Laura Bridgman, 1829—1889）：美国女子，世界上第一个学会了文化的盲聋女子。她的教育得益于美国珀金斯盲人学校（Perkins School for the Blind）校长塞缪尔·豪（Dr Samuel Gridley Howe, 1801—1876）的不懈努力。——译注

这种考察引起的第一个问题是，在动物演化进程的早期，是否会出现微笑或大笑？低于人类的动物的表情并没有为我们提供任何明确的线索。类人猿似乎既能作出类似微笑或咧嘴笑（grin）的表情，也能发出近似于人类笑的声音。但应当指出一点：这种所谓的"笑"与人类大笑的相似程度，不如咧嘴笑与人类微笑的相似程度。由于缺少更好的证据，根据一条著名的进化规律，我们必须认为"婴儿生命中先出现微笑"这个事实证明了一个假设：人类的远祖先会了微笑，然后才会了大笑。有个事实进一步证实了这个说法：在人类个体身上，大笑代表愉快意识的较高形式，代表区别于感觉层次的知觉层次，而初次微笑只是感觉层次的表现。最后，我还了解到了一点：在衡量（智力）退化的标尺上，痴呆者那种持久不变的微笑位于大笑之下。拜达德博士（Dr. F. E. Beddard）在给我的信中说："记得我有一次见到一个有缺陷的人类怪物（没有耳郭），他唯一的智能标志就是听见演奏音乐时咧开嘴唇。"[①]

人们普遍认为，在动物当中，出于保存家族和种族的需要，疼痛、痛苦或惧怕危险的表情，比快乐和满足的表情更紧迫、更必需，因此，前一类表情的发展比后一类早得多。按照这个观点，我们便可以理解，我们所发现的动物的微笑和大笑的模糊表情（它们很像人类的微笑和大笑）何以发展得极不完善，似乎只有零星的表现。

假定在人类的进化中，这两种表情运动中的微笑最先出现，我们能否推测出微笑演变为快乐情绪的普遍明确表情的过程？讨论这一点时，我们可以从达尔文提出的一些原理中得到更明确的帮助。

---

① 关于进化过程中微笑最先出现的观点，可参见黎波著《情感心理学》（*La Psychologie des Sentiments*），第346页。（作者注）

第六章 笑的起源

微笑的基础是嘴部的运动,这个事实会使人立即想到微笑与人类动物性快乐的最初来源的联系。不仅如此,似乎还有证据表明的确存在这种联系。我认为,吃饱了奶水的婴儿会不断地作出某种类似吸吮的动作。婴儿一旦产生了机体满足或安宁的格外活跃的感觉,这些动作便会产生某种特殊变化,造成第一次的微笑。此外,我还相信,婴儿见到食物时,也往往会作出嘴部动作。一只猴子的行为似乎也表明了类似的倾向:它在进食时间看到一种美味食物时,嘴角微微抬起,这个动作很像"初始的微笑"(an incipient smile)。① 同样,我们这个假设也得到了一个事实的佐证:根据普莱尔等人的说法,婴儿的第一次微笑出现于吃饱后的快乐状态中。②

假定微笑的起源与机体满足食欲后的快乐体验有关,我们便很容易弄清微笑何以演变成了一种表达快乐的普遍标志。达尔文和冯特已使我们认识了一条原理:表情动作会转化为情感状态,那些情感状态的基本表现就是这些动作。心情烦躁时挠头,就是这种转化的著名例证。

我相信,有些事实能大致地证明一个假设:进食动作通常都能转化为真正的满足感和快感。野蛮人往往会用一些动作(例如抚摸肚皮)表达强烈的快乐,这似乎表明了其食欲得到了很大满足。不过,最清晰的例证却似乎是达尔文为我们提供的对一只狒狒的描述。这只动物被饲养者激起了大怒,为了重修旧好,它"快速地张合下巴和嘴唇,显出了快乐的样子"。达尔文又说,人开怀大笑时,下巴也能作出类似的动作或颤动,尽管更准

---

① 参见达尔文《情感的表现》,第133页。(作者注)
② 莱曼(A. Lehmann)在他对人类情感发展及其表现的有趣叙述中指出,婴儿初次不完全的微笑(它是愉快情感的表现)在身体机制上与吸吮动作有关。见莱曼《人类情感生活的主要规律》(*Die Hauptgesetze des menschlichen Gefühlslebens*),第295—296页。(作者注)

确地说,"作出痉挛性反应的"是人的胸部肌群,而不是双唇和下巴。①

根据个体生命中的初次微笑与初次大笑之间的时间判断,我们可以推测,一直要到相当长的时间之后,"原始人"(primitive man)或其未知的直接前辈的大笑才会具备饱满而反复出现的声音。我们有理由认为,人类乐于采用这种表达情感的方式,其前提想必是元音发音能力的显著发展。对婴儿的研究无疑证实了这一点。婴儿出生两三个月时的"咿呀"声由反复发出的许多元音和辅音组成,它可能是笑的准备,正像它无疑是说话的准备一样。最能说明这个问题的,是前文引用过的希恩小姐的有关叙述,即在口头发声范围扩大以后,才会出现第一次大笑。那些叙述似乎指出了一个事实:在人类进化过程中,第一次大笑是从人在快乐状态下发出的多种多样的声音中选择出来的。

现在让我们假定人类的直接动物祖先已进化到了具备了清晰知觉的程度,感到快乐时已能发出某种重复的声音。让我们进一步设想:他的同情心已有了很大发展,因而需要一种媒介,它不仅能表达痛苦,而且能表达快乐,尤其能使别人注意到令人愉悦喜欢的对象(例如出国归来的家庭成员)的存在。这样一种动物必须改进他原始的微笑和咧嘴笑。他必须用一些力气,发出声音,以使远处的耳朵听见,那种声音有些类似母鸡发现少量可口吃食、想把她的雏鸡召唤到身边时发出的"咯咯"声。这种改进是如何发生的?

对这个过程的大致情况,我们可以作出大胆的猜测。我们有理由说,大笑时口腔张开,这个姿势本身就有利于发出元音的声音。按照眼部的姿势类推,我们可以把这个姿势称作打开元音共鸣腔的"原始姿势"。可以相当有把握地说,这种原始

---

① 参见达尔文《情感的表现》,第134—135页。(作者注)

第六章 笑的起源

姿势特别有利于发出某种特定的声音。可以说，这个特定的声音通常表示为"eh"，同时伴有大笑时的喉音或"咯咯"声。因此，我们可以作出一个推断：在愉快满足的状态下反复发出"咿呀"声时，同样采取了这种（原始）姿势。[①] 作为口腔张开的大笑或咧嘴笑这种可见姿势造成的心理—生理反应，我们不仅会反复发出"eh"声或类似的声音以完成整个动作（张开口腔是其第一阶段），而且会作出一种明确的协调动作，即打开口腔的动作密切配合呼吸和发音器官肌肉的反复动作。这样的解释能使我们理解到一点：以微笑表示的愉悦状态一旦增加了强度（例如因见到一张脸而产生的快乐变成了认出一位家庭成员时的欢乐），微笑的动作便会扩大为类似大笑的运动。

我认为，我们观察到的大笑在个体身上的发展过程能给我们启发。希恩小姐的观察记录说，鲁思在出生后第113天开始张大口部，5天之后开始笑（当时这个婴儿正被轻抛和滚动）。我们还看到，鲁思在出生后第134天有了更多无声的笑，包括类似开口笑的微笑。这些观察记录无疑表明了一点：初次大笑产生之前，会频繁地出现一种扩大了的微笑，它与大笑几乎没有区别，只是没有大笑时那种呼吸和发声运动。

这个理论能清楚地说明斯宾塞提出的原理：情感状态会使肌肉作出动作，以增加反应的强度，强度较低的感觉唤起的动作越小，强度较高的感觉唤起的动作就越大。但是，这个理论还不足以说明问题。我们还必须考虑到肌肉的使用频率，考虑到随后产生的一种倾向，即肌肉动作往往会影响与之相连的神经中枢。由

[①] 前文已经指出，儿童的大笑里似乎普遍存在法语的 e 音。普莱尔告诉我们，德语中与之相应的 a 音，也出现在婴儿初次的"咿呀"声里（参见《智力的发展》，第239页）（作者注）

于这些理由，参与口腔运动和发音运动的肌肉似乎很可能特别容易受到影响。根据以上的假定，这些影响更广的倾向会得到特定肌肉群的协助。这些倾向会造成两类运动的结合（我已假定，表达愉快的感情时，会分别地出现这两类运动）：一类是微笑时的肌肉运动，另一类是第一次反复地发出快乐声音（类似于婴儿的"咿呀"声）时的肌肉运动。

这个假定似乎不能说明大笑的一个要素，即大笑的爆发性活力（explosive vigor）。我认为，可以用摆脱紧张的作用（人类的笑中普遍存在这个因素）来解释这种爆发力。儿童最早的大笑中似乎就存在这个因素。例如，我们可以说，被搔痒、做"藏猫儿"游戏、见到母亲做鬼脸，儿童在这些情况下的大笑都起因于严肃态度的突然消除。人类或其最近祖先的第一次大笑，或许就发生在摆脱了战斗的恐惧或紧张之后。只要这种原始的笑是集中的能量寻求释放的结果，这个理由就可以用于解释笑声的增强和延长。

我们的推测（conjecture）还不能被看做一种假设（hypothesis）。它没有力图说明出现在微笑和大笑中的那些变化的精确形式。它至多只是大致指出了笑的起源的一种可能的方式。

我已经讨论了笑的起源问题，而我所说的笑大多都是愉快情感的表现。但我们也看到，人出生后三个月之内也会出现另一种明显的笑，即由搔痒引起的笑。根据我们对搔痒作用的分析，由搔痒引起的笑是逗趣或游戏之笑的最早表现之一，其形式很明确。因此，任何解释笑的发展的尝试都会特别注意这种笑。

大笑是一种特化的反应（specialized reaction），具有标志明显的反应形式，因此，我们自然会问：作为对搔痒的反应的大笑是否并不得自遗传？如果它并不得自遗传，它又是如何出现在人类进化中的？我们发现，有人已经提出要对这个奇特现象的起源

第六章 笑的起源

作出解释。我们首先再次看看几个事实，然后检验一下用来解释这些事实的几个假设。

在这里，有一个问题再次变得很重要：动物在多大程度上会受到搔痒的影响？我曾提到达尔文提供的那个事实：一只幼年黑猩猩被搔痒，更具体地说是被搔痒腋窝，它作出了类似大笑的反应。那些声音是"咯咯"声或与大笑相似的声音。发出这些声音时，黑猩猩的嘴角咧开，下眼皮处出现了轻微的皱纹。[1] 罗宾森博士发表了另外一些观察报告，讲述了搔痒幼年类人猿的效果。他告诉我们，搔痒一只幼年黑猩猩的腋窝一段时间后，它会用后背打滚，露出全部牙齿，并且像儿童那样作出自卫动作，还显出猿类那种咧嘴的笑。（伦敦）动物园的一只幼年猩猩被搔痒时也作出了十分相似的反应。其他动物的幼崽也对搔痒表现出了一定程度的反应。霍尔说搔痒狗的肋部，狗会咧开嘴角，显出多少类似于微笑的表情。[2] 罗宾森博士发现，马和猪也会对搔痒作出反应。他认为，这些动物身上都有特定的易痒区，这些部位在很大程度上对应于儿童身上已被确定的易痒区。

现在我们可以谈谈儿童对搔痒作出反应的最初表现了。正如以上指出的，儿童出生后不久，便会对搔痒作出反应，其表现为自卫动作。而对搔痒作出大笑的反应，则最早出现于出生后第二个月或者第三个月的上半月。值得注意的是，这个日期显然晚于第一次出现快乐的笑的日期，尽管它离第一次出现欢乐或喜悦的笑的清楚表现不算太远。

这些以日期为序的事实证实了一个理论：被搔痒儿童的笑具

---

[1] 参见达尔文《情感的表现》，第182—188页。（作者注）
[2] 参见我已引用过的那篇论"搔痒笑的心理"的文章，第33页。（作者注）又：这篇文章的标题是《搔痒、笑和滑稽的心理》，其作者为霍尔和阿林。参见本书第三章《笑的起因》的有关注释。——译注

有明显的精神前提。对这一点，罗宾森博士曾在写给我的信中说："我从未成功地通过搔痒，使年龄在三个月以下的幼小婴儿发笑，除非我也微笑着，再用搔痒的办法去引起婴儿的注意。"这显然说明了精神机制的作用，即使是在搔痒激起的笑的最初阶段，也是如此。

对于最容易被搔痒激起笑的身体部位，不同观察者的说法似乎也不相同。普莱尔明确地说，在婴儿出生后第二个月，搔痒其足底会使婴儿发笑。他是否试验过搔痒婴儿身体的其他部分，他没有说。希尔博士告诉我，他的一个孩子被搔痒手心或被沿着胳膊搔痒时，第一次作出了笑的反应。搔痒脖颈和足底引起的笑则出现得晚一些。

婴儿会在出生第二个月月底（或者其后不久）对搔痒作出笑的明确反应，这个事实几乎是最终地证实了一点：这种反应是遗传反射（inherited reflex）。进化论者自然要问这意味着什么，这在人类祖先的生活中有何意义。

霍尔博士将进化论的思索延伸到了远古时代，指出我们能在搔痒中发现精神生活最古老的层次，那是人类远古的动物祖先的反应过程的残余，我们那些动物祖先的唯一感觉就是触觉。他推断说，在远古的环境里，即使轻微的或"最低限度的"触碰（例如小寄生虫的活动造成的触碰），由于不能被视觉或其他远距离感觉发现，也会激起比例不当的强烈反应。他没有设法解释笑是如何从这些反应中发展出来的。他的确把这些反应称为"逃避的"反应（reactions of "escape"），但并没有提出进一步的想法，那就是大笑时身体的剧烈摇动有助于摆脱那些小寄生虫的骚扰。事实上，这位聪明的思考者几乎没有打算去解释搔痒引起的笑，将这种笑从其他的反应中区别出来，作为专门考察的对象。①

---

① 参见霍尔和阿林论"搔痒笑的心理"的那篇文章。（作者注）

第六章　笑的起源

对搔痒引起的笑的演化，罗宾森博士试图作出更认真的解释。他也提到了来自对寄生虫的体验的残留反应，但似乎认为这只能解释鼻孔和耳孔被搔痒时产生的厌恶感。这个限定带着几分武断，会令人吃惊。笑的反应（希尔博士搔痒他婴儿的胳膊时就得到了这种反应）肯定表明了一种残留反射，它也是远古人类对寄生虫骚扰的反应的遗传。[①]

他指出，笑的反应（我们已知道，他认为笑涉及明确的刺激方式）是幼年动物中的普遍游戏方式遗传下来的形式，那种游戏就是游戏各方进行善意的、假装的互相攻防，或者类似于战斗演习。

为了支持这个理论，他强调了一个事实：一些智力较高的动物物种的幼年成员，都具备对搔痒的感受性，其中不但包括比较高级的猿类，而且包括狗和马。他还说，从总体上看，幼年动物的玩乐性情的程度，与它们对搔痒作出反应的程度相当，尽管羊羔和小山羊不会对搔痒作出反应是个令人尴尬的例外。

如果说搔痒是挑战的游戏，那么，我们便可以认为，像其他游戏一样，搔痒是对真正的攻击的模仿。我们已经知道，人类最初的粗暴攻击（根据我们观察到的脾气暴躁的婴儿的动作），其形式是打击、用指甲撕扯和咬啮。可以说，搔痒是抓挠的一种温和伪装。罗宾森博士告诉我们，在他考察的儿童当中，大约有10%被搔痒时会作出假咬的动作，正像小狗崽那样。

罗宾森博士试图进一步地表明，儿童体表特别容易被搔痒的部位，在真正的战斗中往往也最容易受到攻击。他说，几乎在所有这些部位都有接近体表的某种重要构造（例如大动脉），而皮肤若被刺透，这些构造便很容易受伤。因此，它们都是极易受伤

[①] 罗宾森博士认为，搔痒引起的另一种令人愉快的反射，可能是人类祖先的爱抚动作遗传下来的反射。（作者注）

153

的区域，所以往往被选作以牙齿和利爪攻击的区域。他指出，一些动物也像人类那样彼此攻击，这种关系也表现在这些动物身上。动物体表特别容易被搔痒的部位，似乎也是最易受伤的部位（至少大致如此）。事实上，在幼年黑猩猩和幼年大猩猩的体表，这些易痒区与儿童的易痒区几乎相同。

根据所有这些例证，我们可以得出结论：怕痒的反应自有其实际的用途，只要搔痒是对战斗的模仿（许多幼年动物生活的大部分内容都是模拟战斗）。儿童以及其他一些幼年动物表现出来的对被搔痒的强烈爱好，加上实施这种温和攻击的游戏冲动，发展出了模拟的攻防活动，而作为日后进行真正战斗的训练，这些活动极有价值。

进化论的这些实际运用当然非常有趣，也大有前途，我认为，对"笑来自摆脱寄生虫骚扰的反应"这个思想，还可以作进一步的发挥。远古人类家族里的父母或其他成员搜寻幼儿体表的寄生虫，其手指的轻微触碰往往能赶走讨厌的寄生虫，这种触碰难道不会逐渐带上一种愉快的情感色彩吗？正如我们已经看到的，搔痒激起的笑具有明显的精神前提，唯有开始享受对脸颊的玩笑式轻捏、有时还会表现出玩乐感萌芽的孩子，才会对搔痒作出笑的反应。轻微的触碰能使人立即想起那些讨厌的寄生虫，想起赶走寄生虫的手指。可以想象，这种触碰完全适合于把短暂的忧惧化为乌有，因为根据我们对被搔痒时的精神因素的分析，搔痒会使人产生短暂的忧惧。

至于罗宾森博士的假定，我虽然很愿意认为它十分出色，但正像罗宾森坦然承认的那样，各处的事实却并不能支持这个假定。有个事实是这个假定的一个非常严重的缺陷：在他指出的体表易痒区与最易受伤部位之间的对应中，并不包括足底和手掌心。在霍尔的调查报告里，最频繁提到的体表易痒区是足底，并且正像我们已经看到的那样，至少在一个婴儿身上，搔痒足底最先引起了大笑。①

罗宾森博士解释笑的理论还有另一个更严重的缺陷。有人会指出，摇动身体，使疲劳或早地产生，如此剧烈的运动完全可能损害长时间的攻防技能练习，而罗宾森博士认为这种练习非常重要。

我认为有一个假定显得很有道理，那就是搔痒是一种变化了的游戏，它来自好斗的动物之间的自然选择。像儿童的游戏一样，动物的游戏也大多是一种交际方式，涉及一个玩伴，并且正如我们知道的那样，它采取了攻防的形式，例如追逐、逃跑、假咬等等。我们已经看到，这些游戏式的进攻密切联系着戏弄（teasing）。事实上，我们可以把戏弄看做仅仅是对战斗初期阶段的游戏式模仿，是对挑战或挑起竞争的游戏式模仿。②搔痒显然是游戏式的战斗的更简单形式之一，其特点类似戏弄。不仅如此，这些交际游戏的形式全都似乎格外清楚地表明了我在本书前一章里所说的有用性（utility）。

我认为，这个见解会帮助我们理解一点：在搔痒与被搔痒这种战斗游戏里，自然会出现长时间的、大声的笑。如果是纯粹的游戏，从戏弄的进攻中便一定会发展出善意的游戏，而这一点的意义极为重大，所以我们应当如此理解这一点。这意味着：第一，攻击者表明其目的并不是真正的进攻，而是对进攻的游戏式模仿；第二，被攻击的一方表明欣然接受作为游戏的进攻。对碰巧产生了游戏情绪、希望挑起友好的战斗的动物来说，最重要的就是必须确定接受挑战的一方也抱有同样的游戏态度。我们可以从一个事实看清这一点：一只狗笨拙地想迫使另一只狗与它嬉

---

① 霍尔指出，根据他的调查，最易被搔痒的足底和颈部等处是"最易受伤"的部位，但他没有解释"易受伤"（vulnerable）这个字在此处的含义。由此来看，他一定没有按照罗宾森博士对这个字的理解使用这个字。（作者注）
② 谷鲁斯把动物之间的戏弄归为"战斗性的游戏"（Fighting Plays），参见《动物的游戏》，第136页之后。（作者注）

闹，而后者却会对它狂吠，或许还会露出犬齿。想想看，除了笑，还有什么更好的标志能表明善意，或者表明愿意将进攻看做纯粹的娱乐呢？毫无疑问，在一些情况下，微笑是相当不错的标志。尽管如此，我们还是必须记住一点：人的猿类祖先那种不完善的微笑常会被误解，正像我们的微笑也常会被误解那样。可想而知，在这些情况下，大笑不像微笑那么容易假装出来，况且大笑无论如何都不那么容易被忽视。

笑伴随着搔痒和儿童的其他一些十分类似搔痒的活动，而笑的价值就在于，笑是宣布友好的游戏态度的绝好方式。不过，我这个说法却并不意味着不存在其他的表达方式。罗宾森博士说过，被搔痒的婴儿会像小狗崽那样用后背打滚。大笑和打滚似乎是表示欣然接受游戏式进攻的两种天然地联系在一起的方式。对其他易被搔痒的幼年动物（例如小狗崽）来说，打滚本身就足以成为友好的信号。

把笑看做对游戏的挑战者的一种保证，就是告诉对方，自己将以同样的游戏态度接受对方的挑战。笑的这个用途似乎能用来解释另外一些交际游戏，例如假装的进攻、战斗以及我们通常所说的善意的戏弄行为。已经有人指出，戏弄完全可能是游戏进化过程的起点。[1] 采取这个观点，将（初级形式的）笑的性质看做一种交际游戏，我们便能以笑的有用性为起点，构成我们关于笑的演化的理论。按照这个思路，我不禁还要提到一个事实（普通的语言也承认这个事实）：后来的、更完善的笑，至少大多都类似于搔痒的效果。[2]

---

[1] 参见霍尔在《心理学评论》杂志（1899，第87页）上的文章。（作者注）
[2] 我们对可笑事物发笑，这个过程基本上类似于我们因被搔痒而笑。这个见解是一种笑的生理学理论的基础，那个理论十分奇特而富于启发性，其作者是一位德国人。参见埃沃德·赫克尔（Ewald Hecker）著《微笑与诙谐的生理与心理》（*Die Physiologic und Psychologic, des Lacliens und des Komischen*）。（作者注）

不过，正像我们看到的那样，我们得到的最好证据却使我们得出了一个结论：交际游戏中的笑是一种简单的形式，先于它出现、使它得以产生的是一种特化程度不那么高的笑，即快乐情绪的突然增加。我们可以推断，在人类的进化过程中，对搔痒的反应经过了其作为愉快兴奋的普遍标志的初期的、未分化的（undifferentiated）形式以后不久，就出现了搔痒激起的笑，并开始特化成了一种表情，表达我们的精神快乐和某种类似于欢闹的情绪。前文已说过，儿童只有在心情愉悦时，才会对搔痒作出笑的反应。这个事实似乎证实了一个假定：从更一般的喜悦情感中，会逐渐地产生对逗趣的热爱，而热爱逗趣是搔痒的基础，其最早的清晰表现可能是包含着作假成分的欢闹游戏。

第七章　笑在四岁以前的发展

个人的笑的早期发展——微笑与大笑运动的发展——情感发展的一般过程——欢笑与游戏之笑的关系——欢笑的发展——惊笑的出现——第一次释放紧张的笑——庆祝之笑的初级形式——伴随之笑的发展——顽皮之笑的早期形式——粗野之笑的最早表现——无赖之笑的萌芽——对可笑事物的初度察觉——愉快致意的声音——在可见世界中对趣事的初期反应——对作假的初次享受——对不雅事物的第一次笑——对矛盾与不协调的朦胧认知——对俏皮话的初次感觉——结论的小结

考察了儿童笑的冲动最早、最明显的遗传萌芽，我们就可以接着考察笑在人类生命最初几年里的扩展和特化了。在我看来，虽然新的儿童研究尚未产生出一份系统的记录，记载情感的这种有趣表现所经历的变化，我们仍然可以借助于一些日期，把它们当做追踪笑的一些主要发展方向的依据。

这涉及两个密切相关的问题：第一，大笑和微笑这些表情运动本身是如何变化和分化的？第二，先于笑而出现，激发了这些表情运动的复杂性的发展，将笑分化为前述各种欢乐或娱乐的形式，是怎样的一种精神过程？

研究笑的这些早期表现时，我们当然要寻找那些自发的反应，换句话说，那些反应不是来自模仿和别人的引领。不过，确

第七章 笑在四岁以前的发展

定什么是自发的反应，却并不总是那么轻而易举。前文里已经指出，笑是最具传染性的表情运动之一。因此，善于模仿的儿童便有可能格外清晰地表现出这种易受传染性。

但是，这些困难其实并不像初看上去那么巨大。如果一个儿童极易受到笑的传染，那么，他的笑便是他情感的最自然表现。"自然的"或自发的笑既迅速又直率，能被细心的观察者随时分辨出来。不仅如此，观察者还可能根据笑声判断出两种不同的笑：一种是完全自然的真笑，另一种是模仿的、人为的假笑。细心观察儿童的人，都很熟悉假笑的声音。儿童不但完全模仿别人的笑，而且是听见别人告诉他某个事物可笑后才笑，这会表现得格外清楚。希恩小姐的侄女鲁思两岁末时，听见别人使用"好笑"（funny）这个字，便作出了强笑。

能最有效地避免这个错误的办法，是把与引发欢笑的环境完全隔绝的独处儿童选为观察对象。这个实验并不一定像看上去那么残酷。希恩小姐告诉我们，在快乐的小鲁思接触的世界里，连一个"带笑容的人"都没有。这种环境对观察这个孩子的行为极有价值。像儿童生活里的一切事情那样，鲁思的笑也很可能完全是自发的（self-initiate）。

还可以补充一句：即使我们无法排除模仿和人为的因素，对细心的观察者来说，儿童自己更自由的欢笑形式的领地仍然相当广阔。熟悉儿童的人都知道，儿童常常会对某些事物开怀大笑，而我们这些成年人却对那些事物毫无感觉，或者因它们而产生与欢乐不同的感觉。

关于这些表情运动本身的发展，我手头能找到的资料很少。但这些资料却已足以表明，笑的分化过程始于儿童出生后的第一年。摩尔夫人告诉我们，她儿子在出生后第 33 个星期时，表现出了一种新形式的微笑，"它逐渐地取代（但并未完全取代）了（更早的）大张着嘴的微笑……鼻子向上皱了起来，眼睛几乎完全闭合……这种微笑似乎表达了一种极度的、更有意识的欢乐"①。普莱尔说，他儿子出生第一年的最后三个月，出现了"更有意识的笑的运动"，可以想见，这是一种具有不同特点的表情运动。我在另外的书里提到过的那个男孩C，在出生后第二年初，其蔑视的笑里（我将在后文中提到）出现了一种新的、与以前明显不同的声音。霍根夫人说，她观察到了55个星期大的婴儿"淘气的笑"；普莱尔则说，他儿子第一次"无赖式的笑"出现在两岁末。我们非常需要关于两岁或三岁的婴儿笑的变化的更精确记录。

笑的运动服从于运动的普遍规律，即重复和习惯。笑的运动往往通过其自身的练习而得到完善，其结果可能包括作为反应的各种机体紊乱的增强和扩展。四岁的孩子被搔痒时发出的笑，会比两岁的孩子在同样情况下的笑更有力。② 不仅如此，对这种功能的反复练习，其作用还似乎（正如我已提到的那样）包括运动中枢的启动（它将笑释放出来），还包括一种高度不稳定的状态，以致只要施以极轻微的刺激，或者（像搔痒时那样）仅仅威胁说要进行这种刺激，便足以激起反应。最后，机体的这种运作显然也固定了大脑中枢里的一种连接，即刺激作用与运动反应之间的连接。可以说，笑的冲动已与一种明确的"感觉—反应"活动联系了起来。儿童会对正在迫近的手指作出迅速反应，这是个清楚的例证，说明了这种联想性运作的结果。另外一些例子则见于某些特殊的景象或声音，对儿童来说，它们永远都带有滑稽可笑的特点。如果一个儿童觉得画册里的一个人物可笑，或者觉得保姆发出的一个古怪声音可笑，那么，每当见（听）到它们，

---

① 参见她的论文《一个儿童的心理发展》，第39页。（作者注）
② 这个事实，我引自希尔博士的著作。我相信，同样的见解也适用于解释一切游戏的笑。（作者注）

或者听别人提到它们的时候，他都会发笑，只要当时他的情绪有利于发笑。这一点值得注意，因为它说明了一点：新颖的、意外的事物（我们知道，这些东西大多都能激发笑）的作用，可能被一种反面力量的作用所取代，而"反面力量"就是习惯（Habit）。大概习惯本身就能使人作出欢笑的反应。

应当补充一句：习惯一旦产生，降低了初期心理阶段的重要性，表现出了反应的自动机制，便可以运用兰格（Lange）和詹姆斯的理论作出相当有效的解释。在这种情况下，亲切的欢闹感大多是这些运动本身（包括它造成的全部机体运动）的精神反应。现在，我们来研究一下笑中精神成分的发展。我们可以通过简单的介绍，提出一些应当是有用的原理。

首先，特定的表现激起的各种情绪反应（若反复产生）都有其发展过程，都会逐渐变得更充分、更复杂。对某人或某地的依恋感，或者对某件心爱的艺术作品的赞美之情，会随着亲密关系的建立而变得更充分、更深厚。朦胧地回想到以前的类似体验，会加深这种情感，而通过联想的逐渐复杂化，通过反应的逐渐增加，这种感情中也融入了新的成分。[1]

初看上去，我们大概会认为，事实将表明，欢乐的爆发后面的"突然的快乐"感是这个规律的一个例外。在突然（但无害）的刺激下，一种新鲜的要素、一种快乐的精神崩溃贯穿了我们笑的全过程，因此，似乎没有为深度和力度的增加留下任何余地，但其实并非如此。看见一只手正伸向他、要搔痒他，孩子的"娱乐感"似乎会随着这种经验的多次反复而增强力度。孩子与保姆一起欢笑嬉戏，或者更好，能与父亲一起欢笑嬉戏、观看小

---

[1] 在《人类的思维》（*The Human Mind*，1892）那本书里，我对情感的发展过程作了更充分的讨论，指出了情感发展的影响与无趣的重复动作之间的关系（见该书卷二，第75页之后）。（作者注）

猫的有趣动作，这种娱乐的热情会因为笑后面的精神因素越来越复杂而越来越饱满。①

其次，从本质上说，情感的发展就是情感的分化（differentiation），不仅会分化成一种更明确的整体经验，而且会分化成几种可以辨别出来的附属感情。换句话说，这个反应是由新的刺激、新的刺激方式（它们造就了精神的复杂性）造成的，它与更早的刺激造成的反应稍有不同。因此，随着我们精神的发展，赞赏之情（admirations）便具有了更丰富的观念结构和更复杂的感情色彩（feeling-tone），它取代了最初那些简单的情感。那些简单的情感或者渐渐消失，或者只作为初级的精神过程而存在。

能激起笑的对象范围的扩大，以及与之相伴的情感状态的分化，即分化成越来越多的情感层次，这是心理发展全过程的产物。这首先意味着儿童体验的日益分化，它既是儿童知觉与观念的逐渐分化，也意味着儿童对刺激作出反应过程的扩大。这样一来，当儿童知觉到了一类新对象（即艺术作品和善良行为），并对它们作出反应（即发现了这些对象值得赞美的一面），一种变化了的赞赏之情便与这类新对象联系在了一起。

在所有这些情感扩展当中，情感反应一直将其基本要素保留在同一个体验里。我们若是愿意，便可以说，通过一种被称为"感情类比"（the analogy of feeling）的力，表情已被"转变"（transfer）成了一种新的情势或新的体验。②

这个扩展过程依靠情势的和态度的类比，它可被看做笑的发展的一个组成部分。若把笑的基本形式看做一种表情，即意识感

---

① 当然，由于肉体刺激的更大扩散（我们已经说过，这种扩散是笑的扩张中的一个要素），这种体验中感官因素的扩展也可能增加笑的力度。（作者注）
② 只有当一种表情变为明显不相同的感情时，通常才会使用这种表情。但我认为，在被我们称为相同情感的发展的范围内，也存在着一种本质上相似的过程。（作者注）

第七章 笑在四岁以前的发展

情色彩的突然高涨达到了喜悦（gladness）的程度，再假定这种喜悦里至少包含着一种明显的解脱感，即摆脱了先前的紧张或压抑的沉闷状态，我们便可以欣然地弄清一点：这个反应怎样转变成了（所谓）类似的心理态度，它们将在以后得到发展。

举例来说，一个已大致懂得了事物常性的孩子，会开始嘲笑某些背离了这些常性的古怪事物。在这种情况下，转变明显地表现为情感的转化，而引发它的心理态度则与笑的更早阶段（例如见到新的、有趣的小玩意儿时的笑）的心理态度完全一样。同样，一个孩子对规矩的认识有所发展之后，会顽皮地假装违反规矩，以图挑战规矩，我们可将谐趣精神的这种新爆发看做从一种早期样式（即笑着假装从母亲或保姆身边逃走）的自然转变。

尽管如此，我们从中看到的，却依然不仅是纯粹的转变。这样的扩展总是会在一定程度上使愉悦体验复杂化并得到丰富。精神乐趣的这些后来形式，依赖于更复杂的精神（psychoses）的发展，既表现在智能方面，也表现在情感方面。初次见到不相配、不一致的事物时感到好笑，这意味着分析思考力的发展已经达到了一种程度，即朦胧地认识到了事物之间的关系。可笑事物的范围的扩展，大部分来自这种智力的提高，来自更细致、更准确地理解所见的事物，既看到事物的局部与整体，又看到事物与其他事物之间的关系。至于其他的条件以及情感生活的扩展，这里只说一句话便可：儿童出生后最初几年的某些形式的笑直接来自情感意识的总体深化，即"自我感觉"（self-feeling）的觉醒，例如在成功或胜利的笑中所见到的那样；或者（另一方面）来自亲切感与同情心的觉醒，例如最初那些不完善的好意幽默所表明的那样。

因此，我们看到，情感分化成为多种形式，这是情感发展的一个特征，它与另一个特征，即情感的复杂化，有着密不可分的联系。一些逐渐呈现出来的笑具有多种色彩，例如见到尊严瓦解时产生的略带恶意的洋洋自得，发现智力矛盾时产生的愉悦之

163

情,以及面对小灾小祸的善意消遣态度,而这些都意味着欢乐的基本情感正在被改变,其原因是新精神成分的增长或吸收。

为避免误解,还必须最后说一句。欢笑精神分化的基础是情感的复杂化,在情感复杂化的过程中,有些过程往往会抑制或削弱情感的反应。例如,一旦同情与笑的冲动结合起来,后者的欢乐往往会被减弱,变为界于微笑与最温和的大笑之间的东西。除了这种对性质不同的情感元素的抑制作用以外,我们还会看到一些新的意欲态度(conative attitudes)的作用。一个孩子很快便会发现,他的大量嬉戏欢笑违背了规矩,因此,驯服过分狂热的精神的工作便开始了。①

有了这些总体意见的帮助,我们现在可以考察笑的体验在儿童出生后三年中的发展了。

我们不妨假定,微笑和大笑只是逐渐地分化出来的,它们标志着性质不同的态度。以鲁思②为例,这两种表情在一段时间内一直可以互换,并经常在相同的欢乐的喜悦发作中交替出现。但根据记录,在她出生后的129天前后,微笑开始发挥其特定功能之一,即向别人致意的社会功能。

再说大笑。我们发现,大笑很早就出现了,它从一种快乐或开心情绪的突然增长的普通标志,渐渐变成了类似于欢乐游戏的东西。儿童早期对搔痒的反应,以及稍后对形式简单的可笑游戏(例如"藏猫儿")的反应,都表明了这一点。

有人会问:心中的快乐突然增长时,笑的冲动通过什么变化过程变成了笑的游戏呢?假定游戏冲动是遗传而来的(这似乎

---

① 黎波在其著作《情感心理学》中,出色地论述了运用抑制原理去改变情感状态,参见该书第260页之后。(作者注)
② 鲁思(Ruth):参见本书第六章《笑的起源》有关内容,为希恩小姐的侄女。——译注

第七章　笑在四岁以前的发展

是事实），我们能指出这两者之间起码的心理关联吗？

在我们对笑的起因的总体分析中，这个问题已经基本上得到了回答。愉悦意识的突然增长，一旦支配了头脑而变成了欢喜（例如婴儿看见有颜色的小玩意儿在晃动时突然感到快活），就一定会将紧张、严肃的态度暂时化解为松弛的、游戏般的态度。面对那些小玩意儿，孩子的意识此刻完全是欢喜，而游戏正是将严肃态度化解为巨大欢喜的另一种方式。不仅如此，笑的基本情绪还十分近似于游戏的情绪，因为在伪装（pretence）或以假当真中，笑的情绪得到了满足。令人愉悦的对象不包含任何严肃成分，变成了玩具，变成了对（儿童在严肃时刻观察到的）事物实用性的纯粹伪装。这些对象能愉悦感官，这其实可以描述为这些感官的游戏。因此，原初的快乐之笑特化（specialization）成为谐趣之笑，这似乎就是情感的全部发展中最简单的过程之一。

现在，我们可以简要地描述出这两种最初形式的笑发展中的一些阶段了。

关于快乐的、喜悦的笑，根据对鲁思情感表达的仔细记录判断，我们发现，婴儿出生第四个月期间和之后，这种笑会迅速地发展。① 我们读到：在第四个月当中，这孩子进入了一种活泼喜悦的状态，其表现为，她坐在桌边，见到大人的脸，或听到大人的声音（这些可以说是在和她"做游戏"），会表现出微笑，作出动作，发出"嘤嘤"的和"咯咯"的笑声。见到给她的食物时，她仿佛进入了一个新的快乐天地。这婴儿若能讲话，她便很可能会叫道："啊，我太开心啦！"把她的世界转变成快乐天地的另一个办法是，先让她熟悉的脸庞或声音消失片刻，再让她重新见到或听到它们。

在希恩小姐对鲁思出生后快到第五个月末的记录里，一次次

---

① 希恩小姐的观察记录见她笔记的第三、第四部分。（作者注）

165

地出现了"欢乐"和"快乐"的字眼，还说"任何人对她微笑或说话时，这孩子都会高兴地笑起来"，"她十分高兴，微笑着，踢动两脚，发出声音"等等。这种日益增长的喜悦似乎是婴儿快乐意识扩张的结果，属于一种纯粹的"生的欢乐"（Lebenslust①）。毫无疑问，它的一个隐晦来源是一种愉快的"存在感"（coenaesthesis），是机体生命的消化过程和其他过程愉快运作的结果。此外，它的出现也具有更高级的前提条件，那就是感觉能力的不断扩展和肌肉活动范围的不断扩大。我们知道，欢乐的大笑和叫喊，不但伴随着突然感觉到令人愉快的景象和声音，还伴随着身体力量以新的方式探索外界对象。

她占有其新天地的这种喜悦，在她面对友好的脸庞时自动地流露了出来。她出生133天时，祖父的脸在她眼前消失后又重新让她见到了，这激起了她的笑。到那一年中期前后，这孩子也像普莱尔的儿子一样，开始向与她一起的亲戚们表示喜悦的致意，向他们友好地点头，其中包含着巨大快乐的所有标志。

这些带笑的欢乐爆发之前，有时会见到某种明显不悦的感觉状态。以鲁思为例，我们知道，她在少许几种情况下爆发的欢乐，就起因于"强烈的总体不适感的迅速减轻"。同样，在出生后第222天，她睡醒之后感到胆怯，但当她母亲进了房间以后，这婴儿便因为感到释然而快乐地笑起来。我还有另外一些证据表明，在某种程度上，这种因喜悦外溢而发出的笑常常是摆脱拘束后的松弛。所以，一个有了新保姆的一岁半男孩，最初几天与保姆在一起时表现得十分严肃，而就在同一个时期，他与父母单独在一起时却"极度地欢闹"。

出生后大约7个月时，这个快乐的女孩被带到了户外，不久

---

① Lebenslust：此字来自奥地利作曲家舒伯特（Franz Schubert，1797—1828）的同名艺术歌曲。——译注

第七章 笑在四岁以前的发展

后又被允许在褥子上打滚,她对这个世界的喜悦更强烈了。四周新鲜空气的引逗,阳光与阴影的变换,能移动的、能发出声音的事物的生命力的强烈刺激,这一切都使她着迷,使她"快乐地笑了起来"。与这种情况相似的,还有关于一个九个月大的男孩的记录:在夏日的花园中,他躺在一个放衣物的篮子里,抬头看见树叶在阳光里舞动,发出了"衷心的、响亮的大笑"。身体力量在这半年间的发展,使我们这位小姑娘笑得更愉快了。

任何运动(无论是被动的还是主动的)的体验,都会使她发出响亮的欢笑。在出生后第五个月月底,她坐在任何人的脚上,都会表现出明显的欢闹狂喜。一个月之后,一些新的嬉戏体验(被大人带着蹦跳和被轻抛)便使她发出了愉快的笑声。她主动作出新的动作时,脸上也会出现类似欢笑的表情。我们读到:这婴儿出生后第九个月中期,她作出了各种动作,例如在地板或草坪上翻滚、坐起、躺倒、靠自己的手脚站起来等等,这些都使她"异常地欢乐"(singulary joy)。

这种不断扩大的运动体验带来的愉悦,部分地来自其出人意料的效果。爬行和攀登等动作最初的成功体验,很可能造就了新的肌肉整合,造就了其他一些喜出望外的感觉。婴儿尝试使用双臂和双手时,这种愉快的惊喜的种类就更多、更生动了。例如,一个两岁零三个月的小女孩碰巧从自己头顶上扔出了皮球时,就发出了一阵欢笑。小孩子后来首次完成了走、跑、跳的壮举时,也往往会发出愉快的笑,那些动作使孩子感到既惊奇又有趣。①

在这个欢乐或愉悦不断扩展的过程中,我们可以觉察到带笑

---

① 关于跑跳的初次经历颇具个人回忆色彩的描述,可参见彼埃尔·洛蒂的《一个婴儿的传奇》(*Roman d'un Enfant*)第二部,第4页之后(作者注)。又:彼埃尔·洛蒂(Pierre Loti, 1850—1923):法国作家,作品有小说《冰岛渔夫》(1879)和《菊子夫人》(1879)等。——译注

乐趣的一些更特殊形式的雏形。因此，在欢乐的爆发（它促成了攀登的成功尝试）中，我们就辨认出了一种反应模式的萌芽，在紧张突然得到放松的那一刻，这种反应往往会持续到最后。我们可以断定，九个月大的婴儿会感觉到紧张的影响，那些影响非常严重，使他疲惫不堪。我们可以由此推断，这种情况下出现的笑大多是由于暂时摆脱了这种紧张。

但是，这些体验无疑也提供了一些有利于产生"突然的快乐"[①]的条件，而成功的努力会使人产生"突然的快乐"。小鲁思（45个星期大）完成了攀登楼梯这样的非凡探索时"又喊又笑"（她的姑妈说她"欢天喜地"），这与成功的登山者畅快的短暂庆祝有几分相似。我们还知道，鲁思十个月大的时候，做成了某种运用心思的事情（例如正确地指出了别人要她指的一幅画）以后，常会发出同样的欢笑。

我们从中见到了带有欢乐情感色彩的笑，一些新元素使它复杂起来了。这些元素不但包括长时间努力后愉悦的松弛感，而且包括愉快意识的某种朦胧形式，即婴儿意识到了自身力量的不断增长和自我的不断扩大。在因掌握了新的动作（例如骑在某个人的脚上）而感到的喜悦里，我们分辨出了更明确的嬉戏情绪。现在我们可以去追踪此类嬉戏性欢乐的大量变化的发展了。

肌肉活动充满活力的储备的外溢，始于婴儿时期，具有明确无误的嬉戏表现。婴儿最初练习爬行时，会发出表示满意和高兴的各种声音，这的确被所有的人都看做一种游戏。机体组织一旦确立了自己的力量，便会呈现出对嬉戏性游戏的更明显爱好。作为包含着合作因素的游戏，这会使社交意识得到发展，其愉悦部分地来自相互同情的反馈。嬉戏性游戏带来的欢乐，其明显例子之一便是鲁思喧闹的快乐。她七个月大的时候，被拖着在地毯上

[①] "突然的快乐"：参见本书第三章《笑的起因》有关注释。——译注

转，这种体验当然使她大大地失去了平衡，使她笨拙地摔了跟头。那些跟头包含着快乐的要素，这一点由一个事实得到了证实：她十个月大的时候，常常扶着椅子站起来，然后故意摔倒，像是"要'砰'地一声坐在地上"，又"得意地笑着朝上望"，以结束这番表演。使她兴奋地摇晃的另一个游戏，出现在她出生12个月的中旬。在婴儿车里，她被推来推去，时而从姑妈那里推到母亲那里，时而反之，每一次都使她摇晃，于是她越来越快活。后来（在她出生12个月的月末），她与她的小狗做猛烈的游戏时，被小狗撞倒了，畅快地大笑起来。与一个九岁男孩伙伴做相当激烈的游戏时，她也会畅笑。

这种以快活对待嬉戏（它必定涉及某种程度的不舒适感）的态度很有趣，因为它表明笑如何突破了严肃事物的范围。至少是在这小姑娘三岁以前，她似乎一直令人好奇地不在意痛苦。不过，她也并不缺少儿童常见的那种胆怯。所以，这些相当激烈的游戏仿佛化解了初生的恐惧心理，于是，笑就表明了以快乐轻视恐惧。这孩子经历某种相当危险的体验（例如爬楼梯）时，对发展尚不完全的恐惧心理作出的这种快乐反应，的确很可能融入了她大部分的笑。我们读到：像其他精力旺盛的孩子一样，鲁思也非常热衷新的体验，哪怕知道新体验包含着某些痛苦。尝试新体验的激情似乎在催促她行动，尽管她也有初生的恐惧，而她最终还是很有可能发出叫喊和大笑，伴随着努力取得了成功时的欢乐，伴随着战胜懦弱的自我之后的得胜感。把隐含着危险的情势变成"嬉戏般的"的游戏，这种能力（这些勇敢的体验可以证明它）有力地证明了一种坚实的基础，而这个孩子以欢乐对待事物的主导情绪就建立在这个基础上面。

有的时候，鲁思的游戏形式明显地涉及战胜恐惧。因此，我们读到：她出生第429天时，有人要她找出暗处的"姑妈"，她起初站在那里，一动不动，也不做声。接着，某个人的双手摸了

169

她的头，她便大笑起来，开始到暗处去探索。后来，她的胆子更大一些了，这种战胜恐惧后的、带笑的成功感也有所发展，因此她在出生后第 29 个月时，已经能由姑妈牵着手，进入一个黑暗的房间去寻找姑父，享受"虚幻的惊恐带来的愉快"了。姑父从黑暗的藏身处跳出来之后，这小姑娘害怕地叫了起来，"大声笑着，尖声叫着，一下子就逃走了"。如果姑父恐吓她时做得稍稍过了头，她便会制止他，说："别再那么干啦。"

在这些情况下，我们看到的显然是轮流出现的复杂心理。大笑、尖叫和逃跑时迸发出的强烈快乐，一定具有混合的情感色彩。大笑标志着欢乐的精神，但其中也包含了另一种成分：在感到胜利的那一刻，初生的恐惧也留下了它的踪迹。

在这些能激起笑的游戏里，我们清楚地看到了"以假当真"的因素。这小姑娘在意识深处相信一点：即将到来的冲撞和藏在黑暗里的人都不会伤害她。这个信念使她情绪镇定，也把这种历险变成了乐趣。同时，这个"装假"的游戏似乎也包含着（至少是半成型的）期待，而孩子一旦彻底理解到这种半期待完全落了空，便很可能最终体验到美妙的惊奇。在"游戏—作假"的一些形式里，这种"期待最终化作乌有"的元素会变得更为显著，因而成了欢闹喜悦的明确来源。例如，鲁思 11 个月大时，坐在地板上，伸出双臂，要妈妈抱她，但她妈妈没有这样做，而是俯身亲吻了这个孩子，这小姑娘便发出了一连串响亮的笑声。

笑的嬉戏表现出来的肌肉活动的增加，以另一种方式扩大了欢乐享受的范围。精力充沛的孩子（即便是小姑娘）会越来越具有进攻性，越来越多地尝试各种形式的嬉戏攻击。我们已经看到，搔痒别人完全是众多戏弄中的一种，其中被戏弄者也像戏弄者一样，被看做是为了寻求自己的快乐。若将孩子看做戏弄者，我们会看到，孩子很早就会开始运用自己的力量去挑战别人的忍耐力。揪大人的毛发是孩子恶作剧的最早形式之一。鲁思在出生

第七章 笑在四岁以前的发展

后五个月的第一个星期,就开始了这样的消遣。到出生后第六个月月底,这个折磨人的小家伙意识到了自己的力量,"执意要揪任何抱她的大人鼻部和耳部的毫毛,尤其是头发,大笑着,兴高采烈地叫喊着"。一个同样年龄的男孩以揪姐姐的头发为乐,而只要姐姐被弄哭了,他便大笑起来。随着智力的增长,这些恶作剧也越来越巧妙。还有个小姑娘(我会在另一处提到她,其名字以 M 开头),在 17 个月大的时候,要揪她父亲漂亮的"小胡子"。父亲弯腰给她胡子时,她拼命地揪着它们,笑得几乎透不过气来。

除了这些对人类伙伴的戏弄,我们还能看到对动物的戏弄。鲁思 16 个月大的时候,就会大声笑着追赶小猫了。另一个年龄与鲁思相仿的男孩走得更远。他拿了扑粉,故意走到一只名叫"摩西"的猫(它正毫无戒心地坐在壁炉前面)面前,朝猫身上扑粉,每扑一次,他都会发出短短的"吃吃"的笑声。

毫无疑问,这种笑里一定包含着残忍的喜悦,而那是因为见到了对象在受苦。[①] 鲁思的那些恶作剧行为甚至都没有掩饰残忍。鲁思 22 个月大的时候,大人抱起她说"晚安"时,她常会拽下祖父的眼镜,甚至掀掉祖父的帽子,这些行为始终伴着她的大笑,其中仅仅包含着顽皮的嬉戏。那个小姑娘 M 也大致如此。她两岁时,常常会以解开女仆围裙的带子取乐,或者以作出另外一些可笑的淘气行为取乐。

在这些情况里,笑的情绪可以理解为幼儿刚刚领悟到的自身力量的骚动,理解为一种日益增强的喜悦,它来源于一种日益清晰的意识,即意识到自己能制造出惊人的效果。鲁思 11 个月大

[①] 我最近见到了一个这种婴儿恶作剧的实例,其中就包含着把痛苦加给别人的愿望。那个小姑娘 M 两岁时,踩在她妈妈的脚上说:"啊,我可怜的脚指头啊!"但是或许有理由说,在这种嬉戏的时刻,痛苦是描述不出来的。(作者注)

的时候，曾使劲地吹了一声口哨，然后笑着望着她的姑妈和其他在场者。在这种情况下，鲁思的笑肯定是因为她发现了自己的一种新能力而感到欢悦。这种力量感意味着"自我感觉"的一种明确形式。在最初尝试自身力量的那些时刻，由于是在"强烈痛苦的瞬间"里成长，孩子会敏锐地意识到其自我。因此，这种笑就有力地表明了霍布斯强调过的那种"突然的欢乐"。

我已假定过一点，在这种带笑的淘气行为里，我们必定会发现一种（游戏般的）戏弄形式。年幼的攻击者享受进攻的乐趣，也希望这么做能给你带来快乐。别人对这些进攻的放任（甚至即使他们并未表现出打算消遣的同等准备），则打消了认为孩子"不听话"和"不守规矩"的一切想法。

尽管如此，这种事情还是不会仅仅停留在彻底天真无邪的程度上。在纵情于嬉闹游戏的鼓舞下，孩子汇聚了越来越多的精力，因而完全可能发展到作出明显带有粗暴性质的行为。例如，鲁思在大约21个月大的时候，有一次吃饭快要结束时，挑战式地爬到了餐桌上，抓了一把盐，然后大笑着到处爬。大约也在这个时期，这种粗暴行为的新精神也自动表现了出来：鲁思把盘子扔到了房间的另一头，此外还作出了其他粗暴行为。我想，小男孩更沉迷粗暴的乐趣，他们把这种乐趣看做制造混乱。其中一个小男孩（其年龄为两岁零八个半月）非常喜欢玩一些"花招"，例如揪掉妈妈的发卡、踩进路上的小水坑以溅起水来之类，使妈妈感到非常难堪，以此获得明显的快乐。

在这些带笑的粗暴行为当中，我们看到的不仅是被压抑能量的释放，不仅是"欢乐精神"的纯粹外泄，一种新的因素、一种反叛者的挑战情绪，使这些粗暴行为更加复杂了。一个两岁的孩子曾有过几次真正的违抗行为，可以说，他已经形成了关于秩序和规矩的简单观念。因此，我们有理由作出推断，这种骚乱的乐趣中，存在着某种挑战规矩的意识。这种新的精神因素的存

第七章 笑在四岁以前的发展

在，见于笑的本身的改变。以鲁思为例，我们读道：她的笑是"粗鲁的"，不同于自然的欢笑。这种新的精神因素进一步地表现在取乐的方式上，正如希恩小姐所说，鲁思"反复地尝试，想知道她能在作出无赖般的淘气行为上走多远而不受责备"。

我认为，我们在这种行为里发现了一个明显的例证，它表明在抛弃传统限制的心态中，笑正在变成其中的一种成分。在暴政统治摇摇欲坠的时代，这种成分会演变成暴徒砸碎窗户时的笑，演变成人们过节时参与骚乱的享乐时的笑。

对秩序的有意识反抗，无疑具有众多不同的程度。在被我们视为混乱的儿童欢闹里，这种欢笑情绪的成分可能并不太多，可能是下意识的，不过它有时也会变得十分显著。例如，鲁思11个月大的时候，在不听话时显出了一种表示反抗的特殊表情：她皱起鼻子，大声笑着，一脸滑稽之相。一个刚满三岁的男孩C听到禁止他去做事情的吩咐（例如不许猛击他的狗）时，常会发出短促的、嘲讽的笑声。他常常一言不发，以半轻蔑的样子发笑。有的时候，他满怀着反抗情绪，竟然会去撞一位家庭成员，然后笑起来。他的笑有时分明包含着嘲笑的情绪。

在这种好战的挑战式的笑里，我们听到了非常近似于胜利者发出的那种"咯咯"的笑声。尽管如此，如此年幼的孩子，其心理态度是否真的能达到嘲讽式轻蔑的程度，这一点却依然值得怀疑。普莱尔告诉我们，他从未见过四岁以下的孩子发出嘲讽的笑。[①]

一旦明确意识到了这些"胡闹"（high jinks）里的任性成分，一旦这种意识成了精神负担，笑就会变得不那么喧闹，就会表现出更多的嬉戏伪装的特点。孩子学会了满足于作出假装的反

---

① 参见普莱尔《儿童心理》，第196页。我听说一个三岁半的小女孩发出过这种笑。我们当然应该根据更精确的观察去判断这个观点。（作者注）

叛，满足于作出假装的任性行为。鲁思 236 天大的时候，笑着假装不听话（把花瓣儿咬了下来）；在 455 天大的时候，她笑着把几个扣子塞进了嘴里。在大致相仿的年龄上，那个男孩 C 已有办法把不听话变成一种游戏。他 17 个月大的时候，妈妈要他放下他拿在手里的一幅画，他朝妈妈走过去，先假装把那幅不属于他的画递给母亲，然后把两手放在了背后，快活地笑起来。

这种带笑的假装不听话一旦有了"无赖式的"（roguish）表现，这就表明出现了一种更复杂的心理态度。我们从中看到的，不仅是一种略微不自在的元素，而且还有自我意识的元素，而这两者的共同作用，使全部的心理态度及其表现都更复杂了。

我们知道，在旁人审视下的胆怯的自我意识（或者叫羞怯），这种成分会出现在一些形式较简单的恐惧之后。以鲁思为例，她 123 天大的时候，似乎就表现出了一种明显的"无赖"态度。吃饭时，祖父对她说话，她却尽可能远地把头扭到了一边。她 141 天大的时候，保姆抱着她，她先是冲着祖父等人微笑，然后把脸藏了起来。这种无赖式的自我意识的表现，在她 11 个月大时显得更像神经质的爆发。当时，这个小姑娘被立在墙角里，自己站着笑，很多人都在看她。同样，她 13 个月大的时候，四处跌跌撞撞地走着，显示自己，也是如此。我们读到：这种笑（其中包含着类似自我意识萌芽的成分）与得意的自我意识的表现，这两者之间的区别很明显。

笨拙的羞怯，这个要素常见于幼儿嬉戏般的"耍花招"（trying it on）。以方才提到的男孩 C 为例，他面对家长假装不听话时，这个要素见于他狡猾的、仰视的目光，见于他短促的、半神经质的笑。孩子做稍带冒险性质的游戏时，时常会发出更充分的无赖式的笑，例如，有人要求一个一岁半的男孩指出一个他自己认识的人时，这孩子指向了他自己。在这些情况下，笑似乎是一种旨在摆脱危险因素的努力。如果胆怯更有力地压倒了嬉笑的冲动，笑的表情就只能达到试探性微笑的程度了，而孩子的无赖性也很容易呈现出非常近似于我们成年人的幽默的表情。①

完整地描述婴幼年时期（作为游戏情绪的一种成分）的笑的发展，将具有重要的价值。尤其是这种描述能帮助我们理解笑的反应如何必定伴随着"作假"感，伴随着抛弃沉重的现实约束的态度。儿童出声的笑（它放纵了儿童的想象）证明了这种负担的沉重，证明了来自暂时摆脱了这种负担的强烈快乐。

搜寻游戏的笑和反抗的笑的最初踪迹时，我们在分析其他人的影响方面并未遇到太多麻烦。毫无疑问，其他人甚至也能影响这两类笑。我们能大致肯定一点：对孩子无赖式的"耍花招"，保姆和父母们往往抱之以笑，而这种笑会影响儿童本身的欢乐情绪。同样，在游戏（其他人往往参与其中）里，也能见到年长者的笑的影响。不过，从大体上说，这些笑都是自发的，至多是因为对他人的同情友善而得到了增强。

但是，我们考察幼儿对"可笑的"（funny）对象发笑的实例时，情况就不一样了。在这种情况下，其他人的引导会使笑的现象大大地复杂化。将某个对象看做"可笑"，这意味着对性质的发现，既发现别人的性质，也发现自己的性质，因此，它预示着社交意识的某种发展。所以，考察对性质的知觉的最初一些清晰实例时，我们便应当谨慎小心。在语言出现、为自我阐释提供了工具之前，我们没有充分的理由断言，因为儿童对某个对象发笑，所以儿童就看出了该对象的某种"可笑"之处。我们已经看到，这样的笑可能完全起因于一点：假定对象具有使儿童愉快、欢喜的感情作用。另一方面，若加上了语言这个要素，我们

---

① 在两岁的儿童身上，普莱尔首次观察到了无赖式的表情（参见《儿童心理》，第196页）。他并未将那种表情定义为"无赖式的笑"（schelmisches Lachen）。（作者注）

就不得不应付一个（已经提到过的）困难：儿童的笑常常受到某些对象的支配，其他人嘲笑那些对象，将它们称为"可笑的"事物。尽管如此，在这种情况下，儿童发现其乐趣之源的自发性及其方式，还是能让我们克服这些困难。

我们对这些知觉条件的研究暗示了一点：见到古怪事物而产生真正的愉悦，我们不能指望在很幼小的儿童身上见到这种情况。这是因为：首先，新的对象（尤其是陌生的对象）尽管适合引起欢笑，但也容易激起相反的、抑制的态度。一岁以上的婴儿见到新对象接近他时，往往会感到不安，表现出明显的惊慌，因此，他不会受到新对象令他愉快的方面的影响。或者，即便他感觉到了那个方面，他的笑也会伴随着恐惧的征象。鲁思254天大的时候，见到父亲拿到她面前的一只小猫，"作出了从大笑和欢乐到恐惧的一切表情"。其次（这一点更加重要），将一个新对象看做可笑，这预示着经验在将初步感觉化为"惯例"的过程中的作用。同样，这也涉及社交意识的发展，涉及关于事物正常秩序的观念的发展。

这一切都需要一定的时间。直到儿童开始模仿别人的笑和游戏姿势（那个男孩C这么做是在他九个月大的时候）一段时间之后，我们大概几乎没有理由说婴儿能真正地理解可笑的事物。我们也根本不能期望婴儿能如此，一直到孩子能大致懂得别人的语言，因而知道了别人如何一致地命名和描述某些可笑的对象。领会别人的语言，这种理解力是婴儿出生半年后才开始形成的。所以我不愿说，年龄小于九个月的婴儿已能清楚地认出可笑的对象。例如，一个五个月大的男孩，每次见到一位外表非常快活的医生（此人活像圣诞老人）来看他时都不停地笑，但说这孩子显示了"幽默感"，[1] 我会认为这有点儿轻率。

---

[1] 参见霍根夫人著《对一个孩子的研究》（*Study of a Child*），第18页。（作者注）

🍂 第七章　笑在四岁以前的发展

　　能激起普遍的笑的对象，一旦关于这些对象的观念清晰起来，儿童当然就能逐步地形成对他认为可笑的对象的理解。当然，儿童似乎很快就会开始这个过程。眼前的崭新世界，加上习俗的沉闷（见到年长亲属时，他会感到如此）影响的消失，把他变成了卓越的先锋，去探索笑的国王的版图，他对那里大多还一无所知。

　　能唤起婴儿的笑的众多感觉对象包括各种各样、新鲜奇特的声音，我们完全可以把它们挑选出来，以研究婴儿面对"可笑"对象时、从单纯的欢喜惊呼到欢闹的大笑之间的过渡。健康的婴儿出生后第一年的下半年之初，会开始克服对听到的声音的惊慌，把听见新鲜奇特的声音变为乐趣。出生第222天前后，那个勇敢的小鲁思就能笑了，不但听到奇怪的声音时会笑起来（那声音是姑妈用一只锡杯轻敲自己的牙齿发出来的），而且在听到钢琴声时也笑。普莱尔的儿子快到一岁的时候，听到各种新的、稀罕的声音时会笑起来，其中包括钢琴声，人的喉咙发出的"咕咕"声或清理喉咙声，甚至包括打雷声。

　　别人发出的古怪声音，似乎尤其能激起这个年龄的婴儿的笑。早在出生后第149天，鲁思听见姑妈发出的一些新声音（例如"呸！呸！"①）时已经会笑了。喉咙发出的奇特声音似乎尤其能激起她的笑。后来，她渐渐熟悉了单词及其较普通的形式，便常常对新的奇特声音（尤其是姓名）发笑。那个小姑娘M一岁零九个月时，会对母亲发出的惊叹声（她母亲发现雨水正从一个房间的天花板滴下来时，惊呼"老天啊！"）作出强烈的呼应。这孩子有时还会纯粹出于逗趣而重复这句惊叹，"笑得浑身颤抖"。她两岁零七个月的时候，听见"派瑞温克尔"

---

① 根据语境，这里的"呸"（pah）并不表示轻蔑，而是逗弄婴儿时发出的声音。——译注

(Periwinkle）这个名字时大笑了起来。

在这些以及类似的对声音发出欢笑的例子中，我们似乎看到了一点：就在婴儿出生后九个月之内，婴儿已经产生了对古怪或好笑的对象的初步感觉。这种对有趣的声音对象的感觉的早期发展，因其对婴儿意识的进攻力而增强了，也因为一种具体情况而增强了：婴儿听到了那些声音的一些特性，而在日后的发展中，那些特性可能会消失，那些声音特性之所以引起了婴儿的注意，不是由于它们本身，而完全是由于它们标志着使我们感兴趣的事物。

对这个转变中包含的精神过程，我们可以作出如下的描述。由于声音具有突然性和意外性，它们往往能使意识失去防卫，造成紧张的震撼，因此，在一切能激起感觉的对象中，声音最令人愉悦。意识突然活跃起来，达到了欢乐的大骚动，这是个基本的事实。当感觉与机体得到了发展，变得更坚强，即使震惊的冲击也不会影响这种欢乐的骚动。相反，震惊感能给这种骚动增添某种东西，其形式就是摆脱了刚刚产生的不安心态后的愉快振奋。[①] 婴儿第一次听见钢琴声时发出的笑，其部分含义就是胜利的呼喊，而钢琴声常使很多婴儿或其他小动物感到害怕。正是在这种情况下，欣喜中也存在着"突然的欢乐"的要素，这是因为，扩展了的新自我朦胧地意识到它比片刻之前更优越了，因为片刻之前的它还感到非常惊慌，还在畏缩。

在这种情况下，我们见到的显然是婴儿对可笑对象的致意，由于婴儿的心理和生理状况不同，这些致意的形式也多种多样。同一个孩子，今天对一种新声音发笑，明天他的情绪变了，则会因为听到了几乎相同的声音而心烦。

但是，这种笑包含的还不只这些。新声音对耳朵突然的、稍

[①] 参见本书第五章《滑稽理论》引述的莱因·哈特的理论。（作者注）

稍令人心烦的攻击，往往会被婴儿的意识当做类似游戏的东西。我们只要想想希恩小姐提到的那些儿歌就行了。那些儿歌结尾的强烈震撼造成了娱乐效果，这很像骑马的游戏以突然摔个大跟头终止。在那些儿歌里，娱乐的效果来自震惊，尽管婴儿事先对那震惊（其核心精神就是无关紧要的游戏）已经有所预期，因为它出现在一系列很有秩序的声音之后。新的声音以及喉咙发出的响声等等，难道不会像一种混乱的游戏那样影响婴儿吗？对儿童的耳朵（它们能分辨出声音的固有特征），这些声音往往被当做游戏情绪的表现。这一点不但能说明"呸！呸！"（它们显然被看做了游戏）之类的声音何以会使婴儿发笑，而且能说明保姆或母亲逗弄婴儿时发出的其他许多声音何以会使婴儿发笑。使普莱尔的儿子发笑的那种喉咙音，也许就很像笑声。

在对此类奇特、罕见声音的感觉的发展中，将某些声音看做游戏的倾向似乎提供了一种精神联系。我们已经知道，规则的束缚变得过于令人厌恶时，游戏冲动会耍出一些"花招"。据我猜想，对奇特、罕见的对象的愉快欣赏来自一种心理倾向，即热衷于游戏般的混乱无序或打破规矩。强加的、关于得体的规则（rules of propriety）往往使儿童感到压抑。根据这些规则，种类多得可怕的噪音被打上了"不合规矩"（naughty）的烙印，而禁止的规则也往往会把游戏冲动完全归入被禁止的声音之列。不仅如此，儿童还有办法将其体验和好恶投射（project）到被我们称作"无生命的"对象上。因此，儿童便将这些强烈的、十分不合时宜的噪音看做了嬉戏地抛弃秩序和规矩。还有比这更自然的事情吗？

在有形世界的领域里，对象的突然出现也许几乎不会造成冲击或震撼。不过，有形世界里还是存在着能使儿童感到意外的广大范围。能激起婴儿之笑的第一批视觉刺激物，"藏猫儿"游戏中突然露出脸来，一段时间之后意外地再次见到熟悉的面孔，母亲"做鬼脸"（makes a face）时，被婴儿看惯了的面容瞬间变了样，这些都能表明一点：令人惊异的新对象会直接启动儿童的笑肌。

同样，我们从中也看到了从游戏的欢笑中如何演变出了新的、罕见的对象引起的欢笑。当母亲扭歪的脸不再使婴儿感到惊慌，而被当做了有趣，婴儿便笑了。[①] 一份观察报告说，婴儿快到三岁的时候，这种做鬼脸的方式已经成了常见的消遣。[②] 鲁思221天大（即出生后第八个月）的时候，见到自己在镜子里的脸时笑了起来；普莱尔的儿子在出生后第九个月的月底，也是如此。这些婴儿对镜子里自己的脸致意，这难道不像在与一个新发现的玩伴对话吗？一个一岁半的小男孩看见跳动的乒乓球时笑了起来，看见机械卷帘窗的卷帘快速卷起和落下时笑了起来，他的笑也许表示他认出了某种类似玩具的东西。

动作和姿势造成的效果，更清楚地说明了一点：在感知视觉对象的可笑之处的过程中，游戏倾向也起着作用。欢乐的眼睛能迅速地表达嬉闹游戏的情绪，（我已提到过的）一个孩子见到马或其他动物欢跳时的笑，就说明了这一点。鲁思441天大的时候，一只狗的滑稽动作使她非常开心。沉迷礼节的成年人的那些急促的滑稽动作，尤其会使她快活。小姑娘M在18个月大的时候，见到她父亲跑着去赶火车、手帕露在衣袋外面时，发出了响亮的笑声。孩子的游戏气质的这种突然流露，也可能起因于见到的姿势和表情。"得体"（propriety）的严苛规则往往很快就会把某些身体姿势（尤其是躺倒）判为越轨。男孩C在20个月大的时候，看见姐姐躺在屋外的地上，便开心地笑了起来。做鬼脸、撇嘴唇等动作之所以可笑，正是因为它们都会使人感到"不得

---

① 鲁思见到她母亲的脸而笑起来，当然是在她很幼小的时候。（作者注）
② 参见霍根夫人《对一个孩子的研究》，第71页。（作者注）

第七章 笑在四岁以前的发展

体",感到它们只是在混乱的瞬间(无论是不是嬉闹的时候)才做的事情。动物的形体(例如长颈鹿的长脖子)由于能使人联想到一些不得体的滑稽动作(例如想让自己的身体伸得像爱丽丝[①]那么长),在儿童的意识中,那些形体难道不可笑吗?

愉快地认出别人行为中的不合规则之处,我们从中看到了对可笑之事的初步欣赏,不但将可笑之事看做破坏规则,而且看做尊严的丧失。在一些情况下,这一点表现得十分明显。例如,那个小男孩看见她姐姐沮丧的样子时的笑,而观察也表明,他26个月大的时候,看见一位日本绅士伸直身子,躺在郊外的一片草地上时,便笑了起来。他每天都去那里玩耍,并且似乎非常愿意遵守自己的这个行为守则。其中也包含着几分这种对被贬低的尊严的欣赏,例如同一个男孩在28个月大的时候,见到父亲戴着旧帽子的可笑模样时的大笑。这样的笑更复杂了,因为其中包含了一种新的成分,即意识到了自己的优越。这种笑大概会发出"咯咯"的声音,只是我们迟钝的耳朵可能不会清楚地分辨出这个变化。不仅如此,儿童(通常是在两岁的时候)看见别人(尤其是地位更优越者)的头发或衣服出现混乱时的笑,还意味着儿童觉察到了类似于被贬低了等级的事物。

在有形世界的新对象造成的这种影响里,我们无疑能分辨出欢笑的各种不同色彩。更高级的知觉形式一旦开始发展,初级的欢笑便持续下来,并与大笑及一些更加特化的笑结合在一起。鲁思13个月大的时候,大人给她戴上了一副新的棒球手套,她用笑声表达了快乐。那笑声十有八九是欢乐的爆发,但其中也混合

---

① 爱丽丝(Alice):英国数学家、作家查尔斯·道奇森(Charles Lutwidge Dodgson, 1832—1898。笔名路易斯·卡洛尔,Lewis Carroll)的童话小说《爱丽丝漫游奇境》(*Alice's Adventures in Wonderland*, 1865)中的小女孩。在该书第二章里,掉进了兔子洞的爱丽丝吃了一块蛋糕后身体伸长,她的头顶到了天花板。——译注

着一种模糊的感觉：那副手套的模样太古怪了。另一方面，小姑娘 M 在 21 个月大的时候，看见一个洋娃娃的两只胳膊都掉了，便笑了起来。她的笑，大概表明她感到了形体被毁坏了的对象的怪异可笑，此外还包含着一种相当敏锐的下意识，即察觉到了那个洋娃娃原先的体面模样遭到了挑战。

婴儿见到有趣的对象而发笑，可以说，这种笑的发展的其他一些表现来自作假或"以假当真"之类游戏的乐趣。霍根夫人的儿子在两岁零两个月大时，见到保姆假装用力穿他的小鞋子，常常会笑起来，因为那双鞋不但穿不到保姆的脚上，而且会随便飞到任何地方。激起这种笑的是有趣的事物，其中可能包含着一种成分：孩子已把保姆的这个行为看成了游戏。但我还是认为，这种笑也包含着对荒唐的几分欣赏，而那荒唐就是保姆那种滑稽可笑的努力失败了。有件事可以证实这一点：一个男孩（其年龄大致相同）见到保姆的一个并非游戏的举动时也大笑起来。她跳起来，想把一件外衣挂到墙上的钉子上，而那个钉子的位置太高，她够不着。当然，那男孩也可能把这个举动看做一种游戏的延续。不过，我们还是有理由假设，那男孩的笑，其来源之一是行动失败的可笑之处，是保姆的努力没有奏效、最终化为乌有。

我承认，我一直对一种情况感到惊异：在遵守得体行为的规矩方面，有些儿童表现得十分早熟。我们读到：小姑娘 M 在只有 14 个月大的时候，她的保姆举起一个小男孩，要小姑娘亲亲他，这小姑娘笑了起来，"那似乎是非常有意识的笑，这太荒唐了"。我们读到：那小姑娘没有去亲那个小男孩。小姑娘的笑，究竟是仅仅表达了她紧张羞怯的情绪，还是意味着她朦胧地觉得那个提议者"讨人嫌"（bad form）呢？解释这样的表情反应时，我们必须十分谨慎。一个 18 个月大的小男孩的裤子掉了下来，他笑了，但他的笑也许仅仅是因为感到有趣（裤子反常地掉了下来），而旁人因此发出的笑也许促进了这种笑。这个年龄的孩子，当然不具备真正意义上的羞耻感。尽管如此，大人的指教还是有可能使孩子产生一种震惊感，即因为不适时地抛弃了衣装的得体守则而觉得丢脸。

在三岁以内的孩子的笑里，我们会相当清楚地发现一种初步知觉的发展，那就是觉察到服装和行为上可笑的不协调。幼儿的眼睛能敏锐地觉察到服装的得体与否。给13个月大的鲁思戴上一副新的棒球手套时，她笑了起来。也是在这个年龄前后，鲁思见到姑妈戴上了她的粉红色小帽时也笑了。在这种情况下，儿童已能意识到行为中包含的游戏意义。的确，我们似乎完全可以断定，这种认识可笑对象的较高级形式，来自从游戏的角度去解释对象。儿童做游戏时，不但会抛掉"得体"的规则，做些不恰当的事情，而且会抛掉"得体"的观念，畅快地大笑，使自己的言语和行动出奇的前后不一、自相矛盾。像违背规矩的和无拘无束的表现一样，这种游戏态度往往会造成不恰当的行为。因此，儿童随时都会把这种不恰当行为解释为游戏。

儿童听到关于动物或人的行为的可笑故事而笑，道理也是如此。孩子有时也会严肃地看待童话和其他幻想故事，但是，如果孩子意在取乐，便会非常欣赏儿童故事书里主人公们的那些格外不恰当的行为。小姑娘 M 在两岁零七个月时，听到了一段关于小猫的故事，欢笑起来，其中有这样一些话："跑堂的，这份儿猫饭太难吃啦！"大人还问正在笑的小姑娘："你见过这么可笑的小猫吗？"

除了这种对不协调对象的初步的愉快欣赏，我们还能见到一种与之密切相关的感觉的初步表现，那就是对"荒谬"感到可笑。据说，儿童根本不会判断或然性和可能性，因而会真心地相信最不着边际的幻想。但是，在儿童三岁之前，经验还是开始了对儿童的指导，因此，这个年龄的孩子便有可能产生一些零星的感觉，知道什么说法根本不能信以为真。（前面已经提到过的）那个大约一岁半的男孩，有一次正严肃地观察波浪，姑妈问他波浪在说什么，他笑了起来。男孩 C 在 22 个月大的时候，听到"飞上天"这个说法时发出了大笑。当时，有个人建议这孩子像小鸟那样去飞，说："就像马在天上飞那样。"这个关于"飞马"的意念其实来自古希腊神话，它使这男孩儿笑得格外开心。

最后，我想大致地谈谈欣赏俏皮话和较轻松机智的能力的早期发展。这种欣赏力来源于游戏的心理，来源于对装假的热爱，这一点马上就可以得到证实。口头妙语，"耍花招"，不正确地使用单词等做法，都是童年时代欢闹精神的常见出口。霍根夫人的儿子在一岁零八个月时产生了一种爱好：用错误的名称去称谓对象，例如把"刀"唤作"叉"。鲁思快到三岁时也是如此。我们这个时代即将结束的时候，很多儿童都似乎喜欢以使用双关语为乐。例如，一个男孩听见妈妈说她刚刚拜访过福克斯太太（Mrs. Fawkes），便问道："你也拜访刀子太太（Mrs. Knives）了吗？"[1] 这种满足诙谐爱好的幼稚方式，也见于对错误陈述的使用，不是严肃地使用，而是像这个孩子那样，即"开玩笑"（in fun）。鲁思快四岁的时候非常喜欢使用这种快活的小谎言。儿童听到道德方面的训诫时，常会"尝试"此类的口头游戏。[2]

这种对权威"耍花招"的无赖式冲动，造就了类似巧妙应答中的机智运作的表现。儿童服从于成年人，从这样的关系中，儿童学会了智力攻防的快乐交流，这相当自然。不服从成年人的权威，这种嬉戏般的实验往往伴随着相当多的口头应答，而其可笑之处至少会使其说者大为开心。这种嬉戏般的辩论，也可能表

---

[1] 姓氏"福克斯"（Fawkes）与名词"叉子"（forks）发音相同，这是一种"谐音双关"。——译注
[2] 参见我的书《童年研究》（*Studies of Childhood*），第 274—275 页。（作者注）

第七章 笑在四岁以前的发展

现为儿童严肃地纠正成年人的话。有个愚蠢的保姆告诉一个两岁零四个月大的女孩,如果她把舌头伸出来,脸上就会长雀斑。认真地听完这番话,那小姑娘把身子转向这位保姆,指着保姆下巴上的一个小疙瘩,"带着最开心的微笑"问道:"莉齐(保姆的名字)的小包包是怎么长出来的呢?"

在四岁以下的儿童身上,已经预示了成年人欢笑的全部主要形式。即使是在对儿童的笑这番简略的考察中,我对这一点或许已经说得够多了。幽默(humour)本身被看做来自情感和反应的成熟,而在儿童四岁以前这个阶段,幽默就已经开始以适度的方式宣告其存在了。男孩 C 在 21 个月大的时候,曾拼命扭曲他的橡皮玩具马,想把马头塞进马尾巴和马腿之间。起初他大声地笑着,接着变得温和起来,怜悯地说"可怜的小马啊",情绪在不断地变换。①

这两种感情②(它们既相近又有所区别)的表现,当然与被我们叫做"幽默"的这种高度机能化的情感大不相同。希恩小姐告诉我们,在鲁思身上,婴儿欢乐期之后出现的是严肃的实用期,其中没有出现幽默。幽默或许出现得更晚一些。无论如何,我们都必须承认,在婴儿这些最早的笑里,存在着某种大大有别于成年人幽默的成分。它是一种纯粹的、原始的欢乐,尚未被思索和哀伤变得复杂。若能揭示出这种成分,找出人类笑的发展分化出的一些主要路线的模糊起点,便达到我的目的了。

---

① 这里引用的关于男孩 C 的笑的观察报告,我在我以前写的《童年研究》一书的一章里也使用过。熟悉那一章的读者一定会原谅我在这里重复使用了这些报告。(作者注)
② 两种感情:此指欢乐与幽默。——译注

第八章　野蛮人的笑

　　我们从何处了解野蛮人的笑——旅行者对这个问题的不同见解——笑是野蛮人的突出特点——对他们笑的活动的描述——好脾气的丰富表现——伴随着羞涩的笑——笑与对戏弄的兴趣——粗劣的恶作剧——人们接受笑的方式——自大和轻蔑的笑——诙谐的下流性——对可笑怪事的欣赏——嘲笑外国人的做派——嘲笑白种人的行为——内行嘲笑外行——野蛮人社会与白人的笨拙——荒唐感的萌芽——嘲笑同部落成员——男女间的互相嘲笑——纯粹幽默的事例——笑融入娱乐活动——模仿艺术的萌芽——专业小丑的类别——有趣的歌曲和故事——不同层次之笑的共存——怎样用笑管理野蛮人

　　在前一章，我们根据儿童的情况，浏览了人类之笑的一些基本形式。现在我们要对这些形式做些补充，其办法是简略地考察人类童年时代的笑。我们的考察对象是文明人在野蛮人部落中观察到的笑。
　　我们应当预期，在这两个领域里，我们会发现相似的特征，发现自发的、不假思考的、全心全意的简单表现。同时，我们还应当预期，研究野蛮人的笑，能使我们更直接地了解到一些社会条件，它们能帮我们确定笑的一些发展方向。研究野蛮人的思维，就是研究一种集体思维，换句话说，就是研究一种流行于一

第八章　野蛮人的笑

个社会共同体的思想、情感和普遍心理倾向的典型形式。这个共同体的种种笑的方式，也像其比较严肃的情感表现一样，被观察证明是一个部落社会的成员的普遍特性。

开始这番考察时，我需要说明一下我们的信息来源。人们常说，文明人会发现，若想了解野蛮人的思维，就非竭尽全力不可。有一种情况自然会使这番考察更加困难：有待观察的某个特性是一种情感，只要环境安全而毫无约束，这种情感便会自动展现出来，仿佛出自本能，直截了当，而环境中一旦出现了任何导致不安感的陌生事物，这种情感便会隐藏起来。可以想见，陌生人的出现会抑制野蛮人的爱笑冲动，因为这两者的生活环境相距甚远，前者通常是来自某个文明国家的传教士或官员。还有一种可能：到野蛮人部落访问的陌生人，其外表、服装、举止做派在不觉中使野蛮人发笑，只是后者往往会出于尊重客人而抑制自己的笑。

野蛮人会隐藏自己的欢乐情绪，这并不完全是推断，因为旅行者们清楚地证明了这个事实。未受过任何教育的野蛮人常会表现出一定程度的自我控制，这种表现相当于有教养的法国人在巴黎大街上的表现：一个鲁莽的英国青年与他说话，使用的是被那青年愉快地当做法语的东西。以下这个故事可以作为例子。非洲的一个土著人村子举行村民集会，当时在场的一个英国人站在一个树桩上，那树桩是村民的座位。树桩滚动，英国人重重地摔了下来。可是，全体与会者却还是表情庄重，仿佛这个事件是集会的一个节目。没有经验的观察者很可能作出草率的推断：该部落缺少"幽默感"。但讲述这个故事的人却更了解情况，把这件事看做了一个证明，认为它证明了该部落成员展示的强大的自我约束力。同一位作者还说，非洲的野蛮人若允许一个欧洲旅行者迁就他们，将他们看做儿童，便会"等他离开以后再取笑他，并且，当他在场的时候，他们若知道他听不懂他们的语言，的确也会当面取笑他"①。

这些见解能使我们理解一些人何以会将野蛮人看做不知怎样笑的迟钝生灵。持这种看法的人，通常都没有见过野蛮人。皮科克②的一部小说就写到了这种人。在他的小说《怪癖堡》(*Crotchet Castle*)里，麦克昆迪先生（Mr. MacQueedy）表达了一个见解：笑是"文明的发展呈现在人类身上的一种自然而然的行动"。他还说："野蛮人从来不笑。"③

必须公正地说，旅行者自己并没有愚蠢到相信这个见解。同时，其中有一些人由于一个事实而草率地作出了一些结论，那个事实就是：他们碰巧从未听到过某个野蛮人部落的纵情欢笑。对这种缺乏反面证据的推理的一个奇特实例，是不久前的一场争论，其论题是锡兰④人（也叫做维达人⑤）是否属于会笑的动物。一位名叫哈特朔恩（Mr. Hartshorne）的先生自信地指出，锡兰人从来不笑，即使是对他们进行实验、让他们面对笑得抽筋的其

---

① 参见达夫·麦克唐纳牧师（Rev. Duff Macdonald）著《非洲人》(*Africans*, 1882) 第一部，第 266—267 页。（作者注）
② 托马斯·拉夫·皮科克（Thomas Love Peacock, 1785—1866）：英国讽刺小说家、诗人，作品有《少女玛丽安》(*Maid Marian*, 1822)、《噩梦寺》(*Nightmare Abby*, 1818) 和《怪癖堡》(*Crotchet Castle*, 1831) 等。——译注
③ 的确，弗里奥特神父（Rev. Dr. Folliott）带着几分嘲讽，回答了这个惊人的说法："不对，先生，那是因为没有让野蛮人笑的东西。给他现代的雅典人，给他这位有学问的朋友，给他假装聪明的上流社会，看他笑不笑。野蛮人想的是让自己肌肉发达。"不过，这位自信的发言者（麦克昆迪）却没有被看做无知得出奇。（作者注）又：这段对话见于小说《怪癖堡》第二章末尾。弗里奥特神父热爱古希腊文学艺术，怀疑文明的进步，是作者皮科克的化身；"有学问的朋友"是弗里奥特神父给布鲁厄姆爵士（Lord Brougham）起的绰号；麦克昆迪是一位经济学家。——译注
④ 锡兰（Ceylon）：斯里兰卡（Sri Lanka）的旧称。——译注
⑤ 维达人（Weddas, 又作 Veddas）：斯里兰卡最古老的民族，原先是居住在森林中的猎人，如今几乎全部被现代的僧伽罗人（Singhalese）同化。——译注

第八章 野蛮人的笑

他人时,他们仍旧如此。另一位访问者或许能帮我们理解这一点,因为他说他们有各种情绪表现,"从饥饿时那种沉默寡言、近于郁闷的情绪,到不饿时那种带笑的放纵情绪"。哈特朔恩观察到的,显然是饥饿情绪支配下的锡兰人。这位先生观察他们的时候,也许还看到了周围某种能引起食欲的东西吧?

我还能找到另一些例子,表明没有观察依据的结论往往来自做结论者的过分自信。一位旅行者贝茨(Bates)曾说,巴西的印第安人性情冷淡,无动于衷。一位更近期的访问者卡尔·冯·丹·施坦因(Von den Steinen)则说出了不同的印象,他曾见到"沉默的印第安男女不断地说话,发出了夏娃般的欢快笑声"①。

我认为,不同观察者的记录中的这些明显差异表明:除了土著部落的特定情绪这个因素之外,还有某种因素会使观察者得出不同的结论。并非人人都具备激发笑的能力。成年人刺激儿童发笑的许多有价值尝试的失败,就说明了这一点。若想激发这些大自然的孩子的全部欢笑,似乎必须具备某种能够消除胆怯,轻松愉快的性情,具备某种兄弟般的同情心,掌握某种诀窍,它能使你的观众相信你和他们是一样的人。② 从个人角度去观察野蛮人的行为方式,我们必须承认这个因素的存在。传教士们已经常能成功地观察到异教野蛮人的那些比较轻松的情绪,看到这一点,的确令人振奋。这有力地证明了传教士们天性亲和。

---

① 参见卡尔·冯·丹·施坦因(Carl von den Steinen)著《在中央巴西的原始民族当中》(Unter den Naturvolkem Zentral-Brasiliens),第61页。(作者注)
② 这一点当然也适用于确定构成良好性情的全部社会性品质。南森曾批评传教士埃杰德(Egede),说他误解了格陵兰人(Greenlanders),不该说他们是冷血动物。参见南森《爱斯基摩人的生活》(Eskimo Life)一书,第100—101页。(作者注)又:弗里德托夫·南森(Fridtjof Nansen,1861—1930)是挪威北极探险家、博物学家及外交家,曾获1922年诺贝尔和平奖。——译注

189

这些叙述给我们的总体印象,当然不是野蛮人时常表现出闷闷不乐的失望,恰恰相反,是他们往往表现出多种多样的欢笑。像儿童一样,他们似乎可以无拘无束地表达其情感,他们的笑和好脾气的其他标志也最具活力。达尔文告诉我们,与他通信的人和传教士等等,全都能证明他这个看法。大声欢笑,伴随着跳来跳去和拍手,并经常发展到眼泪横流的地步,在澳大利亚的和其他野蛮人的部落中,这些都是显著特征。[1] 其他的陈述也证实了达尔文的说法。例如,斯特尔特(Sturt)告诉我们,澳洲中部的土著是快乐的民族,常常整夜地坐在一起,边笑边聊。[2] 卢姆霍尔茨(Lumholtz)更近期的观察,则证实了认为当地土著"很幽默"的观点。[3] 一位旅行者说,(新西兰的)毛利人"天性格外快乐:他们是快乐的人;总是在笑,总是在开玩笑,尤其是在外出探险期间"[4]。关于塔斯马尼亚人,我们读道:"这些被轻视的土著人非常喜欢逗趣。"[5] 同样,南太平洋群岛的土著"更习惯于说笑话、欢笑和幽默,而不大喜欢使用令人恼火的和责备性的语言"[6]。同样,塔希提岛(Tahiti)的土著"彼此开玩笑时,比欧洲人更无拘束"[7]。此外,汤加(Tonga)人也"能敏锐地发

---

[1] 参见达尔文著《情感的表现》,第209页。(作者注)
[2] 《中澳大利亚》(*Central Australia*, 1833)卷二,第138页。(作者注)
[3] 参见卢姆霍尔茨(Lumholtz)著《在野蛮人当中》(*Among Cannibals*, 1889),第291页。(作者注)
[4] 参见安加斯(Angas)著《澳大利亚和新西兰》(*Australia and New Zealand*, 1847)卷二,第11页。(作者注)
[5] 参见邦维克(Bonwick)著《塔斯马尼亚人的日常生活》(*The Daily Life of the Tasmanians*, 1870),第174页。(作者注)
[6] 参见埃利斯(Ellis)著《波利尼西亚考察》(*Polynesian Researches*, 1832),卷一,第96页。(作者注)
[7] 参见特恩布尔(Turnbull)著《一次环球之旅》(*A Voyage Round the World*, 1813),第372页。(作者注)

第八章　野蛮人的笑

现滑稽可笑的事物",这种敏感表现在他们的"日常生活交往中"。① 罗斯先生(Mr. Ling Roth)对婆罗洲的土著曾有这样的描写:"每个加拿逸②人都衷心喜欢开玩笑和逗趣。"③

在其他地区、其他种族当中,我们也发现了爱笑的土著。尚未被欧洲人损害的非洲土著就是如此。一位很早就认识他们的旅行者说,他们大都是些好脾气的人,天性愉快,随时都能参与玩笑。④ 访问过黄金海岸的人发现,那里的土著十分喜欢说笑话,对可笑的事物非常敏感。⑤ 一位欧洲女士发现西非的土著常常欢笑和说笑话。她在一封信里写道:"我认为这个心地纯净的西非人是天下最喜欢逗趣的人,这使他成了我的绝好陪伴。"

这种欢乐的生机并不仅限于热带的土著当中。在寒冷的北方,我们也发现了爱笑的实例。有个人在大约四十年前访问过加拿大雷德河(Red River)一带的印第安人(齐佩瓦人,Chippewas),他说那些人"充满了嬉戏情绪,非常喜欢讲述趣闻逸事;对一切细小的可笑或荒唐,他们都会开怀大笑,仿佛在彻底享受人生"⑥。

---

① 参见厄斯金(Erskine)著《西太平洋》(*The Western Pacific*, 1853),第159页。(作者注)
② 加拿逸(Kanowit):东马来西亚小镇,位于沙捞越西部港口城市诗巫(Sibu)地区。——译注
③ 参见罗斯著《沙捞月和英属北婆罗洲的土著》(*Natives of Sarawak and Brit. N. Borneo*)卷一,第84页。(作者注)
④ 参见舒特尔神甫(Rev. Jos. Shooter)著《纳塔尔的卡菲尔人》(*The Kafirs of Natal*, 1857),第232页。(作者注)又:纳塔尔(Natal)是非洲东南部的一个地区。——译注
⑤ 参见克鲁克香克(Cruickshank)著《非洲黄金海岸》(*The Gold Coast of Africa*, 1853)卷二,第258页。(作者注)
⑥ 参见辛德(Hind)《加拿大雷德河探察之旅》(*Canadian Red River Exploring Expedition*, 1860)卷二,第135页。另一些关于野蛮人爱笑天性的例子,可看斯宾塞的《描述社会学》(*Descriptive Sociology*)卷一,第二部分A节。(作者注)

笑的研究 AN ESSAY ON LAUGHTER

旅行者们反复提到的野蛮人爱笑的性情，在一定程度上得到了另一种证据的支持。（前文提到的）那位记述塔斯马尼亚人的作者，还给我们讲了当地人为了开玩笑而取的各种名字。一个民族（尤其是野蛮民族）若是因为某个事物而得名，那么，说它对那个事物本身相当熟悉，便是个相当合理的推论。

说某个部落惯于欢笑和开玩笑，这当然并不意味着这种愉快性情时时存在甚至成了主导的性情。我们知道，在一些情况下，这种愉快性情的确是可以改变的，这些散漫任性的男女往往会从庄重严肃迅速变为欢乐活泼，就像儿童一样。因此，一位去过黄金海岸的旅行者才会说，当地人会从不计后果的欢乐突然变成沮丧。[1] 另一方面，像我们引用的报告所表明的那样，欢乐性情的主导似乎也是某些野蛮民族的显著特性，其表现是习惯性的微笑和随时都可能大笑。一位旅行者关于巴塔哥尼亚人的描述告诉我们，他们的脸"通常都显示出愉快和好脾气"，尤其是其中他所熟悉的两个人，"脸上总是带着微笑"[2]。

另一方面，我们也有理由认为，有一些部族，其成员的性情一向庄重严峻，因而不同于那些通常是好脾气的快乐民族。例如，伦格尔（Rengger）谈到巴拉圭的印第安人时说，他们严肃，阴郁（düster），难得一笑，从不大笑。[3] 世界上大概存在着生性严肃的野蛮部族，正如英国和其他文明国家中存在着生性严肃的儿童一样。同样，若不是受到其文明的征服者的那般对待，美洲印第安人和其他土著（哪怕是天性快乐的部族）经常表现出的

---

[1] 参见克鲁克香克著《非洲黄金海岸》。（作者注）
[2] 玛斯特斯（Musters）：《在巴塔哥尼亚人的家乡》（*At Home with the Patagonians*, 1873），第167页。（作者注）
[3] 参见《巴拉圭的哺乳动物》（Säugethiere von Paraguay, 1830），第10页。（作者注）又：本书全名为《巴拉圭哺乳动物自然史》（*Naturgeschichte der Säugethiere von Paraguay*）。——译注

第八章　野蛮人的笑

阴郁举止（至少在白人面前是如此）便显得奇怪了。因此，这些例外情况似乎不能影响我们作出的一个总体结论：在地球上未开化的民族中，笑拥有广大的栖身之地。

这些旅行者对野蛮部族欢乐表情动作的描述，大多既不充分，也不精确。这大概意味着野蛮人的笑很像我们的笑。不过，这样的推论还是有些草率，因为我们必须记住一点：即使仔细地观察，未经训练的人也不易观察到表达喜悦和欢乐的细微表情动作，因为它们太复杂、变化太快了。我相信，照相机和录音机尚未被用于（在笑从地球上消失之前）记录这些被看做原始形式的笑。

我们知道，达尔文已经描述过（野蛮人大笑时的）眼睛流泪了。与之伴随的手脚动作似乎也很常见。对这些动作的更精确描述，来自罗斯。他告诉我们，塔斯马尼亚人朗声大笑时，双手往往会举到头部并快速跺脚。[1] 男人们大笑时，声音发自胸腔，非常响亮，这个特点有时尤其明显。一位旅行者最近去了中非，他遗憾地说：由于受到欧洲人的影响，在当地的年轻人当中，男人那种发自胸腔的真挚笑声已被所谓"传教士般的傻笑"（mission giggle）取代了。[2]

同样，我也读到了一则描述，它旨在比较准确地描述快乐情绪较为平和的表现。安达曼群岛人（Andamanese）的快乐，其自然的表现似乎是目光闪烁，眼部皮肤皱起，嘴角咧开，一直半张着嘴。[3] 我们不妨作出一个结论：面部动作和其他相应变化，

---

[1] 《塔斯马尼亚的土著》（*Aborigines of Tasmania*）第二版，第38页。（作者注）
[2] 约翰斯顿（Johnston）：《英属中非》（*British Central Africa*, 1897），第408页。（作者注）
[3] 参见 E. H. 曼（E. H. Man）的文章《安达曼群岛的土著居民》（*Aboriginal Inhabitants of the Andaman Islands*），载《人类学研究会会刊》（*Journal of Anthropology Institute*）第12期，第88页。（作者注）

与我们在文明民族的儿童中见到的典型表情十分相似，尽管种族体形的差异无疑在笑的表情运动中增添了几分不同。

野蛮人的这种笑，大多完全是"喜悦心思"（gladsome mind）的结果，是尚未受到忧虑或烦恼干扰的欢乐精神的流露。我们的语言尚不足以用来描述这种持续性的"快活"（cheerfulness），这种快活精神对其拥有者非常有利。我们知道，毛利人遇到困难的时候，其快乐天性对他们大有帮助。哪怕旅途中断了粮，他们依然兴致勃勃。

但是，野蛮人的笑却似乎并不纯粹是欢乐和嬉闹精神的普遍标志。它已经特化，变成了一些特定心境和态度的表情，类似于我们自己的儿童用来表达不同心境和态度的各种笑。

我们发现了一些实例，表明笑被用于规避某种心情，例如胆怯或羞怯。一位传教士讲过，两个男孩子生了天花，彼此有一个月没有见面了。他们在传教士的房子里见面时，都羞怯地遮住了脸，不肯让对方看见自己变丑的面容。最后，他们鼓起了勇气，先是反复多次地互相侧视，然后转过身子，面对面地大笑起来，年龄较大的男孩儿说："咱们脸上都长疤了。"在这个例子里，规避了一种类似于羞耻的感觉，这是大笑的首要条件，尽管这种大笑无疑被一种胜利感加强了，而胜利感来自两个男孩儿都发现自己的状况至少不比对方更糟。一位作者告诉我们，在东非，"一个奴隶损坏了某件东西时，总是会本能地欢笑起来"[1]。这种笑可被看做"对破坏的爱"，不过，至少在一定程度上，这种笑也类似于胆小孩子的笑，即虚张声势的笑，其中隐藏着顽皮意识，是消除刚刚产生的羞耻感的一种方式，而这是因为：根据同一位作者的描述，我们可以假定，东非的奴隶若损坏了主人的财

---

[1] 博顿（Burton）：《中非湖区》（*Lake Regions of Central Africa*）卷二，第 831 页。（作者注）

第八章 野蛮人的笑

物，一定会受到惩罚。同时，我们也必须承认，在野蛮人看来，损坏东西，这个过程本身就是获得"突然的欢乐"的轻松方式（天啊，英国的男孩子也往往这么看）。

野蛮人将玩笑式的攻击引进游戏，这一点似乎更明显地类似于儿童。在这种情况下，我们发现了一种相似性，即野蛮人的心理态度很像年龄稍大的儿童。我们看到，在关于这些未开化民族的报告中，他们的一个最明显特点就是对戏弄（包括恶作剧）的爱好。

不止一位作者证实了这种对戏弄的热爱。一位很有权威的作者魏茨（Waitz）告诉我们，野蛮人"彼此的戏弄，比欧洲人更无拘束，更具戏谑性（scherzhaft）"。这种对戏弄的喜好，通过他们彼此模仿对方的缺点而鲜明地表现出来。这一点现在已经得到了证明。在某些情况下，戏弄的形式往往十分粗野，就像我们欧洲男孩子的做法那样。一位女士描写富纳富提①的居民时说："在富纳富提，女孩子用露兜树②树叶去划伤没有防备的小伙子，这会被看做恶作剧，那种叶子会给身体造成非常疼痛的搔伤：女孩子会因此而笑个不停，而这种玩笑的结果，通常是小伙子的流血。"③

恶作剧源于戏弄本能。它们是新发明，其受害者即便不会产生明显的误会，起码也会感到惊异。就在这方面作出大量发明而言，野蛮人的智力颇具孩子气。

---

① 富纳富提（Funafuti）：南太平洋岛国图瓦卢（Tuvalu）的一个环礁，1819年被发现，为岛国首都丰阿法莱（Fongafale）所在地。——译注
② 露兜树（pandanus）：东半球热带的一类雌雄异株的树和灌木，像棕榈树，有大型支柱根，其叶子集生于枝顶，窄而带刺，其叶的纤维可用作织席等工艺。——译注
③ 埃奇沃斯·戴维夫人（Mrs. Edgeworth David）：《富纳富提岛》（Funafuti），第280页。（作者注）

笑的研究 /// AN ESSAY ON LAUGHTER

年轻土著搞的恶作剧,似乎很像我们英国少年的把戏。以下便是一个实例。一个非洲小伙子看见一位老妇拿着一个南瓜,便走到她面前,大声说她头上有个东西。老妇以为自己头上有什么可怕的东西,尖叫着朝前跑去,早把南瓜忘得一干二净了,而那个折磨她的小伙子则笑着捡起了老妇留下来的奖品。[①] 这些诙谐的恶作剧有时当然会(带着几分谨慎地)针对欧洲人,这仿佛出于土著人的天性。有一次,塔斯马尼亚岛的一个年轻土著看见一个欧洲水手放在岩石脚下的一袋海贝,就偷偷地把袋子挪到了另一处,让那个水手徒劳地寻找。等那个土著厌腻了这个玩笑,便把袋子放回了原处,并为了自己对那个欧洲人玩的把戏而"兴高采烈"(highly diverted)。[②]

像我们自己一样,这些恶作剧往往会得到玩笑式的报复。有个故事说:一群霍屯督人[③]对几个正在睡觉的同伴搞了个恶作剧,把几支箭射到了离后者很近的地方,使后者跳了起来,慌忙跑向自己的大车,去拿武器,而大车旁的前者则发出了一阵大笑。事后,这几个假警报的受害者还击了那些搞恶作剧的人。他们熟练地模仿狮子的吼声,去吓唬前者,使前者恐惧地尖叫着逃回了自己的营地。[④] 在另一些实例中,恶作剧还可能使人产生某些严重的烦恼,甚至可能针对欧洲的一些"上等人"。金斯莱小姐(Miss Kingsley)讲述了一件事:她认识的几位西非"女郎"被一个贸易公司的顾主弄得很恼火,因为她们种植树薯(manioc)时,雇主想把她们分开,以防止她们互相说话。她们用玩笑

---

① 舒特尔神甫:《纳塔尔的卡菲尔人》,第232页。(作者注)
② 罗斯:《塔斯马尼亚的土著》(*Aborigines of Tasmania*)第二版,第29页。(作者注)
③ 霍屯督人(Hottentots):西南非洲的黑人土著。——译注
④ 参见伍德(Wood)著《人的自然史》(*Natural History of Man*)卷一,第261页。(作者注)

第八章 野蛮人的笑

进行了报复，爬到一个干草垛上，对着那个暴君雇主大喊"走开，白人！我是体面的已结婚女人"之类的话。金斯莱小姐还讲了一个例子，说明了那些女郎天生喜欢用玩笑惩罚对手。一位年轻的黑人官员对其中一些女人的态度很粗暴，于是，后者便诉诸更大的恶作剧以求报复：她们把他扔进了泥水塘里。①

与这些戏弄形式紧密相连的，还有一种做法：用模仿和起绰号嘲笑身体的缺陷。这些嬉戏式的攻击似乎大多针对外人，但也有一些实例表明，同一部落的成员若不在场，其他成员也会小心谨慎地模仿他。我虽然尚未发现明确的陈述记录，但有一点似乎很有可能：这些心地单纯者的这种娱乐，大多来自他们每晚的交谈。他们的交谈充满了欢笑，包括戏弄式地嘲笑某个成员的身体缺陷或特点，尽管根据现有的证据，我们可以推断出一点：这些社交娱乐的更常见特点，是众人一起笑话陌生人。

在所有这些欢乐的戏弄当中，我们很容易发现一个令我们震惊的特点，那就是其残忍，或至少可以说，是其无情。处于较低文化等级的种族，其欢闹往往带有这一特点，这是很自然的事情。例如，据说他们见到一个溺水者的挣扎时会开心地大笑。②不过，总的来说，被戏弄的若是部落的成员，这些民族的欢乐嬉戏依然不像人们想象的那么残忍，虽然它们无疑都很粗暴，并往往非常粗鄙。

虽然野蛮人的欢乐中包括如此大量的戏弄、嘲笑和互相作对，但我们却能理解这一现象，因为我们会想到笑是一种社会过程，正像我们即将看到的那样，虽说笑不能从根本上维护社会结

---

① 参见《每日电讯报》(*Daily Telegraph*) 的一篇文章《西非的女人》(*West African Women*)。(作者注)
② 此例引自贝恩教授的《英语作文与修辞》(*English Composition and Rhetoric*)，第237页。我一直未能证实这个说法。(作者注)

构，起码也能促进社会结构的稳定。

为了弄清这种戏弄式的笑的意义，我们必须注意这种笑是如何被接受的。首先，野蛮人天生都很讨厌被嘲笑，这是毫无疑问的。事实若不是如此，那就太不合情理了，因为等级低于野蛮人的猿猴以及等级高于野蛮人的白种人，全都表现出了这种对被嘲笑的厌恶。在某些种族，这个特点似乎表现得格外明显。并非所有的访问者都认为锡兰的维达人（前文中已提到过他们了）爱笑。对自己成为被嘲笑对象，维达人往往表现出明显的不快。我们读到：他们被嘲笑（ausgelacht）时往往很恼火（gereizt）。有记载说，其中一个男人跳舞时遭到一个欧洲人的嘲笑，便向嘲笑者射出了一支箭。[①] 我们知道，我们当中那些可怜老者遭到冒失的男孩们嘲笑时，其反应也和这个蛮族男子大致相同。我们也知道，哪怕是青年人，若遭到了太过分的嘲笑，也往往会对嘲笑者扔出石头。厌恶成为开玩笑的对象，其他野蛮人也普遍地表现出了这种态度。一位作者告诉我们，某些野蛮人当中常见的火边娱乐是戏弄女人，直到女人发火，这总是使众人兴高采烈。此外，这种戏弄还十分粗野，并且相当下流。[②] 还有证据表明，格陵兰人很不喜欢成为被嘲笑的对象，将被人当面大声嘲笑视为格外痛苦的折磨。

另一方面，也有大量证据表明，戏弄的游戏带来的粗俗欢乐通常也为相当多的人所接受。那个遭到被露兜树树叶划伤的戏弄的小伙子，在这方面似乎很像伦敦的一位警察，后者最近在法院里抱怨说：一位来自伦敦东区[③]的女士曾温柔地关怀他，用她帽子上考究的羽毛轻搔他脸上的某个部分。我们有时也会读到明确

---

① 参见萨拉辛（Sarasin）著《锡兰考察》(*Forschungen auf Ceylon*)，第537页。（作者注）
② 参见斯普罗特（Sproat）著《野蛮人生活场景及研究》(*Scenes and Studies of Savage Life*, 1868)，第61页。（作者注）
③ 伦敦东区（East End）：指伦敦东部、泰晤士河以北的地区。历史上曾是贫民区和移民聚居区。——译注

第八章　野蛮人的笑

的报告，其中说玩笑会被大多数人接受，前提是人们已看出了它们是玩笑。根据已经引用的权威报告，非洲的霍屯督人和卡菲尔人（Kafirs）就是如此。① 至于塔希提的岛民，据说取笑他们从来不会被他们看做出于恶意。②

很显然，这里描述的比较粗野的玩笑，包含着很多类似优越感和轻蔑感的成分。例如，那些遭到男人粗野戏弄的女人，就会使我们产生这种感觉。可以假设，像我们的男孩子一样，野蛮人的嬉戏式攻击并不总会适可而止，而往往会受到人类心中兽性成分的影响。文明人当中的所谓"幽默"，其伤人之处也大都来自同样的兽性成分，想到这一点，我们便不会对野蛮人嬉戏玩笑中的残忍成分感到惊异了。

正如预期的那样，这种优越和轻蔑的心态在一种情况下会表现得更加明显，那就是部落之间的玩笑，尤其是针对其他的对手部落（甚至敌对部落）成员的笑。我们知道，在一些实例中，这种笑的性质是嘲笑和奚落。一位权威人士写道：在野蛮人当中，在早期的社会共同体当中，部落首领与众多勇士坐在大厅里，往往会把敌人和对手当做嘲笑对象，嘲笑他们的缺点，用他们的过错取乐，给他们起绰号等等。③ 野蛮人与男孩子还有一个相似之处：喜欢虚荣，认为自己的本领比其他任何人都强得多。因此，他会（怀着几分轻蔑）嘲笑其他部落的人的失败之举（例如没能杀死一只海龟），会给白人起绰号，或者会惟妙惟肖地模仿白人的狂热行为（例如热衷修建道路或实物交易）。

我认为，将这种笑话外人的做法（其中带有优越者纠正他

---

① 参见伍德著《人的自然史》卷一，第261页；舒特尔神甫著《纳塔尔的卡菲尔人》，第283页。（作者注）
② 参见特恩布尔著《一次环球之旅》，第872页。（作者注）
③ 参见赖特（Wright）著《漫画与怪诞的历史》（*History of Caricature and Grotesque*），第2页。（作者注）

人错误时的情感）看做认真的嘲笑，这是个错误。即使其中包含着几分轻蔑，它也依然是野蛮人的游戏，其主要成分是对娱乐的热爱，以及想到外来的、奇特的事物时产生的快乐，而无论是野蛮人还是白人，都会产生这样的感情。

我不能忽略旅行者们经常提到的野蛮人开玩笑的一个特点。我们已经看到，对女人的戏弄往往会采取相当下流的方式。我们一次又一次地读到，野蛮人的玩笑通常都下流而不道德。我们得知，玩笑越是粗野，非洲黄金海岸的土著就越是喜欢。① 据说，太平洋群岛的土著，"其下流和不道德实在令人厌恶"②。

或许野蛮人不允许欧洲人知道这种野蛮欢闹的最粗鄙的一面，但我们却很容易将那个方面看得过分严重。野蛮人的感情比较单纯，不曾受到开化民族那些正派规矩的约束，对他们来说，在此类不道德的快乐里，或许并不存在什么联想。野蛮人的笑，很可能仅仅是表明了一个事实：在他们看来，毫不掩饰地提到我们一直坚持掩饰起来的事物，这并无任何不妥。唯有在文明运动场的视野里，那些事物才会被习俗打上淫秽的标记。我相信，我们当中的年轻人，也往往会因为公开地、直接地提及那些不可提及的事物而笑。我想，在多数情况下，这种笑与小小的虚张声势相差无几，是以做了某种不同寻常之事（那些事情一旦被察觉，便会被禁止）为荣，尽管这无疑常会伴随着一种认知，即这是对被嘲笑者的侮辱。③

---

① 参见克鲁克香克著《非洲黄金海岸》。（作者注）
② 参见埃利斯著《波利尼西亚考察》卷一，第97页。（作者注）
③ 人们很容易过分谴责这种粗鄙的不道德行为，这一点可以从冯·丹·施坦因关于巴西的印第安女人的叙述中得到说明。他问那些女人身体上某些部位的名称时，她们笑了起来。有些人会把这当做那些厚颜无耻的女人的粗俗玩笑。他明确地告诉我们，那"只不过是单纯而无邪的笑"。见他的著作《在中央巴西的原始民族当中》，第66页。（作者注）

第八章 野蛮人的笑

现在，我们来考察一下野蛮人的笑的另一些形式，它们涉及对事物更超脱利害的思索，涉及对事物的可笑状态的初步感觉。毫无疑问，享受自己所在世界的滑稽可笑的一面，占据了野蛮人的大部分生活。有人会推断说野蛮人的消遣比我们大多数男孩子的更多，因为虽说野蛮人的智力也许不在男孩子之上，但经验和成熟的判断力，却使野蛮人能相当熟练和迅速地判断出不恰当、不协调的表现，从对它们的思索中获得很多欢乐。

像在儿童身上一样，在野蛮人身上，这种欢乐的最简单形式也起到了桥梁的作用，它能使他们从新感觉刺激下的欢乐，达到对新奇对象的欣赏。这种欢乐的最简单形式就是野蛮人通常的笑，见到（在他们看来）崭新的、让他们喜欢的东西时，他们便会发出这样的笑。例如，婆罗洲的土著对钢琴非常感兴趣，看见琴键的制音器（damper）时，连蹦带跳，"开心地高声大笑"①。同样，哈得逊湾②的印第安人将罗盘当做了玩具，笑得很开心，根本不理会罗盘的主人向他们解释它的用途。③ 这些例子都相当清楚，说明了新的、没有多少重要意义、能激起游戏欲的东西，往往能使野蛮人感到喜悦。他们见到那个可爱的小罗盘/玩具时发出的笑，也许更清楚地表明了他们的一种朦胧的荒谬感（这种可爱的小玩意儿居然能创造出如此奇迹）。对新的悦人感官的东西，野蛮人往往会表示欢喜，这十分近似于我们欣然赞赏的态度。因此，我们才会读到一则记录：几个非洲女人（她们是一位国王的妻子）用反复的高声大笑来表达她们见到欧

---

① 参见罗斯著《塔斯马尼亚的土著》第二版，第72页。（作者注）
② 哈得逊湾（Hudson Bay）：加拿大中部偏东的内海，由哈得逊海峡与大西洋相连，位于巴芬岛南部与魁北克省北部之间。——译注
③ 参见巴罗（Barrow）著《哈得逊湾》（*Hudson's Bay*），第32页。（作者注）

洲艺术品时的喜悦。① 我们自己的孩子也经常让我们看到，新东西能激起他们这种纯粹的欢乐，那些东西不但以其新颖抓住了他们的感觉，而且以其魅力主宰了他们的感觉，而他们的欢乐里既没有好奇的呆板态度，也没有畏惧。

从这种幼稚地忘情于崭新的、玩具般的东西，发展到赞赏外来的、对立于部落传统的事物，这是十分有益的一步。在这些简单的部落共同体中，习俗的无形规则起着重要的作用。任何违背了这些规则的部落成员，都会受到惩罚。这个因素往往会限制野蛮人之笑的种类。习俗的压力过于残暴，不允许奇特的、不合规则的人类行为得到充分展现。这些欢笑的因素自然得到了外部的补充，而外部的补充很多，一部分来自礼仪可资效法的其他相邻部落，而在更大的程度上，外部的补充则来自来访的欧洲人，他们怀着改进和教化野蛮人的善良意图。

我们先说说对其他部落做事方式的欣然嘲笑。其他部落的成员若办糟了某件事情，而那件事情又是旁观者自己的部落再熟悉不过的，便会使旁观者感到分外有趣。塔希提的岛民想用勒住海龟脖子的办法杀死它，这似乎受到了相邻各岛岛民的嘲笑。可以想见，掐住动物的头部，虽说这种技巧用来对付野兽很有用，但用来对付海龟，却实在显得荒唐可笑。同样，一个岛上已经开悟的土著，会由于听说另一个岛上的土著的做法而大笑起来，因为后者刚刚见到一种新东西——剪刀，将它放在火上烤，以使它锋利。② 这两个例子说明野蛮人有了一种朦胧的认识：事物的适宜性并不取决于"我的方式"（my way）这种相对标准，而是取决于客观的标准。

---

① 参见李希滕斯坦（Liechtenstein）著《南非旅行记》（*Travels in Southern Africa*）卷二，第312页。（作者注）
② 参见埃利斯著《波利尼西亚考察》卷一，第97页。（作者注）

第八章 野蛮人的笑

白人访问者的做事方式，往往是被他们最经常地挑选出来的领域，他们用外来者的行为取乐。白人的行为与土著的行为大不相同，白人与"我们的方式"相距甚远，也学不会"我们的方式"，而这就足以唤起土著人初步的滑稽感了。看见古怪的白人做的一些事情，他们会感到震惊，因为那些事情既不寻常，又十分无用。若说英国人嘲笑这些土著早晨起床后不洗澡，那么，心地单纯的野蛮人也能转败为胜，因为他们也嘲笑我们早晨的精心洗漱。火地岛①的印第安人（Fuegians）虽说大多都居住在海上，却根本没有洗澡的观念，因此，"欧洲人第一次来到他们当中时，他们一见到欧洲人洗脸便禁不住感到滑稽，尖声大笑起来"②。这里还有一例，说明野蛮人第一次见到欧洲人的做事方式时产生的更复杂感觉。有记载说：一位南非君主或许十分欣赏白人的习俗，也打算像我们的小伙子常做的那样，给自己刮胡子，但第一次尝试时却把自己割伤了。于是，他便请英国的访问者给他刮。在场的土著人"始终心怀羡慕，站在旁边，一言不发，带着最热切的表情，盯着这个过程，终于全都笑了起来，而笑是他们的习惯方式，用以表达快乐和惊诧，甚至用以表达困窘和恐惧"③。说他们的笑表达了惊诧和恐惧，这有些不够严谨，因为正如我们看到的那样，他们的笑表达的并不是惊诧和恐惧本身，而是摆脱这些紧张情境后的松弛感。

白人显得荒唐可笑，若不仅因为其做法与土著的习惯大相径庭，而且因为那些做法包含着土著不能理解，因而似乎无法置信

---

① 火地岛（Tierra del Fuego）：南美洲南部的群岛，由智利和阿根廷分占，这个群岛的其他小岛由这两个国家分别管辖，葡萄牙航海家麦哲伦在1520年最早发现了该岛。——译注
② 参见伍德著《人的自然史》卷二，第522页。（作者注）
③ 参见李希滕斯坦著《南非旅行记》卷二，第308页。（作者注）

的成分，那么，土著的笑便更具智能色彩。因此，白人在激起笑的方面便占据了优势：白人的技艺和设备（例如照相机）并未使土著感到畏惧，而往往会激起土著们怀疑的笑。一个去南非旅行的白人，从向导那里学会了一个部族的几句土语（斯库阿那语，Sichuana），将它们写了下来，读给向导听。这个头脑简单的向导"最由衷地"笑了，因为他听那个白人说那些写下来给他看的符号就是他刚刚说过的话。[①] 无生命的、看上去很蠢的文字符号居然能代表声音，突然得知这一点，野蛮人也会像孩子那样笑起来。

白人的做法若并非全新，它们便会因其古怪而使这些愉快的土著发笑。我们很想知道南非、波利尼西亚和愉快的"自然之子"（Naturkind）居住的其他地区的土著关于造访白人的衣着、姿势和语言的一切玩笑。不过，要做到如此却很难。但我们毕竟知道了一点：对我们的一些高度文明化的做法，野蛮人往往会以笑对之。几个塔斯马尼亚女子第一次见到欧洲人唱歌时，就是如此。她们始终仔细聆听，其中几个用高喊表示喝彩，另外几个大笑起来，而年轻姑娘们无疑比较胆小，一直保持沉默。[②] 这种笑大概不只是表达了极大的喜悦。那些发笑的女人，也许最容易感到这种前所未见的歌唱方式荒唐可笑。在舞蹈（它与歌唱的联系最密切）方面，我们明确得知，被我们普遍认可的舞蹈风格，在野蛮人看来却十分滑稽可笑。一位权威人士写道：苏门答腊岛民的舞蹈十分缓慢，被欧洲人看做非常滑稽。但非常有趣的是，那些岛民也认为我们欧洲的传统舞蹈"可笑无比"。他们把我们

[①] 参见伯切尔（Burchell）著《南非之旅》（*Travels in Southern Africa*, 1822）卷二，第339页。（作者注）
[②] 参见罗斯著《塔斯马尼亚的土著》第二版，第134页。（作者注）

第八章 野蛮人的笑

的小步舞①比作两只斗鸡打架。② 我们很想知道,他们是否见过加洛普舞③?若是见过,这些喜欢慢节奏舞蹈的人会怎么说?文明艺术的"高雅",总是会使文明程度不高的土著感到可笑。

　　见到聪明的白人完不成土著人的某种简单工作,这些未经教化的土著人的笑声就更响亮了。尤其值得一提的是,白人发不出土著人语言的声音,这是土著人欢悦的丰富来源。一位作者(我已不止一次地引用过他的话)写道:"我想重复他们的话,却说错了或者发音很糟糕。"塔斯马尼亚人便常常会爆发出大笑。④ 另一位旅行者谈到温哥华西海岸的土著时写道:"他们显然有衡量说话是否正确的标准,因为那里的儿童随时都会嘲笑读错了当地单词的外国人。"⑤ 第三个实例来自婆罗洲。一位访问者报道说:一些姑娘让欧洲人跟着她们重复当地的语言,纷纷高声大笑起来,"这或者是在笑我们语言的发音,或者是在笑她们使我们发出的那些可笑的声音"⑥。语言的错误发音,或许最能清楚地展示违反十分完整的习俗造成的可笑性。这还不是全部。像在英国儿童眼里一样,在野蛮人眼里,外国人居然不能完成一些事情,这简直太滑稽可笑了,因为土著人认为那些事情不但不费吹灰之力,而且自然而然,就像哭和笑那么自然。毫无疑问,在这种情况下,土著人的愉悦中包含着由外国人的无知引起的优越感。温哥华岛上的儿童,也许最容易产生这种优越感。不过,

---

① 小步舞(minuet):源于17世纪法国的一种缓慢、庄重的四三拍舞蹈。——译注
② 参见玛斯顿(Marsden)著《苏门答腊史》(*History of Sumatra*),第230页。(作者注)
③ 加洛普舞(galop):流行于19世纪欧洲的一种四二拍的圆舞,轻快活泼。——译注
④ 参见罗斯著《塔斯马尼亚的土著》第二版,第36页。(作者注)
⑤ 斯普罗特著《野蛮人生活场景及研究》,第266页。(作者注)
⑥ 参见罗斯在他的《沙捞月和英属北婆罗洲的土著》卷一,第93页的引用。(作者注)

在一些情况下，我们却明确地得知，欧洲人的无能虽然能引起土著人的笑声，但也会引起土著人的安慰，土著人也会友善地激励白人的勇气。

不能完成"咱们能做的事"，其另一表现就是违反良好礼仪也极易激发欢闹的情绪。因为其中包含着类似上流社会的优越感，包含着某种欢乐的松弛感，它来自暂时摆脱礼节规则的重负。大富翁闯入上流社会内部的圈子时，其粗俗做派最易激起"上流社会"真正的笑。同样，野蛮人也会不失时机地笑话白人访问者的笨拙和缺乏"应变之才"（savoir-faire）。其实，野蛮人一旦断定不会得罪造访者，便很愿意用好脾气的欢乐态度去对待这些违反礼节之举。一位旅行者告诉我们，他去加拿大的一位印第安酋长家做客，坐在了（在他看来是）一堆水牛皮袍子上。发现那些袍子动了起来，在他身下起伏，他作为尊贵酋长客人应有的镇定情绪必然会产生几分波动。直到他感到自己被推到了帐篷中央，置身于炭灰当中，他才表示出了自己的慌乱。看到这场"灾祸"，酋长、他的三位妻子以及帐篷里的其他土著都"尖声大笑起来"。这种笑所包含的十足的诙谐情绪，自动地展现在这位白人造访者面前，因为他看见从那堆袍子里，酋长的第四位也是最年轻的妻子露出脸来，而大概值得称道的是，她也加入了众人的欢笑。①

野蛮人笑话白人做事的古怪方式，我们还可以从中窥见类似思考的元素。一位传教士（他大概属于那种有眼光的一类）发现，印度尼西亚加里曼丹岛土著——迪雅克人（Dyaks）往往把我们欧洲人宗教仪式的观念看做玩笑。听说我们宗教礼拜的要求时，他们非常好奇，很想知道仪式上是否禁止笑。他们还承认他

---

① 参见辛德著《加拿大雷德河探察之旅》卷二，第135页。（作者注）

第八章 野蛮人的笑

们几乎不能抑制自己的笑,以此去解释其好奇心。[1] 庄严仪式及其严格要求,虽然其含义隐含不露,却往往会激起野蛮人和儿童的一种强烈渴望:用笑去摆脱紧张情绪。

白人关于事物的起源与终结的想法,也会激起野蛮人的笑,而其中就包含着明显的思考成分。询问野蛮人的信仰,他们会觉得这是无端的怀疑,因为这是对事物刨根问底,而有见识的人都认为那些事物不证自明。中澳洲一个部族(阿兰塔人,Arunta)的成员对一个问题大笑不已:他们的远祖是怎样把圣石或神杖传给他们的?这些始祖之前居然还会存在什么事物,这个想法使这些土著感到滑稽可笑。对这个部落一切传统的最终解释是:"我们的父辈这么做过,所以我们也这么做。"深究传统就是怀疑传统的合理性,所以也就是提出了一种荒谬悖论。[2] 野蛮人的这种态度,与我们儿童的态度既相似又不相似,因为我们的儿童虽然遵守传统,愿意服从权威,但同时也努力追溯"以前存在过的事物"。

野蛮人听到白人关于其种族的未来的想法时,不仅他们的智能往往会被激发,他们还会熟练地运用自己的智能。究竟有多少头脑简单的野蛮人经过教化而毫无保留地接受了基督教教义,这很难说清。也许,其中有很多人并不理解他们听到的话。不过,我们却常会发现大胆嘲笑那些话的实例,因为野蛮人认为那些话简直太荒谬可笑了。一位在澳大利亚教土著文化的老师,想对一个聪明的黑人解释一个信条:灵魂是非物质的和不朽的。后来他知道,他那个学生听到一个说法时觉得十分荒谬,由衷地大笑起来,从课堂上逃走了。那句话就是:"人没有胳膊,没有腿,也

---

[1] 参见罗斯著《沙捞月和英属北婆罗洲的土著》卷一,第75页。(作者注)
[2] 参见斯宾塞、奥尔伦(Spencer and Oillen)著《中澳洲土著部落》(*The Native Tribes of Centred Australia*),第136—137页。(作者注)

没有吃东西的嘴，但也可以活着，可以四处走动。"① 这个生手粗糙的唯物主义信念，使他领会宗教观念时的表现近似于我们观察到的欧洲儿童的表现。

野蛮人嘲笑我们的做事方式和观念，而由于我们自认为比他们优越，我们也往往会从这种笑里看到发笑者们的无知与狭隘。尽管如此，野蛮人依然可能用我们取乐，以表示他们其实比我们优越。他们的常识大概同样能发觉服装和其他习俗中巨大的荒唐之处，而开化的欧洲人却如此可笑地坚持着它们。我们知道，野蛮人会对此发出嘲讽的笑，会蔑视和嘲笑"自满的欧洲人的愚蠢，他们说得很漂亮，却极少能把说的付诸实践"②。

现在我们说说笑的冲动在野蛮部落之间的活动。我们对野蛮人的戏弄行为的记述表明，在野蛮人共同体的生活中，笑的冲动占据了一定的位置。我们绝不应当指望在其中发现一片广大的领域，其中存在着我们所说的"喜剧精神"（comic spirit）的活动。我们马上便会看到，唯有文明的运动造就了更多样的阶级，并赋予了男人和女人表达意见的更大自由，喜剧精神才会开始勇敢地飞翔。

针对其他部落的笑有个十分清楚的例子，那就是野蛮人在其体育活动和其他考验技能的竞赛中的笑。我们知道，在加拿大维多利亚地区的土著当中，年轻男人最喜欢的娱乐是投掷标枪和其他类似的操作。这种对技能的考验伴随着大量的笑声，尽管较年

---

① 邦维克（Bonwick）引自吉迪恩·朗（Gideon Lang）著《塔斯马尼亚人的日常生活》（*Daily Life of the Tasmanian*），第174页。（作者注）
② 南森（Nansen）谈到爱斯基摩人（Eskimos）对丹麦人（他们于1728年定居格陵兰岛）的态度时，强调了这一点。见《爱斯基摩人的生活》（*Eskimo Life*），第106—107页。（作者注）

第八章　野蛮人的笑

长的男人也在场，负责指导男孩子们并维持纪律。[1] 毫无疑问，这种欢乐很像我们的小学男生在操场上的笑。它表达了游戏的胜利带来的强烈快乐。同时，正如可以想见的那样，野蛮人对失败的嘲笑也具有社会学的意义。它变成了一种"社会制裁"（social sanction），激励青年人在竞技上全力以赴。另一个例子则说明了一点：同伴因为毫无准备，在完成某项技艺时失败了，其他人也会因此而发笑。一群欧洲人去访问维达人，其中有个欧洲人能让自己的耳朵动起来。欧洲人要一个土著也这么做，其他的土著知道那个土著该做什么，便仔细地盯着他。被选出来完成这种技艺的土著茫然地望着天空，耳朵却一动不动，"仿佛被钉在了脑袋上"。看到这番情景，一个旁观者突然大笑起来，其他人也马上大笑起来。[2] 在这个例子中，我们看到了野蛮人当着欧洲人嘲笑同部落的成员，而这与嘲笑欧洲人一模一样。这种笑无疑大多都针对能力表现不佳的人，尤其当这种笑包含了虚荣和洋洋得意的时候。在这方面，野蛮人的笑很像操场上和马戏场上的欢笑。

不同等级之间玩笑式的互相进攻或嘲弄，其形式之一是两性之间的进攻或嘲弄。野蛮人的生活为我们提供了一些清楚的例证，说明了除了戏弄之外（我们已知道，这些戏弄是男女互相进行的游戏），两性之间还存在着诙谐的玩笑。在一本西非谚语和故事集里，我们读到了下面的故事：一个女人出门的时候，吩咐丈夫照看锅里炖的牛肉（pot-au-feu）。她回来后，发现丈夫撇出了冒泡的浮沫，把它藏在了一只葫芦里，天真地以为那是牛油。她嘲笑丈夫，发现丈夫脑子很慢，而那些美味的浮沫已经化

---

[1] 参见布罗·史密斯（Brough Smyth）著《维多利亚的土著》（*Aborigines of Victoria*，1878）卷二，第278页。（作者注）
[2] 参见萨拉辛著《锡兰考察》，第540页。（作者注）

为鸟有了。① 这让我们想起了中世纪的许多故事,说明了一类故事的流传之广,那就是男性的无能受到女人活泼机智的讽刺。

对异性的这些诙谐讥讽,有趣地说明了阶级标准的区别。如果说,男性因为不懂神秘的烹饪把饭做糟了,才遭到了嘲笑,那就可以说,男性在自己的领域里犯下的真正错误比女性多得多!罗斯先生的目光似乎特别能注意到关于野蛮人欢笑的记录。他告诉我们,一群女人坐在小船上采集牡蛎,她们与一个访问者的小船比赛划船,努力打败后者。这个过程始终伴随着女性的欢闹,伴随着对男性的挖苦,因为后者居然输给了她们。② 这个例子当然包含着几分更高级的感觉,至少包含着一种模糊的认识:做事的正确方式是永恒的、普遍的。

我见过一个例子,它最清晰地说明了什么应当被我们称为"纯粹的幽默"(dry humour),就在我刚刚引用的那本书里。其中说:有一次,一个愚蠢的老占卜师把一大群酋长召集在一起,解决为他们的孩子起名字的事情。他说,那些名字不是他起的,而是得自某些恶鬼③。其中一位经过长途跋涉而来的酋长听到这些废话,心生厌恶,便"在占卜师说话时假装昏厥,仰面躺倒,大口喘气,两腿痉挛,朝上乱踢"。这番举动打断了那个乏味的过程,也为各位酋长免去了进一步的厌烦。不仅如此,那个沮丧的骗子还不得不赔给破坏了他表演的那位酋长几只家禽,作为对他的惩罚,因为他居然让那些恶鬼袭击了那位酋长。④ 这个故事很有启发性,因为它表明了一种倾向:一旦阶级开始明显形成,不同阶级的成员之间往往会互相嘲笑。其实,我们在这个例子

---

① 参见博顿著《西非的机智与智慧》(*Wit and Wisdom of West Africa*),第 52 页。(作者注)
② 参见罗斯著《沙捞月和英属北婆罗洲的土著》卷一,第 83 页。(作者注)
③ 原文为 Hantu,是马来亚语的"恶鬼",又作 Antu。——译注
④ 参见罗斯著《沙捞月和英属北婆罗洲的土著》卷一,第 83—84 页。(作者注)

第八章　野蛮人的笑

（强加给骗子的嘲笑）中看到的，或许是一种暗示：国王和民众往往从作弄僧侣中取乐，这是中世纪欢闹的一个明显特点。

爱笑的倾向逐渐进入了野蛮人部落的日常消遣，这个题目值得说上几句。群体娱乐的艺术，这是白人能向这些被大大误解了的人类学习的事情之一。他们没有奢华的沙龙，没有金银餐具和罕见的美酒，没有剧院和音乐厅，却依然设法获得了大量真正的、毫无矫揉造作的欢乐。一位旅行者写道：当着陌生人，土著们只要不再感到紧张，便会聚在一起轻松地交谈。他们围着火堆唱歌、闲聊，比较年长的人往往会编造和吹嘘自己在战争和狩猎方面的出色表现。"大家随意地说笑话，人们的笑声虽说不响亮，却会持续很久。"[①]

这些群体娱乐的一个常见内容，是模仿其他部族和欧洲人的特点。模仿（Mimicry）是演员技艺的基础，在这些未开化的野蛮人当中，模仿往往能达到完美的高度并得到高度赞赏。一位在加拿大维多利亚地区传教的教士写道：一个土著若能模仿本部落某个不在场的成员的特点，整个部落的人往往都会大笑不已。[②] 巴西的印第安人用活泼的手势模仿其他部落的特点（例如胡须），开心地大笑。[③] 可以想见，这种模仿也时常针对白人的古怪举止。新南威尔士（New South Wales）的土著十分擅长模仿，因此一位旅行者写道："他们模仿他们见过的菲利普斯总督以下的所有欧洲人的怪癖、服装、步态和外表，模仿得惟妙惟肖，乃至成了那些欧洲人的一些动作和特点的历史记录。"[④] 这位权威还告诉我们：塔希提岛的土著目光敏锐，能捕捉到陌生人的举

[①] 参见斯普罗特著《野蛮人生活场景及研究》，第51页。（作者注）
[②] 达尔文在他的《情感的表现》第309页的引用。（作者注）
[③] 参见冯·丹·施坦因著《在中央巴西的原始民族当中》，第71页。（作者注）
[④] 参见特恩布尔著《一次环球之旅》，第88页。（作者注）

止、动作甚至眼神。陌生人只要有任何特别的缺点或古怪之处，总是会引起土著的笑。① 另一位旅行者证明了一个事实：加拿大维多利亚地区的土著是出色的模仿者。去了白人的教堂之后，他们就"拿起一本书，相当成功地模仿传教士的举止：笑着享受自己得到的掌声"②。北美洲印第安人也擅长模仿。加利福尼亚的印第安人给美国白人起的绰号是"沃啊"（Wo'hah），因为他们听见过那些早期移民赶牛时发出的声音"沃—霍"③。"一个印第安人若看见一个美国人走在路上，他便会朝自己同伴喊：'那边来了个沃啊'同时晃起胳膊，做出赶牛的样子，而这会使其他人大笑起来。"④

除了这种模仿的技艺，野蛮人还在另一个方面表现出了显著的机敏：运用漫画式描述、俏皮话和机智应答的语言艺术。我们得知，在使用这些技艺方面，野蛮人充分地运用了讽刺（irony）这种手段。

具备了这些初级的才能，便自然会导致一定程度的专门化。事实一再表明，我们见到的这些未开化的野蛮人共同体都拥有自己的专业哑剧演员、小丑和才子。的确，我们读到过一个事实：即使在澳大利亚和塔斯马尼亚的野蛮人当中，也存在着喜剧艺术的初级形式。因此，卢姆霍尔茨记述了澳大利亚黑人的哑剧舞蹈，⑤ 罗斯则明确地告诉我们塔斯马尼亚人有他们自己的小丑和以说笑话为生的骗子，他们都能模仿别人的怪癖，并且相当令人

---

① 参见特恩布尔著《一次环球之旅》，第372页。（作者注）
② 参见布罗·史密斯著《维多利亚的土著》卷一，第29页。（作者注）
③ "沃—霍"（whoa-haw）：这是赶牛的吆喝声，意思是"停止"和"向左转"。——译注
④ 参见鲍威尔（J. W. Powell）著《北美人种学》（*North American Ethnology*）卷三，第410页。（作者注）
⑤ 参见卢姆霍尔茨著《在野蛮人当中》，第239、291页。（作者注）

第八章 野蛮人的笑

信服。[1] 同样,在苏门答腊人中也能发现一些"天性幽默者",在夜间的娱乐活动中,他们能够运用打诨、模仿、双关语、机智应答和嘲讽,使众人大笑不已。[2] 在一些情况下,说笑话的小丑由部落首领指定,这就像我们的国王选定弄臣那样。在萨摩亚[3],每一位部落首领都有自己的专职小丑,而小丑则享有特权:除了享有其他自由,还被允许将食物从部落首领的嘴里拿出来。[4] 在加拿逸,一个享有特权的小丑(他得到了一支老枪)告诉殖民官说他只用一发子弹就打死了14头鹿。殖民官感到不解,那小丑解释说,他每打死一头鹿,都将子弹从鹿身上挖出来,以便再用。[5] 我们在这里见到的把戏,与马戏团里欧洲小丑的把戏毫无二致。据说,格陵兰岛的爱斯基摩人有一种定期的表演,一些"逗笑的男人"满怀雄心,纷纷献技,争取众人的喜爱。这些人吃过饭以后,便一个接一个地站起来,分别展示自己的音乐天赋,其办法是击鼓唱歌,并作出滑稽的姿势,用脸部、头部和四肢作出可笑的把戏,以炫耀演技。[6] 土著人互相揭短的特殊考验,也与这种竞赛大致相同。双方都极力使对方显得可笑,其办法就是演唱讽刺歌曲,讲述对方的劣行。用嘲笑和谩骂赢得观众最多笑声的一方,则被宣布为获胜者。即使是杀人这种严重罪行,也常以这种快乐的方式作为惩罚。[7]

---

[1] 参见罗斯著《塔斯马尼亚的土著》第二版,第38页。(作者注)
[2] 参见玛斯顿著《苏门答腊史》,第230页。(作者注)
[3] 萨摩亚(Samoa):南太平洋上的群岛。——译注
[4] 参见魏茨《原始民族》(Naturvolker),第102页。(作者注)
[5] 参见罗斯著《沙捞月和英属北婆罗洲的土著》卷一,第81页。(作者注)
[6] 参见汉斯·埃杰德(Hans Egede)著《格陵兰史》(History of Greenland),第156—157页。(作者注)
[7] 参见南森著《爱斯基摩人的生活》,第187页;参见埃杰德《格陵兰史》。(作者注)

我们还读到过几个对野蛮人娱乐的更详细记述。西太平洋群岛的一些土著在国王面前定期举行化装表演,其中会出现由主角小丑扮演的历史上的英国水手,佩带着短剑,将"宰相"和"小丑"的角色集于一身,打破了礼节规矩的严格限制,指着国王,嘲讽地问国王是否会大声发笑。[1] 在野蛮人创造出来的有趣的歌曲和故事里,我们可以找到喜剧艺术雏形的另一些痕迹。澳大利亚人有一些嘲讽欧洲人怪癖的合唱曲,土著们边唱边笑。[2] 还有一首滑稽歌曲,来自澳大利亚的土著,用以下的美妙歌词描述了某些人(大概是其他部落的人)身体上的怪异之处:

> 咦,多难看的腿呀,咦,多难看的腿呀!
> 这帮长着袋鼠屁股的家伙。
> 咦,多难看的腿呀,咦,多难看的腿呀![3]

在这些粗糙的艺术形式里,我们发现了欧洲范例影响的踪迹。不过,也有一些故事似乎来自完全的自发。关于这些故事,只要提到一点就足够了。它们来自雷姆斯大叔讲的那些开心故事,其作者说,故事的材料来自美国种植园的黑人。[4] 金斯莱小姐在写给我的信中说:"我知道那些故事不是编造出来的。我在

---

[1] 参见厄斯金在《西太平洋》第468页上对杰克逊(Jackson)的《记述》(Narrative, 1840)一书的引文。(作者注)
[2] 参见邦维克《塔斯马尼亚人的日常生活》,第29页。(作者注)
[3] 参见格雷(Grey)著《在澳大利亚的两次远征》(*Two Expeditions in Australia*, 1841)卷二,第307—308页。(作者注)
[4] 参见乔尔·钱德勒·哈里斯(J. Chandler Harris)著《雷姆斯大叔和他的朋友》(*Uncle Remus and his Friends*)。(作者注)

第八章 野蛮人的笑

刚果南部听到过柏油娃娃的故事①。"不妨补充一句,在一本非洲民间故事集里,可以找到"柏油娃娃"这个发明的基本要素。②

我们的研究似乎告诉我们,像我们自己的笑一样,野蛮人的笑也代表了不同层次的文雅修养。其中大多仅仅是天真的、不假思索的欢乐,就像我在本书前一章谈到的那个小姑娘的笑那样。我们看到,与这种幼稚的欢乐共存的,还有笑的一些粗糙的、残忍的形式,我们可以将它们比作小学男生那种较粗野的笑。除了笑的这些比较低等的形式,我们还看到了一些比较高级的形式,从中可以发现对群体标准的几分参照。最后,我们还会在各处找到更具思辨色彩之笑的雏形,正如一个故事所说的那样:有个人一想到死者居然能四处游走,没有胳膊,没有腿,便大笑起来。还有个故事说一个人笑着剥去了一个骗子的伪装。另一方面,土著姑娘们嘲笑英国女人不会编席子,在这种善良而有节制的笑里,我们也看到了笑朝着同情之笑的演变。换句话说,我们发现了被我们称作"幽默"的复杂感情或态度的模糊萌芽。看来很有可能,我们从最低等的野蛮人部落走向比较高等的野蛮人部落时,"幽默"这种素质即便其量没有增加,其质却有所改进。③

因此,在描述野蛮人部落欢闹的共同特点方面,旅行者们无

---

① 柏油娃娃的故事(Tar Baby Stories):出自美国作家、记者哈里斯(Joel Chandler Harris, 1848—1908)的小说集《雷姆斯大叔讲故事:布莱尔的兔子和柏油娃娃》(*Brer Rabbit and the Tar Baby, Uncle Remus Story*)。另见本书第六章《笑的起源》有关注释。——译注
② 参见丹内特(B. E. Dennett)著《非洲民间传说》,第92—93页。(作者注)
③ 罗斯先生曾向我指出,澳大利亚人当中,嘲笑"死者无腿却能四处游走"这个想法,这种情况往往发生在等级最低的部落里。但我认为,这一明显的例外并不影响本章归纳的思想的正确性。这种嘲笑所显示的智力因素并不算高级,况且我们还明确地知道,这种情况下的嘲笑者是一个"聪明的"土著,换句话说,他的智力高于其部落成员的平均水平。(作者注)

疑会感到困难。金斯莱小姐在给我的信里谈到了西非土著的幽默："它很特别，并不幼稚，性质更阴柔，尽管十分露骨或粗野。我很难描述它，而只能说：被我看做出色笑话的东西，土著也会这样认为；还有很多笑话，我们都不知其可笑之处；还有一些笑话使我们哧哧发笑，但高级人士却会蔑视它们，把它们称为打诨（buffoonery）。"①

作为本章的结束，我还要特别指出一点。任何文明的社会共同体，只要担负着管理"低等种族"的责任，那么，关注那些种族对欢乐的热爱，就是一种明智之举。我们发现，采用这种做法比采用某些更严厉的措施更有效，而即便是文雅的英国人也往往认为自己不得不采用后者。一位在非洲的传教士（前文已提到过）写道：在传教方面，哪怕是喜欢争吵的人也会承认"一个笑话等于十次争论"②。有人证实了这一点，他其实并不太善于描述他见到的野蛮人。他在谈到东非的土著时说，土著把他当成那不勒斯人取笑，这使他很开心。③ 金斯莱小姐在给我的信里写道："我发现自己总是能戏弄他们，使他们作出其他人无法让他们做的事，我可以用大笑去面对他们干的事情，而其他人若见到了那些事，大概会朝他们开枪。"

---

① 罗斯先生给我写信说，他赞成金斯莱小姐的观点：野蛮人的笑不同于儿童的笑。我理应欣然赞成这个观点，但前提是承认两者的笑具有不同的形式和对象。在儿童与成年人的差别中，能力、经验和习惯的差别当然会造成两者在欢乐情绪表现上的诸多不同。但我认为，就表达欢乐情绪的基本心理过程而言，两者的相似之处依然是真实而明显的。（作者注）
② 参见麦克唐纳著《非洲人》第一部，第266页。（作者注）
③ 参见博顿著《中非湖区》卷二，第338—339页。（作者注）

第九章 社会进化中的笑

笑与社会生活的联系——欢笑的传染性是一种社会性质——笑的社会作用——阶级差别作为笑的条件——社会群体的形成如何扩大了笑的领域——群体间相互嘲笑的作用——嘲笑其他群体的成员——上等人嘲笑下等人——下属嘲笑权威——以嘲笑反击工头——女人以笑反击男人——下等人的笑的纠正作用——群体之笑的安抚作用——笑的社会功能小结——将其他群体的嘲笑作为纠正自负的手段——社会运动对笑的影响——时尚的变化——时尚与习俗——时尚运动的快乐方面——时尚下降到下等阶级的可笑性——嘲笑过时的事物——进步的运动——笑着迎接新思想和新做法——笑着送别衰朽的习俗——欢乐精神对社会变革的影响——文化群体演化的影响——社会较小群体的影响——打破群体界限的进步作用——社会共同体向富翁政治过渡时的可笑表现——文化运动对欢笑的提高——陈旧的朗声大笑的衰落——大众的欢笑与权威的冲突——大众衡量可笑事物的标准的结合——为个人之笑作准备

在前面两章里，我们考察了笑在个体身上的早期发展阶段，并大致提到了笑在野蛮人共同体生活中的早期发展。我们现在若将心理学的考察再推进一步，提出这样一个问题：儿童的欢笑是怎样发展成为我们如今称为"幽默"的复杂情感的？我们就会发现自己不得不暂停下来。不过，有一件事情却很清楚。倘若没有社会文化高级阶段的教育作用，我们当中的任何人都不会具备"幽默"这种可贵的天赋，而所谓社会文化的高级阶段，就是我们的智能环境和道德环境。由此，我们似乎可以说，我们应该用一点时间，考察一下社会文化本身的发展过程，把笑的冲动看做社会共同体生活的特征之一，并弄清一个问题：社会进步的运动是如何（几乎是不为人察觉地）改变了笑的？

详尽地阐明这些社会变化，这个尝试显然会使我们走得很远。我们有理由指出，社会变革的每一个重大方向（例如知识概念的变革、道德情操的变革、政治和社会自由的变革、财富的变革、阶级和等级分化的变革），都会影响笑的冲动，使它在日常生活和艺术中的强度、分布方式和表现样式产生某种变化。不过，我们却没有必要考虑得如此深入。只要简要地追溯社会演进的那些阶段，想必已经足够了，那些阶段似乎直接伴随着社会的演进，大大地改变了欢笑的精神。

进行这样的考察，我们必须首先阐明笑的社会性。我在前一章讨论野蛮人的欢笑时，已经涉及了这个问题。现在我们必须更深入地探讨这个问题。

笑的社会性的最明显特征之一，就是（我已经提到过的）笑的传染性。[1] 笑能唤起机械的模仿，这是一种十分巨大的潜在力量，并会以多种方式表现出来。这表明人类的欢笑大都不是别的，而只是一种表面的共鸣，其中并不包含什么意念，就像具有传染性的呵欠和咳嗽一样。但是，这也表明笑具有社会性，因为笑的本质类似合唱，所以具有团结的作用。在集市上，一群庄稼汉一起嘲笑一个小丑，他们就暂时变成了一个密不可分的集体。

---

[1] 参见本书第二章《微笑与大笑》有关内容。（作者注）

第九章 社会进化中的笑

一起笑的习惯往往能使群体得到巩固。

即使这种共同的笑并非那么自动地发出,而是来自思想和情感的共同体,其传染性也依然发挥作用。其表现似乎是对别人的笑迅速地作出响应,将自己的笑融入群体的欢笑中,暂时抹掉了一个人个性的边界。在缔结长久的同志之谊方面,与别人一起尽情大笑也像与别人一起痛哭一样有效,尽管它不能像与别人一起痛苦那样深地感动我们。

不过,笑的社会性的表现还不只这些。人们普遍承认,人类表达的笑的感情,包含着对其对象的某种人道精神。若没有真正的宽容精神,全世界的人都会用厌恶或怨恨对待那些可以直接或间接地被当做笑料的人。所以,由此看来,笑似乎具有反社会的和分裂的作用,并且(天啊)文学史还能为研究者提供一些显著的实例来表明这一点。尽管如此,笑的这种有害锋芒还是变成了笑的有价值的社会属性之一。正如被我们轻视的格陵兰人可能使我们认识到的那样,笑提供了一种惩罚方式,其中结合了有效性、便利性和人性,为旁观者提供了大量的娱乐。在一切社会里(哪怕与格陵兰的方式并不完全相同),笑都在各种社会力量中占有重要的地位,它能严惩恶习和罪过,力求降低恶习和罪过的活力。

但是,笑的尖锐锋芒只是代表了它对被嘲笑者的一种情感影响。野蛮人的生活已向我们表明,笑造成的不愉快结果可以用于伸张正义,它造成的愉快结果也能诱使其他人放弃敌意和顽固态度。笑作为一种根本上有害的处理方式却具有这种奇特的作用,这似乎主要可以从笑的嬉戏功能得到解释。用笑话取代辩论或强制压力,这就如同搔痒,是游戏式的挑战,并往往会在彼此的挑战中唤起游戏的情绪。我们已经看到,野蛮人之间的互相戏弄犹如一种训练、一种简单的攻防游戏,并具有一些很可贵的作用,例如保持好脾气、宽容,以及战胜私人的感情、建立同志之谊。

笑的研究 /// AN ESSAY ON LAUGHTER

我还必须谈谈野蛮人生活所表明的笑的另一种社会性。野蛮人嘲笑外来人的习俗和思想,这种本能的倾向代表了一个共同体针对阴险的外界影响所采取的自我保护态度。希伯来人嘲笑巴力神①的崇拜者,以使自己的民族信仰不受损害。同样,这些处于文化阶梯底层的蛮族也嘲笑被他们看做外来影响的东西,其目的在于预防一切来自外界人群的污染。当环境已经改变(造成环境改变的,或许是白人的到来)、要求新的适应时,笑所包含的这种倾向无疑有助于保护那些曾一度有益的部落特点。我们从中看到了笑在各种社会的生活中发挥的带有保守性质的功能。另一方面,正如我们看到的那样,白人在服装方面造成的新奇感,也会吸引野蛮人,使他们愉快。研究社会进步与笑的关联,我们必须十分仔细地考虑欢乐精神对社会变革所持的态度。

正如我们已经看到的,笑的这些方面都表明了笑的社会功用。我们的确可以预期,游戏冲动的全部产物都可能具备游戏所具备的益处(最近的研究已弄清了那些益处)。研究笑在不断演进的社会共同体中的发展和持续时,我们将有机会更充分地说明笑的社会功用。笑对发笑者的身心都很有益,这已成了老生常谈,至少研究文学的人是这么看的。在此,我们应当关注笑的那些明显的社会益处,例如维护某些传统(无论从社会共同体的角度看,还是从社会共同体的某个阶级的角度看,那些传统都被看做是有益的),抑制罪恶和愚蠢,以及促进社会的合作。

笑的这种社会功用究竟有多大?对这个问题不能做简单的回答。我们将发现,各种社会并没有一致地把笑视为一种有益的习惯,而都曾尽力地抑制笑。我们研究欢笑在社会生活进程中的命运时,一定会看清一点:笑一直都在为自己的存在而斗争。

从刚才说过的话,我们可以确定一点:我们必须把笑的历史

---

① 巴力神(Baal):古代闪米特人信奉的太阳神,被希伯来人看做邪神。——译注

第九章　社会进化中的笑

与社会进化运动看做具有内在的联系。观念、情操和行为方式的变化往往会改变欢乐情绪的表现，同样，笑也会反过来影响观念、情操和行为方式。在娱乐消遣与严肃追求之间，通常也存在着这种互动作用。一个社会共同体的娱乐消遣，会通过一些重要的方式决定该社会投入严肃活动的力量的大小。在笑的方面，这种交互影响更为显著，因为欢笑往往会针对严肃的事物，将严肃事物当做其利箭的靶子，常常走得很远，以致射进社会生活中的严肃事物的中心。

我们在野蛮人部落中发现的阶级分别很少。觉察到不适宜的事物，以及与之相伴的、对这类事物的嘲笑，大多都针对其他共同体的成员。这是一种集体的笑，因为整个部落都参与或准备参与这种笑，而也恰恰由于它是集体的笑，其声音才十分单调。在社会共同体内部区分出不同的群体，这似乎是必然的，这不但是为了构成社会，而且是为了能使欢笑精神自由地运作。思想和行为的多样性，是使社会的欢乐精神得到充分表现的主要条件。

在能想到的最低等的人类社会共同体里，已经存在着这种多样性的萌芽。大自然使男性与女性的行为方式既互相结合又互相分离，仿佛要把神的工作与人的工作结合在一起，而从人类社会的开始，这种现象就一直存在。我们与猿类相近的男性祖先第一次"咯咯"发笑，嘲笑女性的低下地位，而女性则第一次设法利用其初步的说话能力回击她们的丈夫和主人，反败为胜。想象出这番情景，一定是一种有趣的消遣。在一些最简单的人类社会里，也必定存在某种等级差别，表现为老年人和青年人的对比，也表现为统治者与被统治者的对立。但若由此认为，在社会进化的早期阶段，一直被相对的社会地位观念严肃地分开的人，可以通过玩笑娱乐而互相交流，这种推论却是危险的。

我们唯有去考察一个具有了一定程度的阶级差别的社会，才会清楚地见到这种差别与欢乐精神的孕育和分配之间的关系。浏览这些差别时，我们可以方便地采用塔德先生（M. Tarde）提出的词语——"社会群体"（social group）。这样的群体可以是一个阶级，其成员具有相似的职能，具有与该阶级相关的共同特点，例如教士和商人。这样的群体也可以是这样一群人，构成的根据仅仅是知识和趣味共同体，例如处于特定文化层次上的社会成员。虽然划分社会群体的这两种方式必然导致重叠，但将它用在这里还是可取的，因为这可以充分地阐释群体的形成与社会之笑的特定方向之间的关系。

社会共同体内不同群体的发展，会影响笑的冲动的表现，这种影响首先造成了职业、能力和智力的差异。这样一来，这种影响便扩大了判断胜任（competence）和适当（fitness）的领域，而正像野蛮人的笑所表明的那样，欢笑的一些简单形式当中就包含着这种判断。因此，两性职业和生活模式差别的确立，显然会使两性都快乐地戏弄（quiz）对方，而从文化的最低阶段开始，这种戏弄似乎一直就是人类谐谑精神的主要成分。全部文学史都说明了男性对女性的无能略带几分恶意的嘲笑，这种嘲笑也见于小学男生对女生的态度。女性成功地反击男性的佳例也并不少见。在野蛮人的生活中，我们也发现了类似于阿尔弗莱德国王[①]烤坏了饼子的故事[②]。这个故事说明了女性内行对男性外行更暴烈的批评。伤害感若不那么强烈，无能的表现若使人感到了愚

[①] 阿尔弗莱德国王（King Alfred, 871—899）：英格兰韦塞克斯王国国王、学者及立法者，曾击败了丹麦人的侵略，使英格兰成为统一的王国。——译注

[②] 阿尔弗莱德国王烤坏了饼子的故事：传说阿尔弗莱德一次率军与丹麦人作战之后，到森林中一位樵夫家里寻找吃的，樵夫的妻子正在烤饼，吩咐阿尔弗莱德看好烤在火炉上的饼，自己出去挤牛奶。但阿尔弗莱德一心想着与丹麦人的战事，把饼烤糊了。樵夫的妻子不知他是国王，怒斥他说："你这懒虫！你想吃东西，却不肯干活儿！"——译注

第九章 社会进化中的笑

蠢,这种暴烈的批评便往往会减弱为亲切的嘲笑。实业与其他行业的区别(例如乡下人与城里人,未出过海的人与水手,士兵与平民),都构成了集体大笑的新中心,构成了新的嘲笑对象。

社会群体的形成,造成了行为、服装和言语方面的显著差异,令人印象深刻,因而进一步扩大了笑的材料和机会。这样一来,古怪的、荒唐的、对立于我们自己的习俗和标准的事物,其范围便被扩大了,其内容也被丰富了。仅仅是地点的不同,就足以造成这样的差异。并不算太久以前,你还能在英格兰西部听到嘲笑,那就是各个小镇或街区的居民彼此之间的嘲笑。我们读到:中世纪的时候,服装和言语的地域差别比如今显著得多,对特定地区人们的讽刺也并非不常见,尽管那些相当猛烈的嘲笑除了包含着对可笑事物的认知,或许还包含着更多其他的成分。[①]

这种对其他群体的愉快戏弄,其直接作用就是保存自己群体的特点(野蛮人部落之间的互相戏弄就是如此)。但针对阶级差别的嘲笑,却表明了笑的另一个益处。一个群体一旦习惯了另一个群体的独特行为方式,便往往会认为那些方式对后者是正确而恰当的。它甚至会将这种恰当性看得极为重要,认为它能通过嘲笑那些不符合群体习俗的成员,维护后者的内心情感。保存与众不同的习俗,这不仅仅是为了贯彻道德标准,而"内部制裁"(其形式为严肃的处罚,也包括本群体成员的嘲笑)与"外部制裁"(其形式为外来的嘲笑),这两者的意义也多少有些不同。军纪和团体精神(esprit de corps)能够维持军人那种令人难忘的英勇态度。同样,平民快乐的嘲笑也能起到这种作用。可以想见,一个可怜的、步履蹒跚的穿军装者,绝不会逃过公民们的眼睛,因为后者随时都在寻找笑料。

如果生活模式的特性为某一群体规定了专门的行为规则,另一

---

① 参见赖特著《漫画与怪诞的历史》,第181页。(作者注)

些群体便更有机会愉快地强迫该群体成员达到其应有的道德高度，尤其是当这种规则十分严苛的时候。有名无实的英雄力图通过自吹自擂来掩饰自己缺乏勇气，一直是古今喜剧文学所热衷的人物。其中一个值得注意的例证，就是中世纪的人们对僧侣的大量嘲笑。例如，讽刺僧侣的漫画是把僧侣画成布道坛上的狐狸（Reynard），下面是一只代表教士的公鸡。很多受骗的"兔子"①都揭露了他巧妙掩饰的不道德行为，经常给他应有的惩罚。这相当清楚地表明，在这种情况下，众人的笑包含着憎恨与轻蔑的意味，而笑的一部分目的就在于揭露和惩罚这个禁欲的阶级。我们应当重视这个特点，尽管我们绝不可忘记一点：在这些小故事（Conte）里，神职人员极少能毫发无损地逃脱危险处境。这表明，众人的情感中不但潜藏着一种成分，它近似于儿童对大胆的狡猾行为的快乐惊喜，而且潜藏着对一个职业等级的某种同情式的宽容，那个等级成员的肩上压着重轭。讲述者的心态，常会让我们想起逍遥自在的英国人见到怪象（例如醉酒的水手或士兵）时的心态。②

另一个十分自负、受到诸多"逼入窘境"（screwing-up）式的嘲笑的阶级，就是医生。教士医治心灵，医生则仅次于教士，大多都从事医治肉体之事。在《吉尔·布拉斯》③里，在莫里哀的喜剧里，在其他作品里，我们会看到，医生陈旧的做法和卖弄

---

① 兔子：原文为 Conies，泛指受骗上当者。——译注
② 贝蒂埃（Jos. Bedier）先生在其有趣的论著《中世纪寓言短诗的精神》（*L'Esprit des Fabliaux*）中虽然指出这种短诗通常都没有社会目的（portée sociale），却不得不承认：在对待教士方面，这些"滑稽故事短诗"（contes a rire en vers）流露出了一种真正的憎恨。(他还说，)中世纪的其他文学形式都贯穿着这种憎恨。（作者注）
③ 《吉尔·布拉斯》（Gil Blas）：法国作家勒·萨日（Alian René Lesage，1668—1747）1715—1735年间写作的小说，描写下层平民吉尔·布拉斯混迹社会、成为贵族的经历，揭露了18世纪法国贵族社会的腐朽黑暗。其中说吉尔·布拉斯曾跟着一个庸医，害人性命，"不到六个星期，造成的寡妇孤儿和特洛伊城被围时一样多"。——译注

第九章 社会进化中的笑

学问,往往会引起聪明外行的嬉笑嘲讽。

到现在为止,我还没有说到如此形成的社会群体的等级。从较低的等级分化出较高的等级,这使后者具备了几分权威,也对后者有益。事实将表明,在激起群体之笑方面,这种将人群分类的分化过程是最重要的特征。我们已经看到,我们的欢乐与尊严(dignity)大有关系,与高于我们的事物对我们的尊重大有关系;另一方面,轻蔑的笑(其声音响亮而持久)则意味着尊卑关系,其前提是戏弄的情势制造出了被嘲笑的对象。形成群体的一切阶段,似乎都包含着上等阶级与下等阶级之间的这种差别。我们能设想的、最简单的社会结构,既包括家族、氏族或部落的首脑和统治者,也包括臣民。因此,在造就群体之笑方面,社会人群的分化便具有了重大的意义。

权势者嘲笑地位不如他们的人究竟能在多大程度上满足他们的优越感,这个问题当然很难说清。权力若是真实而绝对的,那就还有另外一些方式去表达轻蔑。文学无疑为我们提供了许多例证,说明了社会的高等阶级怎样嘲笑低等阶级。贝特兰·德·波恩[①]的普罗旺斯抒情诗,便是一例。诗中以轻蔑的态度对待那些乡巴佬。不过,大部分的文学由于并不是由统治阶级创造出来的,所以并没有过多地涉及这个主题。[②] 根据父母和成年人与儿童的一般关系,根据白人主人与黑人奴隶的一般关系,我们只能

---

① 贝特兰·德·波恩(Bertran de Born, 1145—1215;意大利语名为 Bertram dal Bornio):法国男爵、修士、著名游吟诗人,作有大约40首诗歌。由于他曾参与英国国王亨利二世长子的宫廷斗争,意大利诗人但丁(Dante Alighieri, 1265—1321)在《神曲》中将他称为"离间者",放在地狱的第八层受罚,见《神曲·地狱篇》第28篇。——译注
② 在前文引述的那部著作中,贝蒂埃指出:中世纪寓言短诗的作者(他们来自市民阶级,为市民阶级写作)站在了弱势的乡巴佬一方,而没有站在强势的骑士阶级一方(参见该书第291页之后)。(作者注)

作出大致符合事实的推论：一定程度的好脾气，总是能够减弱权力的威力；好脾气能造就一定数量的嬉戏诙谐，既具有矫正作用，也具有黏合作用。

在一些情况下，权威即使不像应有的那么真实，地位优越者的嘲笑之声也格外响亮。可以说，男人嘲笑其不那么顺从的妻子的声音，几乎响彻了一切时代。公元前14世纪或公元前13世纪的埃及纸草书（papyri）中写了一个名叫阿努普（Anoupou）的丈夫遇到的灾祸。① 古希腊喜剧家们认为，男人辱骂女人不会使女人过分痛苦，也不算粗鄙。② 在拉丁语文献中，我们见到了不同类型女子的讽刺肖像，她们被描绘成具有各种动物的形体，例如狐狸和母驴之类。③ 在中世纪的社会，男人蔑视女子的表现，是坚信对付女人的唯一办法是先打她们一顿，再看她们的愚蠢表现，那就是哭上整整一天。④ 有的时候，这种轻蔑表现为严厉的谴责，像在《一千零一夜》里那样。但在大多数情况下，这种轻蔑却表现为带有较轻松的喜剧色彩的笑。即便是（男人对女人的）讽刺，也往往会失去全部野蛮性质，带有以好脾气去容忍无可救药者（女人）的色彩。

社会等级的形成，造成了对社会地位低下者如此广泛的、出于傲慢自负的嘲笑。尽管如此，社会等级的形成也使社会地位低下者获得了大量的复仇机会，那就是用嘲笑上等人的办法去复仇。

这样的笑在人类历史上出现得有多早，这很难说清。在简单的社会共同体中，部落成员加在年轻人身上的严苛限制，想必会

---

① 参见玛斯佩罗（Maspero）著《埃及的通俗故事》（Les Contes populaires de l'Egypte）序言。（作者注）
② 参见加德纳（Percy Gardner）著《希腊古迹》（Greek Antiquities），第353页（作者注）
③ 参见泰瑞尔（Tyrrell）著《拉丁语诗歌》（Latin Poetry），第220页。（作者注）
④ 参见贝蒂埃著《中世纪寓言短诗的精神》，第279页。（作者注）

第九章 社会进化中的笑

消除儿子们对父亲的一切嘲笑，古代和现代的喜剧都表明了这一点。对违反仪式规则的处罚，也必定会破灭笑的一切冲动（只要违规行为会引起笑）。据说，某个部落的首领偶尔摔了跟头，其属下的部落成员也一定会假装摔倒，以掩盖首领的过失。[①] 这种离奇有趣的习俗，其作用可能是有效地遏制爱笑的冲动。不过，这个理论却事先假定了某种与现代相距甚远的奉承者。关于这种人，我们有理由说，我们相信，他们很可能做到的一点，那就是目睹（权势者的）过失和更恶劣的表现，却不会过分受制于笑的冲动，不会发笑。

我们只能推断，人们分辨出权势者滑稽可笑的一面并从中取乐，这只能在他们闲暇的时间内，还要避开告密者的眼睛。

根据我们对古代艰辛劳作的奴隶的了解，古代的奴隶在艰苦劳作之后不仅要游戏，还会在保障自身安全的情况下发泄对工头的不满。我们读到：古埃及的工匠"从一天的工作中最微小的事故中取乐，那些小事故包括笨拙的学徒割破了手指，工友干活时睡觉、挨了监工的一顿鞭子后才醒来"等。那监工难道不是也流露出了类似恶意嘲弄的精神？英国小学男生在操场上或宿舍里发出的那种审慎、半压抑的笑，或许就是答案。玩乐精神这些危险的激增即使未被记录下来，我们也不必吃惊。

同一位作者描写的另一幅图画的意义更大，那是监工与一些工人之间的一场争斗，"棍棒在其中毫无效用"，因此"至少过了一个小时，事情才重归平静"[②]。这就像我们的小学男生看见一个秩序井然的仪式突然乱起来时的那种嬉闹欢笑。这个解释基

[①] 斯宾塞：《社会学原理》（*Principles of Sociology*）一书"仪式制度"（Ceremonial Institutions）一节，第205—206页。（作者注）

[②] 参见玛斯佩罗著《古埃及和亚述的生活》（*Life in Ancient Egypt and Assyria*）第一章。（作者注）

于一个事实:还是这些埃及人,在庄重的场合也会因为见到尊严的丧失(例如殡葬船上的丰盛餐桌被撞翻,木乃伊被送往其安息地时掉在了祭司身上)而发笑。①

奴隶对主人们发出轻蔑的笑,这种情况在古罗马人中当然相当常见。在古罗马人每年的节日之一"农神节"(Saturnalia②)期间,奴隶往往会嘲笑其主人,这已经成了奴隶的特权,早已为人们熟知。在普劳图斯③的戏剧里,奴隶们用"欢乐的、虚张声势的态度"去对待暴君。④ 不但允许学生们尽情欢闹,而且允许他们不时地对校长开一些温和的玩笑,现代的小学校长若不认为这些是权宜之计,便几乎可算是完美的校长。想到这一点,我们读到古罗马的奴隶们享有的这些特权时,便不会惊讶了。用玩笑哄骗别人(金斯莱小姐发现,在管理西非土著方面,这么做很有效)当然有可能突然中止,而它的作用在于用一种轻松的、带笑的办法替代威吓。尽管如此,真正的笑(当轻蔑从笑中蒸发以后)还是必定会在那一刻使双方处在同等地位上,我们仿佛见到了双方立即重申互惠的权利。这大概就是小学校长通常都慎重地采用诙谐的方式的主要原因。听上去,他的笑仿佛始终都包含着几分无法掩饰的轻蔑。

女人反击男人的对她们的轻蔑对待,这是被征服者反过来打败主人的真正令人愉快的实例。女人一次又一次地设法智胜男人(我们发现男人已悲哀地承认了这个事实),并且全力地嘲笑男

---

① 参见威尔金森(Wilkinson)著《古埃及人的礼仪和风俗》(*Manners and Customs of Ancient Egyptians*)卷三,第 429、447 页。(作者注)
② Saturnalia:古罗马的农神节,从每年的 12 月 17 日开始,连续 7 天。——译注
③ 普劳图斯(Titus Maccius Plautus,公元前 254?—前 184):古罗马喜剧作家,其作品影响了莎士比亚和莫里哀。——译注
④ 参见西姆考克斯(Simcox)著《拉丁文学史》(*History of Latin Literature*)卷一,第 46 页。(作者注)

第九章　社会进化中的笑

人控制她的那些讨厌尝试。中世纪的寓言短诗，其目的当然是对女人成功施展策略的奖励，而不是对女人的夫君——男人的奖励。女人愚弄男人的办法往往也非常简单（例如说服男人相信他亲眼目睹的事一直都是他的梦想），以致会使人以为，这可怜的傻瓜会因为懊恼而死。一旦需要更巧妙地控制男人，毫无偏见的读者便会站在女人一边，认为女人发明的那些办法表现了女人令人赞叹的机智精明，而斯宾塞大概会把那些品质视为女人在长期的婚姻暴政下形成的第二性征。关于女人在近代打败男人的那些方式，我们不必多说。轻蔑的高声嘲笑，似乎已从两性没完没了的冲突的这一方转到了另一方，但这个问题却几乎超出了我们目前讨论的这个题目的范围。

还应当补充一句，俗人对神职人员的嘲笑不但表明了我们已经提到的"笑的冲动"，还表明了英勇的凡人反抗其压迫者的渴望。僧侣阶级的谴责和诅咒（像僧侣们郑重宣布的那样）得到了超自然存在的批准，一直都使那些不顺从的男女感到厌恶。我们的祖先对一些故事（例如僧侣及牧师们的不光彩行径）的强烈偏爱，其一部分原因就在于自然人对神职暴君们的这种反叛。这里有个例子，能说明女性对僧侣的反击：一个女人在教堂里与其他女人闲聊，正在布道的僧侣吩咐她安静下来，她叫道："我真想知道你我两人谁说的废话最多！"[①]

地位高贵者与地位卑下者之间的这个差别，还造就了另外一种社会大众的笑。尊贵者维护自己，打击地位不如他们的人，使后者心生敬畏，这就像孔雀等鸟类在不如它们的鸟类面前的表现一样。故意显示自己高贵的人，往往不会被地位卑贱者所接受。他们认为：承认真正的权威，这是一回事；面对所谓权威的夸张

[①] 参见哈兹利特《新伦敦笑话集》（*New London Jest Book*），第31—32页引用的例子。（作者注）又：哈兹利特是英国著名散文家和文学评论家。——译注

之词，面对权力和等级自吹自擂的炫耀而卑躬屈膝，则是另一回事。因此，一切狂妄自大的吹牛都潜藏着很快成为笑料的危险。士兵通过昂首阔步、通过虚张声势的大喊大叫等举动，毫无必要地强调自己真的具备军人的高尚精神，这大概一直是喜剧笑料的来源，像普劳图斯喜剧中的骄兵（Miles gloriosus①）和本·琼生②喜剧中的吹牛大王（Bobadil③）。

很显然，卑下者对高贵者（无论这种高下之分是真实存在的，还仅仅是人们自己的看法）的这一切嘲笑一旦被对方理解，都必定会发挥一种宝贵的矫正功能（corrective function）。如果说，贵族的嘲笑有助于使下等的使女和仆从安分守己，那么，下等人的笑则更有助于维护贵族等级的利益。地位不如贵族者期望得到贵族的尊重，而作为惯例，尊重卑微者是贵族应有的高尚品德。我们知道，卑微者大多都会要求"地位高于他们的人"尊重他们最起码的权利。抑制君王的暴政，也许需要其治下贵族的反叛或其臣民的暴乱。尽管如此，遏制暴政的倾向，却大多还是会借助于嘲笑这种并不令君王在意的手段。即使在自由、开明的国家里，我们也常会看到官员们的一种倾向：不恰当地炫耀自己的尊贵。因此我们可以作出一个推断：地位低下者的笑依然具有遏制性的力量。

小人物的这种英勇反击往往能取得重大成果。欢笑的顽童式精神深入了普通人心中，使他们看到了一切尊贵等级当中大量的可笑之处。另一方面，"有权有势者"（high and mighty）则出于

---

① Miles gloriosus：（拉丁语）骄兵，满口大话却通常胆小懦弱的士兵，源自古罗马喜剧家普劳图斯的喜剧。——译注
② 本·琼生（Ben Jonson, 1572—1637）：英国演员、剧作家，其主要剧作有《人各有癖》（*Every Man in His Humour*, 1598）和《福尔蓬奈》（*Volpone*, 1606）。——译注
③ Bobadil：本·琼生喜剧《人各有癖》中的吹牛大王。——译注

第九章 社会进化中的笑

自我保护的真正本能,发动了猛烈的战争,以反击大众对他们的这种不敬。我们马上来谈谈两个阶级之间的这种斗争。

性情差异以及人群和等级差别造成的笑,其范围会因为重大的环境(例如同一个社会共同体中的人群不得不彼此建立的各种关系)而进一步扩大。利益上的对立与协调的明智混合,似乎最有利于产生大量的欢笑。这一点甚至能从监工和军事指挥官这类权威的做法中体现出来。这些人会发现,用棍棒去强迫下属服从,并不足以保证完成必需的工作量,因此必须设法找出其他的办法。

对巧妙使用哄骗式的笑所取得的良好效果,我已作了说明。在丈夫与妻子的关系上,这一点似乎表现得格外清楚,因为这种关系的有趣之处在于:虽然夫妻双方的趣味、好恶极为不同,并且双方存在着尖锐的对立,但双方的共同利益和目标的需要,还是把夫妻在日常交往中联在了一起。这种必需(夫妻中更明智的一方始终都能意识到它)能遏制轻蔑的态度,迫使嘲笑者至少假装出好脾气。男女两性的总体关系也是如此。玩笑往往能使初次见面的年轻男女之间的交谈变得轻松,而玩笑的性质和范围则几乎完全取决于双方对性关系的认识。羞怯的性情,就是以怀疑的态度视对方为对手,其中包含着取悦对方、赢得对方赞赏的本能,包含着激起对方同情的渴望。这一切都促进了各种摆脱对方的招数的产生,也都通过这些招数表现出来,而欢笑的精神往往会在这种场合里自动显现。

敌意与渴望取得一致的联合作用,其最佳例证之一就是市场里的幽默。买主和卖主的关系,似乎蕴涵着双方彼此愉快地开玩笑的大量机会。双方利益的对立(它能被直接而明显地感觉到)往往会造成大量粗劣的"欺骗"(taking down)行为。双方不但用言语互相嘲笑,这种情况下甚至会出现以恶作剧去报仇的现象。在双方的智斗中,作为内行的商人总是会占上风,而顾客必须讽刺对方的欺诈，才能得到安慰。这种情况常常发生在中世纪。① 另一方面，达成协议的必需也在买卖双方的议价过程中加入了大量和解性的笑。卖主总是懂得"和气生财"的价值，把好脾气用作说服买主的一种手段。玩笑精神在严肃的生意中的这种泛滥，依然可被看做贩卖廉价货物的小贩的一种无力的求生手段。乔治·爱略特②在她的小说《罗莫拉》③的《农夫的集市》(The Peasants' Fair)一章里，为我们描绘了一幅迷人的图画，说明了玩笑精神在南欧的运作。

作为辅助手段的玩笑，也闯入了不同人群之间的商业关系，这种情况见于其他许多实例，各方必须缓和对立、必须达成暂时的妥协（modus vivendi），就像敌对的政党、宗教团体等之间的做法那样。在不同人群的这些颇为温和的交锋中，笑的小精灵的出现，只要它能自我约束，便可以发挥一种作用：至少通过暂时的友好接触，去冷却气氛，遏制仇恨。任何人群的成员初次与陌生人群（尤其是高于自己等级的人群）打交道时，往往都容易产生不安和半信半疑的态度，而在缓解不安、消除半信半疑方面，玩笑的确能发挥很大作用。

不同阶级彼此嘲笑对方的习惯，我们现在总结一下它的主要的社会功能。首先，它有助于消除一切模仿外来人群做派和习俗的倾向，就像野蛮人部落嘲笑其他部落的习惯那样。被我们嘲笑的事物，我们往往不会去采用它。这就是笑的自我保护功能。不

---

① 参见赖特著《漫画与怪诞的历史》，第133页。有个绝妙的故事讲到了一个用来报仇的恶作剧。一个单身汉用恶作剧报复一个客栈老板，后者给单身汉上酒时把酒洒在了客人身上，参见贝蒂埃《中世纪寓言短诗的精神》，第272页之后。（作者注）
② 乔治·爱略特：英国女作家埃文斯的笔名。——译注
③ 《罗莫拉》(Romola)：乔治·爱略特描写意大利文艺复兴时期的历史小说，写于1863年。——译注

第九章 社会进化中的笑

仅如此，嘲笑其他人群的习惯（至少在大多数情况下）还是对我们自己优越感的放纵，这种态度会造成更为保守的倾向，尤其是内行在自己的领域中对外来的外行的嘲笑。

我们现在大致谈谈嘲笑对被嘲笑人群的影响。成为另一人群嘲笑的对象（尤其是当我们有权反击的时候），非但不能减弱我们那些被嘲笑的习惯，反而会使它增强。我们若是深信自己的习惯，别人的嘲笑便会使我们更坚定地相信我们珍爱的东西。我们已经知道，在这种情况下，笑其实是以好脾气去忍受别人嘲笑的绝好锻炼，是有益于提高道德的锻炼。

不过，不同社会群体之间的这种笑，却并不完全有助于保护群体的特性差别。至少在一切高级的社会里，这种嘲笑都具有同化作用（assimilative action）。这种嘲笑能激发一定程度的自我批评，因而摆脱无益的赘疣。因此，它有助于减弱阶级的虚荣，减弱专业人员的狭隘心理（他们常常自夸自赞），而莫里哀欣然嘲讽的茹尔丹先生①的专业教师们的那些争吵，就体现了这种专业人员的狭隘。

外界的嘲笑能纠正一个群体的自负这种惟我独尊的感情，这种作用一直存在，它有助于不同群体的友好交往，防止地区的或专业的团体精神压倒更广大的社会意识（我们将它称为民族情感）和社会共同体的常识。现在我想对这一点多说几句。

到目前为止，我们说明了笑的方式与（可被叫做）社会的结构特征之间的关系。我们尚未谈到笑对社会运动的影响，对习惯、服装等方面的一切风尚的连续变化的影响，对那些更持久的运动（它们构成了我们所说的社会进步）的影响。只要稍加思索，我们便会看到在社会事物的连续变迁中，无法抗拒的"智

---

① 茹尔丹先生（M. Jourdain）：法国喜剧大师莫里哀的喜剧《贵人迷》（*Le Bourgeois gentilhomme*, 1670）的主人公，是个迷恋贵族的资产者。——译注

233

能进步"从未中断过对帽子等事物的修正，也一直在践踏陈旧的信念和制度，因此，我们至少看到了一片广阔的领域，欢笑精神在其中嬉戏，正如笑在不同阶级的差异和奇特的联合中的表现那样。

我们最好从谈论时尚（fashion）的运动入手。时尚的运动可以定义为服装、习惯等方面的变化，有两种因素使这些变化区别于被划为进步的改进：一是这些变化是反复无常的，而不是对最佳事物的理性选择；二是这些变化的存在期相对较短。我们将某种做事方式称为"时尚"时，或许我们是在不知不觉地暗指：它并不具备改向更好的标志，因此它的持续期限也不能确保。

时尚不同于习俗（custom），因为从本质上说，时尚能在社会群体之间传染，甚至能在不同民族之间传染。因此，时尚的发展出现于社会进化相对较晚的时期。时尚能唤起男人和女人的两种最强大的本能：一是渴望新颖，二是模仿比自己优越的阶级的冲动。这个事实可以解释时尚何以能强烈地影响男男女女。

习惯能在不同民族之间传播，按照这个思路，我们注意到时尚通常都是从一个或几个最高的等级向下运动。这种运动很可能早在社会共同体演进之初就开始了，那时的社会严厉地贯彻阶级的差别。尊重比自己优越的社会阶层，这种态度伴随着模仿（imitate）的心理冲动。儿童往往会模仿他们尊敬的人的声音和姿态，同样，野蛮人也会模仿欧洲人的做派，而野蛮人也尽力使自己尊重欧洲人。在原始部族的各种仪式上，甚至在高度复杂的社会的仪式（例如教堂的仪式）上，都为这种阿谀讨好式的模仿提供了广大的余地。我们的确可以推断，采取尊贵人士的做事方式，这种冲动想必始终都在起作用。在人类历史的早期阶段，这种冲动被习俗和法律（例如禁止奢侈的法律）的力量所压制。下层阶级的这种模仿，必定会从根本上打破不同社会群体的外在差别（例如服装的样式），而尊重那些差别则大大有助于维护阶

第九章 社会进化中的笑

级差别,时尚只能力求逐步地打破这些障碍。事实上,这个任务会显得异常艰巨,因此斯宾塞才会指出:作为对尊贵者和权势者的模仿,时尚开始于风俗习惯的改变。正像我们已经提到的那样,作为惯例,国王若是摔了跟头,旁观的大臣们也会立即模仿国王的这个笨拙举动。

出现了对我们称作"时尚"的变化的模仿,在一段时间之后很可能出现对更高阶级的服装和习惯的模仿。对这两种模仿之间的联系,我们似乎还不十分清楚。平民百姓模仿统治者及贵族的习惯,设法通过模仿改变自己的服装,窃取与国王和贵族相同的外表。对此,统治者和贵族是否会感到气恼呢?若根据当今的情况,我们可以回答说"他们会感到气恼"。我听说,只要工厂的女工(或其他下等人群)普遍戴上了时髦的女帽,一些高贵的女士便会强烈反对上等女子继续头戴那些帽子。无论这是出于什么原因,有一点是肯定的:"社会的领袖们"虽然在一些特殊的仪式上穿着带有鲜明阶级标志的衣服,恪守高等阶级的说话方式,却常常会为了其他目的而改变这些做法。这些改变可能来自某个"领袖"在某个发明者引导下的突发奇想,也可能采取另一种形式,那就是吸取外来的行为方式。最后,(时尚的)领袖们还可能包括宫廷以外的人士。人们公认,大学能产生许多精妙的俚语,产生被看做预示着某种社会态度的最新流行语。

我们看到,在时尚的这些变化中,某种属于习俗的东西仍会持续下来。以当今的女装为例,我们注意到,虽然在灯笼裤上做过一些实验,裙子依然是女性服装的永久特征。虽然裙子的宽度甚至长度的时尚变来变去,但作为裙子的裙子却永远存在。

即使允许模仿上等阶级服装举止的冲动在一定程度上的存在,那也可能要过很久,这种冲动才会影响到社会的各个等级。每一个等级都热衷于模仿比其更高的阶级的行为方式,同时也自然而然地抵制一切向下的模仿运动。

笑的研究/// AN ESSAY ON LAUGHTER

我们看到，在时尚从较高等级向较低等级下降的过程里，时尚和持久的习惯会相互修正。在一些情况下，下层等级对上层等级的模仿由于缺少产生实际影响的手段而早早停止。当今时尚流行一时的戴珍珠或其他宝石的快乐，被年轻的女裁缝们放弃了。

尽管如此，其中还是存在着以"模仿"为形式的安慰。同样，出于明显的原因，中低等阶级（更不用说乡下村民了）都不大可能受到安妮女王风格①民房建筑热的影响。即使在服装方面，哪怕新式样的帽子被较低等级模仿，其构造似乎也在受着一些微妙的限制，而"纯粹的男性"会发现那些限制很难说清。在这里，时尚同样受到了阶级习俗的明显限制。至少在理论上，洁净的、不盛气凌人的温和外观，这些理念受到了女帽制造商、家庭仆人以及为有头衔、有财富者服务的其他人的重视。"上流社会"（the fashionable world）这个说法本身就暗示了一点：时尚的华丽和奢侈是上等阶级的专利。

在大多数情况下，中等阶级对高等生活方式的模仿都是对较高社会等级的明确承认。这种几乎不加掩饰的势利心理，其最有趣的例子之一就是最近时兴的高雅握手方式。这样的时尚很容易被平民注意到，平民在戏院里或报纸插图上见到了这种时尚，将它视为"高级生活"新特点的重要表现。有一点值得一提：模仿者夸大了被他们看做新"时尚"的本质，有些人似乎急于将握手的动作提高到眼睛的高度。听到这个消息，我们或许会问：他们到底会把什么象征意义（如果有的话）赋予这种时髦的仪式？

很显然，对社会上层生活方式的这种急切的、几乎是亦步亦趋的模仿，一定会消除日常生活中那些明显的阶级差别。只要比

---

① 安妮女王（Queen Anne, 1702—1714）：大不列颠及爱尔兰女王，斯图亚特王朝的最后一代君主。安妮女王风格建筑是英国维多利亚时代一种自由古典风格的建筑，装饰繁冗精美，有些带有塔楼和倾斜的屋顶。——译注

第九章　社会进化中的笑

较一下今日伦敦的人群与中世纪城市的人群（像中世纪绘画描绘的那样）的景象，我们便可看到一点：时尚的力量造成了服装的同化，其程度大得是那么令人不快。

时尚的这些运动与欢笑精神之间的联系很多而且明显。即使最初的运动，即共同体首脑采用外来的时尚，也为暗中等待可笑事物到来的人提供了丰富的材料。奴隶般地服从于时尚，其中潜藏着难以察觉的愚蠢，这一点可以从那些新西兰部落首领的故事里得到说明。那些部落首领看见其他部落的首领举行盛大宴会，受到了激励，常把他们自己举行的宴会弄得无比奢华，竟使部落民众遭受了饥荒！[①] 不仅如此，一个宫廷若是追随外来的时尚，还往往会激起臣民们恶意嘲笑的精神。通过家族联姻，用不了太久的时间，一个欧洲宫廷的习俗就被输入了另一个宫廷，互相借用。在以往的各个世纪里，这种现象都曾引起恶意的嘲笑。

不过，正是在时尚从较高等级快速冲向较低等级的过程中，正是在这个过程造成的变化中，寻找笑料的人才会得到满足。走在这种运动前列者的热心本身就造成了众多可笑情景，这是因为，大量引人注目的新奇事物（例如式样新颖的无边女帽，或者崭新的说话方式）的初次突然出现，会带给我们某种令人愉快的欢乐，它就像孩子看见小丑时产生的欢乐。它是极为荒唐可笑的事物，而我们却用衷心的、不假思索的朗声欢笑去迎接它。一种时尚流行了足够长的时间，已被人们看做正确，却会因为另一种时尚的闯入而突然被抛弃，由此招来了喜剧诗人和讽刺家大量轻蔑的嘲笑。[②] 的确，大部分人类行为固有的非理性从未像在

---

① 参见斯宾塞著《社会学原理》，第208页。（作者注）
② 库尔提乌斯在评论古希腊喜剧诗人时说："他们攻击的首要目标就是流行的新奇时尚。"参见《希腊史》卷二，第539页。（作者注）又：格奥尔格·库尔提乌斯（Georg Curtius，1820—1885），德国著名语言学家，著有《希腊词源学入门》。——译注

这种情况下那样直接地、明白无误地自动显示出来。

不仅如此，即使在迟钝者看来，热衷时尚者的行为也是荒唐可笑的。迈出自己所属的等级这种形式的自负（self-assertion），总是会遭到他所离弃的等级的人们的冷眼嘲笑。过分明显地急于盗用新时尚的人，往往会被看做企图爬到比自己原来等级更高的等级上。这种时髦的化妆品若是涂得很厚（沉迷于满足更粗俗的社会野心者必定会如此行事），那就更是可笑。在这种情况下，迷恋时尚者令人愉快的表现里就会增添一种色彩，那就是江湖骗子的夸夸其谈。

渴望赶上时髦的模仿冲动与对自己等级习俗的尊重，这两者之间的冲突为欢笑造成了新的机会。服装或言语的夸张往往带有打破阶级界限的色彩，但这只能使天生爱笑的旁观者发笑。据说，中产阶级家庭主妇喜欢通过一种办法去活跃她们星期天下午的沉闷：出去散步时，私下里挖苦自己的女仆们。她们若能抑制对女仆们的嫉妒心理，那么，大声取笑女仆的乡下熟人无疑会使她们更开心。一般来说，伸长脖子、以使自己高出自身等级的一切表现，都会招来略带恶意的嘲笑。大胆穿着时髦服装，便是这种"伸脖子的冲动"（craning impulse）的最明显表现。即使在更公正的观察者眼里，这种现象也十分滑稽可笑。年轻女子（无论她是白人还是有色人种）心中在激烈地斗争，她热切渴望让自己衣着新奇（它受到了社会地位比她更高者的推崇），但这种新奇却完全不适合她。这或许是一种隐约的恐惧，即担心自己被一种炽烈的热情驱使而成为笑柄。而在识者眼里，这种内心斗争却是一种滑稽的痛苦。

或许还应当提到一点，仰慕更高的等级，这种热切之情会为世人的欢笑作出更多贡献。以口头语言为例，模仿更高等级者的语言，这种对优越者的恭维往往带有明显的虚伪性。男人或女人若受制于不得已，不得不去做别人做的事（尤其是比自己等级

第九章 社会进化中的笑

更高者做的事),他们心中便不会给诚实留下任何余地。在因此造成的众多后果中,一个民族若能忠于自己的信念,想必会使一种旁观者感到愉快,他们能冷静地观察事物的可笑之处。

时尚的急切崇拜者们只要等待足够长的时间,无疑也会有机会去嘲笑别人。新事物(它们最初充满了嬉戏般的欢乐)一旦变成了平平常常的习惯,嘲笑迟来的模仿者的一刻便到来了。"邋遢老婆子"是舞台上大受欢迎的角色,通常都被表现为服装上落后于时代的可笑人物。不过,因崇尚纯粹的新颖而引起的嘲笑(这种嘲笑毫无道理可言),其范围却显然非常有限。

我们现在来看看造成社会发展的变化的一些更深的趋向。这些变化既包括社会生活方式从较低到较高类型的明显进步,也包括从智能、情感和特性的低级形式到高级形式的一切明显进步。与它们一起的,还有自动表现这些变化的制度的发展。

我们可以假定这些进步的变化或者来自对(作为社会共同体成员的个体所表现出来的)高级智力的产品的采用,或者来自思想、发明、制度从一国向另一国的传播。

社会运动究竟是怎样产生和流行的?对此很不容易作出精确的描述。世上想必存在着富于想象力的人,他们能敏锐地洞察机械运动或立法原则,或者具备细腻的感觉,能领悟具有美或精神意义的微妙事物。然而,保守态度却反对一切创新(无论是来自内部还是来自外部的创新),因而成了社会进步的严重障碍。在这里,我们似乎又看到了社会等级的魔力和影响。唯有某个公认的权威宣布了新发现的价值(或许在片刻之后,这些权威就会拼命践踏新发现),大众才会尊重和跪拜新发现。自由地采用新发现,将它看做正确的或有益的东西,这种情况的出现通常都要晚得多。

一切令人震惊的新思想(无论是在科学、宗教还是在实际生活领域)都会发现,其固有的合理性根本无法抵御恶意嘲笑的进攻。普通人嘲笑事物的时候，正像他们严肃地判断事物时一样，都以惯例为标准。一切大大违背被视为合理标准的东西，都会成为嘲笑的对象。思想史和从中产生的社会运动史，就是这条真理的长期说明。赋予妇女更大的自由，让妇女发挥更高的社会职能，这个思想在古希腊的剧场里被表现得极为荒唐可笑。这个思想在古希腊时代之后一次又一次地出现，这要归功于那些孤立的提倡者。不过，这个思想却一直在激起俗众的高声嘲笑。不到半个世纪以前，约翰·穆勒①提倡妇女的精神解放和人身解放，对其言论的最初反应大多是消遣的表情。唯有到了今天，一部分文明世界才开始承认一种思想自然而合理：妇女应当享有自己的权利，既有权从更高等的教育中获取知识，也有权从事世上更多的工作。

这个实例让我们懂得了一点：每一个极具革命性的新思想产生时，都必然会遇到并克服异常巨大的阻力。在19世纪60年代，达尔文关于人类进化的思想在英国大众中（包括牛津的一位大主教和其他许多处于知识文化高层的人士）造成的震撼，似乎很像我们的传教士在头脑敏锐的野蛮人那里宣讲的教义造成的震撼。猿猴的形象（顺带说一句，它是讽刺达尔文的漫画使用的最古老象征之一）成了一些人的得力武器，他们以喧嚣的哄笑攻击达尔文学说的"荒谬之处"。

对第一次使用实用发明，群众的态度也大致如此。在王朝复辟时期②，一些勇敢者从国外引进了一种极为简单的新发明——餐叉的使用，也曾引起大众的嘲笑。一位在国外旅行的英国人写

---

① 约翰·穆勒（John Stuart Mill, 1806—1873）：英国逻辑学家、经济学家。——译注
② 王朝复辟时期（Restoration）：1660年英王查理二世（Charles II）复辟封建君主制到1688年革命之间的历史时期。——译注

第九章 社会进化中的笑

道：他见到外国人胡乱使用餐刀，禁不住大笑起来。在这些情况下，最先采用新发明的人都会饱受嘲笑，就像最先穿上某种新时装时一样。无论最先采用的是新发明还是新时装，其荒唐性都使这个过程带上了令人愉快的新鲜性，并且因为违反了常规而令人开心。

另一方面，我们也在其中看到了回击嘲笑者的笑声。对传统习惯的尊重，最初会激励我们去嘲笑生活中的思想或习惯的一切突然的、明显的变化。尽管如此，一旦变化已被逐渐固定下来，这种尊重传统的感情却还是会促使我们去取笑一些人，他们怀着推崇陈旧事物的顽固偏见。在嘲笑已被证明为错误的陈旧思想和信仰和被抛弃的生活习惯方面，笑也发挥了其主要功能之一。生活在进步时代的人们嘲笑其前辈那些被抛弃的行为方式时，其得意洋洋的笑声也许最为清晰。艺术为我们提供了很多例子，表明了人们这种对正在腐朽衰败的事物的嘲笑。每个骚乱动荡的时代或许都有各自的讽刺文学，它们都猛烈地嘲笑了那些正在消失的讨厌事物。阿里斯托芬①的喜剧讽刺了当时已摇摇欲坠的神话的败落，既鲜明又亲切，激发了人们的大量欢笑。塞万提斯②以及同一时期的讽刺家们的伟大作品也取笑了一种感伤情绪，那就是对日益衰落的骑士制度和封建制度的惋惜。③

用陈旧思想和制度的死亡取乐，其欢乐常被摆脱压力时深沉而清新的呼气增强。笑的这种基本形式早已进入了国民生活的所有欢乐时刻，在那些时刻，全体民众在欢乐的自我放纵中紧密地联合在了一起。人民的喜剧家普劳图斯以他酣畅的笑声反映了第

---

① 阿里斯托芬：参见本书第一章《绪论》有关注释。——译注
② 塞万提斯（Miguel de Cervantes，1547—1616）：西班牙著名作家，《唐·吉诃德》的作者。——译注
③ 参见赖特著《漫画与怪诞的历史》第十九章。（作者注）

二次布匿战争①后罗马人的精神摆脱长期紧张状态后的重新高涨，反映了罗马民众更自由地享受生活快乐的渴望。② 在宗教改革时代和英国王朝复辟时代的文学里，也能看到被封闭的精神摆脱压力、再度迸发的现象。

我们嘲笑已失去意义的习俗惯例的残余时，陈旧事物的消失也会以一种更平静的方式打动我们，使我们振奋。我将在后面的章节里，更充分地考察这种欢闹娱乐的形式（它意味着刺破事物外表、探究事物意义）。

由此，似乎可以说笑从两个方面反作用于社会习俗的变化。首先，笑遏制了渴望新奇的狂乱倾向。像小学男生对待新来的同学那样，笑往往会有力地讽刺人们提出的新发明，以弄清新发明是用什么"材料"（stuff）做的，以及它能否表明它有理由存在。通过这种方式，笑减缓了变化运动的速度。另一方面，笑给了陈旧习俗所谓"致命一击"（coup de grace），完成了抛弃陈旧习俗的过程。由此笑就把两种功能结合了起来：一种功能可以比作带领羊群前进的牧羊人；另一种功能可以比作牧羊犬，它一次次地跑回落后的羊身边。笑似乎进一步强调了歌德的一句格言：

Ohne Hast aber ohne Rast（既不匆忙，亦不休息）。

现在，我们谈谈社会进步的这种复杂运动对社会阶层的形成及各阶层的相互态度所起的一些作用。

显然，社会进步造成了更多的职业分工，造成了专家更排外

---

① 第二次布匿战争（the second Punic War）：公元前218—前201年罗马与迦太基（Carthage）争夺地中海西部统治权的第二次战争，以迦太基的失败告终。——译注
② 塞勒（Seller）：《罗马诗人》（*Roman Poets*），第167页。（作者注）

第九章 社会进化中的笑

的专业知识，因此常常会扩大不同人群之间的互相挖苦嘲笑（我在前文中提到过它们）的范围。更重要的是指出一点：社会共同体在知识和文化上的进步，会导致新的社会群体的形成，而新群体包含着社会等级的某些差别。这种群体划分的重要意义，在古典喜剧中自动地显现了出来。朱文纳尔[1]表达了城镇市民对乡村下等人群的那种活泼的轻蔑态度。[2] 我们英国王朝复辟时期的喜剧则以城镇生活为标准，对乡村贵族进行了大量的嘲笑。[3] 划分社会群体的重要意义，也能从作为知识阶级的神职人员与无知俗众的关系中得到说明。正如中世纪滑稽小故事有趣地暗示的那样，黑暗时代[4]僧侣的大部分权威都来自他们在知识上的优越地位。若广泛地考察文化，我们便可以说衡量知识高贵的尺度包含着众多不确定的层次。这些层次通常都被假定为对应于作为职业阶级的群体、商人（Kaufman）以及较低等的阶级。但是，当教育成为普通的职业以后，我们便不该假定这种对应关系了。我们的"上等"阶级的大部分，已不再取决于世袭血统，而在很大程度上取决于财富，这些人没有文化教养，甚至没有多少见识。人们常会发现职员的常识和文学趣味往往比其衣着考究的雇主还多；劳动者虽然受制于贫困，其哲学和历史知识却可能比大多数中产阶级还多。因此，我们便看到了一点：代表不同文化等级的众多社会阶层大多都与公认的群体界限无关。事实上，文化

---

[1] 朱文纳尔（Juvenal, 60？—140？）：古罗马讽刺作家，其作品谴责了古罗马特权阶级的腐化和奢侈。——译注
[2] 参见泰瑞尔著《拉丁语诗歌》，第52页。（作者注）
[3] 参见瓦德（Ward）著《英国戏剧诗人》（*English Drama Poets*）卷二，第898—899页。王朝复辟时期的喜剧也取笑"市民"，认为他们的社会等级低于伦敦西区的绅士。（作者注）
[4] 黑暗时代（Dark Ages）：在欧洲史上约为公元476—1000年，泛指中世纪前期和中期。——译注

运动很可能会削弱这些比较陈旧的群体差别。妇女进入了更高级的文化圈子，这个事实已把处于优越地位的男人和处于低下地位的女人之间的古老界限抹去了一半。文化的差别能区分出真正的社会群体，每个群体都受到思想、趣味和兴趣的巨大共同体的束缚。各群体在社会群体分化体系中的重要性往往会日益增长。

文化群体的发展，造成了适宜性标准（standards of fitness）的一种新的重要变化，而不妨说，笑也密切联系着适宜性标准。优越地位若是明显缺乏公认的合理基础，它对地位低下者的嘲笑便只能出于傲慢，而傲慢往往可能是最愚蠢的东西。不过，地位优越者若拥有更多的精神财富、更高雅的思想和对适宜性的更敏锐感觉，笑本身便会显得更文雅。这种笑不那么喧闹，更有眼光，更加明辨。人们不理解这种笑，我们对此不必奇怪，尽管它会使人感到气恼。现身上流社会的暴发户（nouveau riche）马上就会泄露自己的粗俗。别人半压抑的微笑会使他畏缩，尽管在大多数人眼里他那层迟钝的外壳把他保护得很好。叔本华指出：智力平庸者很讨厌见到智力在他之上的人。社交的野心并非不会经常使其拥有者突然碰上一种人，那些人满脑子都是思想，而前者对那些思想一无所知。这两者的遭遇会使愉快的旁观者感到满足。

经常有机会以嘲笑回击嘲笑的，不仅是社会地位低下者。有思想、趣味苛刻的人，似乎也往往会嘲笑那些不具备这些东西的人。大富翁①惯于以收入衡量（人的）价值，把赚钱能手的聪明（cleverness）等同于智力（intelligence），把求助于思想视为古怪的多余之举。这些做法并非不符合他的天性。因此，他被才智彻

---

① 大富翁：原文为"弥达斯"（Midas），古希腊神话中的佛律癸亚（Phrygia）国王。酒神狄奥尼索斯（Dionysus）赐给他一种力量，使他用手碰到的一切（包括他的女儿）都变成金子。此词在这里指代"大富翁、赚大钱的人"。——译注

第九章　社会进化中的笑

底打败时，人们便会对他发出安慰的笑。普通英国人的"常识"引来了许多高声嘲笑，因为他们过于自负，反对把思想引进实用事务领域的一切做法。

文化运动对社会群体形成的进一步影响见于宗派的划分，而宗派似乎是人类建立的各种共同体中的显著现象。宗教、政治等团体的进一步细分，这个趋势造成了一种新的关系。我们尚不能确定地说某个宗派在智力上胜过另一个宗派。实际情况或许如此，或许不是，但社会的游戏规则却要求我们不去深究这个问题。另一方面，有组织的观点区分为多种特殊的信条或者"见解"（各种见解之间的区别常常十分细微），则造成了"高等"人群与"低等"人群之间的新分歧。所谓"高等"人群是指这样一些群体或多数人：他们自然地嘲笑少数人，将后者看做"追赶时髦者"和"怪异的人"。不过，笑之神那种良好的公正性（在笑之神看来，由于大部分人类都没有多少智慧，多数人与少数人的区别便几乎毫无价值）却偶尔会把机会给予那些被轻视的少数人，因为少数人有时代表着天生就能使他们成为主宰的思想。

一个国家的思想和制度的进步增加了人群的数量，因而创造出了各群体互相任意进攻和报复的新机会，它便往往会使全体国民打破他们之间的障碍。它依靠的手段是布道、新闻和教育机构，这些机构都有助于向所有的阶级传播新思想。这些都会（直接或间接地）造成不同社会群体的某种同化，而当今同化作用产生得很快。尽管如此，正如我们看到的那样，它还是为不同等级的文化留下了足够的存在空间，因为智力构造的优劣之分，总是会使开化与不开化的人群之间产生明显的对立。

知识和文化在各个阶级当中的传播，会间接地影响人群的差别，因为它开放了一个阶级成员所从事的职业，让另一个阶级的成员（具体地说，让那些"较低阶级"的成员）从事它们。劳动者之子若是头脑聪明并受到教育，便会（像我们已知道的那样）找到上大学之路，日后无疑也会当上律师、医生或者令人尊敬的大学教授。

因此，阶级的突然变化，尤其是从低等阶级向高等阶级的变化，全部很容易显得可笑。即使阶级地位的提高来自君王的恩惠，我们还是会感到跃入更高的等级违反了常规，所以往往会怀着几分忧虑去检查新头衔的依据。人类的守旧本能使人们笑着反对自己新权贵的样子，这很像人们反对自己接受新思想，有些人还会暂时地不适应其新的社会环境期望他充当的角色。我们知道，在王朝复辟时期的喜剧里，"人们对昔日暴发户（即当时产生出来的骑士）的发展抱着无比轻蔑的态度"①。

即使一些人社会阶层的上升是理所应当的，那也会使人们暂时感到这种新贵与其地位格格不入。年轻野心家的家族及亲属（其社会地位并不显赫）必定要嘲笑这种社会地位突然提高的古怪现象。而地位不断上升的青年人，只要没有不时地泄露出与他加入的群体有趣的不同之处，他便格外走运了。

不过，与另一种原因造成的社会地位提高相比，教育普及造成的社会等级混淆却显得不那么严重，也不那么显著。固定的阶级界限的大破坏是一种力量，它往往会把社会共同体变成富豪政治（plutocracy）。这个趋势无疑可以部分地说明教育普及的作用，因为富翁的成功有时会来自熟练地运用科学知识。尽管如此，智力以外其他素质的具备与否，对在当今能否突然提升为富豪阶级来说，依然十分重要。

莫里哀的喜剧或许会告诉我们，一个站在社会阶梯底层的人，怀着渴望仰望着高于自己的一层，这个景象会使两类人开心：一类是与此人同处一层的人；另一类是他渴望达到的那一层

---

① 参见瓦德著《英国戏剧诗人》卷二，第399—400页。（作者注）

的人。后来，此人在渴慕地仰望之后开始向上爬，其未经排练的表演便会令人发笑，甚至会使人笑得泪眼模糊。[1] 即便达到了向上爬的目的，也并不能结束他人的嘲笑，因为事实会表明：在新高度上保持彬彬有礼、镇定自若，这要比向上爬更没把握，此人地位卑贱的亲戚和其他关系若是拒不割断与他的牵连，就更是如此。

另一方面，这些向上爬的行为也大多表现为有趣的欺骗，因为正像叔本华告诉我们的，有些人既没有资格、也不具备诚恳之心，却热衷于拼命奋斗，甚至想跻身文学界，打算通过同时借助于古代艺术和通俗艺术，攫取某种得自他人的声望。

改变自己的阶级地位，这种做法还从另一方面显示出了欺诈行为的有趣。"上流社会"的领袖们高高在上，却往往会崇拜正向上爬的赚钱能手的神明，其表现就是用假名字去经商。这时，大富豪及其整个被轻视的社会等级便找到了嘲笑上流社会领袖的适当机会。

现在，我们要简要地指出（以上大致描述的）社会运动对一个民族欢笑情绪的性质和分布样式的总体影响。

（1）首先，文化浪潮的前进和扩展，显然往往会从总体上提高趣味的标准，并逐渐培养出人们鉴别可笑事物的能力。这个结果来自智力进步的直接成果，来自感情的日益文雅（它似乎依赖于智力的进步）的直接成果，尽管它也部分地归因于艺术的发展，归因于艺术的教化作用的扩大。可以这样描述这个变化：思想的标准往往会被逐渐地确立下来，即便不会使习俗的标准变窄，至少也会对习俗的标准有所限制。原始的笑（它并不包含智力成分）渐渐不再那么普遍了，而更经常出现的是来自智力的笑。当一切阶级的成员都进入了更高的文化群体，就能在

---

[1] 参见莫里哀的喜剧《贵人迷》。——译注

笑中有效地引进思想。这样一来，在我们的笑中，特殊的地域标准和社会群体标准的作用便减少了。

智力视野的扩大，其作用会反映在一些更高雅的喜剧艺术上。一切固守等级尊严的表现，尤其当这样的人群并无真正的实力，无论是欧洲大陆某个"官邸"小镇上的小贵族阶级，还是英国某个无名小镇"上流社会"中的那些家族，都会使人感到随时都可能成为笑柄。另一方面，一个人或一个阶级的尊严被其下面的阶级放大，若再伴随着阿谀奉承的行为，也往往会带上势利小人的那种可笑色彩，而敏锐地感觉到这种可笑性，则预示着嘲笑者发自思想的笑已经成熟到了一定的程度。

思想提高的这种总趋势至今尚未完全成为现实。像军队的前进一样，思想的前进也并不像常被表现的那样完全一致和永远成功。在所谓"有教养阶级"的笑里，相当大的部分都并非因为对事物可笑性的感觉更细腻深刻。在他们的欢笑里，几乎找不到来自文化之流积淀的明显痕迹，而这就像一切社会等级中那些没有教养的多数人一样。我们可以大胆地假定：当今，常去伦敦音乐厅的"高等阶级"对可笑事物表现出来的鉴别力（无论这是因为他们具有知识的洞察力，还是因为他们的感觉更细腻高雅）仅仅略高于中世纪的俗众（即使这两者有什么区别），而后者往往聚在一起，聆听和观看游吟诗人表演的笑话。文化的较高层次向较低层次的渗透（即使较低层次得到提高），这个过程实在是太缓慢了。

（2）思想被输入了大众的笑，改变了大众之笑的性质，这个过程无疑伴随着其数量的改变，其表现之一就是那种旧式的朗声大笑的衰落。众人一起大笑的衰落（我刚刚提到了这一点，历史学家也承认这一点），大多起因于这样的大笑被减弱成了普通人那种更简单、更发自内心的笑。这个变化实在是太重要了，所以应当对它作一番简要的考察。

第九章 社会进化中的笑

在形式比较简单的社会里，更真心、更响亮的笑大概来自地位最低的阶层，只要回想一下古埃及和古罗马奴隶的欢笑就足够了。后来，众人的大笑则由制造欢笑的机构提供，其形式为表演和其他大众娱乐。在阿普琉斯①所说的每年"纪念最欢乐的笑神"的庆典②里，很可能存在着这种制造欢笑机构的萌芽。还可以举出一些例子：谷物和葡萄丰收节上的寻欢作乐（从中产生了古希腊喜剧）；中世纪集市和节日上众人的那种嬉闹欢笑。民众是通晓笑的奥秘的真正行家，有个事实进一步证明了这一点：在古希腊和古罗马，富人都会挑选奴隶做小丑（jester）和讲笑话的人（wit）。东方人中的小丑（fool），大概也是由同样的高贵阶级选出来的。③后来欧洲宫廷的"弄臣"也都选自头脑简单的下等阶级。

大众欢笑的早期类型，其特点可以用"幼稚"这个字来概括。奴隶或其他被压迫的劳动者在游戏的时候，都能毫不费力地抛掉辛苦劳作和遭受惩罚的记忆。对主人和主人对他们的态度，他们一般都似乎把顺从（resignation）当做了终生的习惯。他们也并非不可能开一些平和的玩笑去嘲笑监工，但这种嘲笑却似乎仅仅是为了娱乐，并不包含更深的仇恨。

"普通民众"中一旦增添了相当多的自由民（市民），大众欢笑的这种幼稚形式便逐渐让位于一种不那么幼稚的形式了。自由民能形成自己的见解，其胆量也足以公开主张表达其见解的权利。由此可见，这种刚刚获得的自由会自然而然地造成对

---

① 卢修斯·阿普琉斯（Lucius Apuleius, 124？—175？）：古罗马哲学家及讽刺作家，其著名小说《金驴记》（又名《变形记》）广泛地描写了罗马外省的真实生活。——译注
② 参见阿普琉斯《金驴记》第三卷第五十五章。（作者注）
③ 参见多兰（Doran）著《宫廷小丑的历史》（History of Court Fools），第18、37、75页。（作者注）

249

权势阶级的嘲笑批评。群众欢笑情绪的这种倾向会立即被权势阶级所察觉，于是，权势者便发动了反对这种倾向的战斗，其武器就是压制性的检查制度。在古罗马当局禁止将喜剧从雅典引进罗马的警察规章里，我们看到了这种检查制度的一个例子。当权者要求戏剧的一切场景都必须设置在罗马以外的地方，这似乎是为了防止对罗马的社会制度和个人的直接批评。① 中世纪的教会也表现出了类似的敌意，它反对自由的、相当宽容的欢笑。这种敌意的一部分表现，很可能是教会把歌曲、滑稽小故事等民间艺术谴责为鄙俗下流，加以禁止。不过，这些禁止欢笑的规定却似乎大多来自教会的惊恐，因为教会唯恐失去了控制民众思想的权威。

但是，一旦大众发出了笑声并使人们认识到了笑的力量，压制这种笑便不是易事了。阿里斯托芬和他欢笑的公众（至少是在一段时期内）比他们嘲笑的政治煽动家更强有力。毫无疑问，政治的和教会的权威曾经一次次地将较粗俗的笑暂时压制了一半。但事实却表明，在自由的社会共同体中，完全不可能彻底扑灭这种笑。我们知道，在中世纪，激愤的胸中会不时出现玩笑的气氛，而神职人员本身也往往会参与玩笑，唱唱那些并不算太正派的歌曲。② 现代政治讽刺史中的大量例证都说明了大众之笑的力量。因此，斯图亚特王朝时代③便产生了讽刺，而当时的讽刺

---

① 参见泰瑞尔著《拉丁语诗歌》，第43页脚注。古希腊早期喜剧的粗俗使喜剧遭到了庇西特拉图的禁止。正如加德纳教授指出的，"暴君没有幽默感，非常惧怕嘲笑"（见《希腊古代文物》，第666页）。（作者注）又：庇西特拉图（Pisistratus，公元前560—前527）是古雅典的暴君。——译注
② 参见赖特著《漫画与怪诞的历史》，第44页。（作者注）
③ 斯图亚特王朝时代（Stuart period）：1603—1649年和1660—1714年统治英国和苏格兰的斯图亚特王室时代。——译注

是民众对独裁统治造成的苦难的抗议。① 有一个事实可以说明这种抗议具有坚实的基础：政治家们若无法将讽刺逐出舞台，便会极力设法让讽刺为他们自己的目的服务。将比较粗俗的玩笑赶下舞台没有多久，政治讽刺画又大大繁荣了起来，并在一段相当长的时期内敢于攻击王室本身。② 人民无疑坚持了欢笑的有益传统。在当今，若把农民、工人和中下阶层看做"人民"的代表，我们便不得不承认人民似乎已经失去了欢笑的能力。过去提供了国民欢乐之水的欢笑之源确实已经衰落，甚至有枯竭之虞。但今后的情况还会更糟。

（3）作为需要强调的最后一种影响，我们必须将一个民族的笑看做一种奇特的复合态度。这里所谓"复合态度"，指的是诸多心理倾向的聚结，那些心理倾向涉及不同的礼节规则、不同的适宜性标准，因此也涉及衡量可笑性的不同标准。

在前一章里，我们看到了野蛮人群体的笑如何沿着其部落自我保护的方向发展。欢笑情绪对部落生活目的的这种下意识的自我适应（self-adaptation），贯穿于时尚和社会进化运动造成的一切变化中。当今的英国人去国外旅行的机会比我们的先辈多得多，甚至能学会外国人的语言。尽管如此，我们却依然保留着一种倾向：反对引进被我们看做"非英国"的事物。在某些情况下（例如当好战情绪使我们热血沸腾，或者受到了外国人的批评），这种民族感就会变得清晰而活跃，在欢笑中自动地、明白无误地反映出来，而那种欢笑似乎非常适合当时的情绪。

---

① 参见瓦德著《英国戏剧诗人》卷二，第 392—393 页。（作者注）
② 詹姆斯·吉尔雷曾不止一次地讽刺英王乔治三世（George III）。参见赖特《漫画与怪诞的历史》第二十七章。（作者注）又：詹姆斯·吉尔雷（James Gillray，1756—1815）是英国 18 世纪后期的著名漫画家。——译注

这种部族观总是与（前面提到的那种）对部落群体的较狭隘、较相对的认识共存，尽管它在人们欢笑中的表现通常并不那么明显。我们或许可以推断，中世纪民众一旦把牧师看做了外国势力的仆从，他们对牧师的嘲笑便往往出于民族观或者爱国观。

不仅如此，在人们对被其视为"可笑"事物的嘲笑里，大都还包含着（可以称为）出于"常识"的笑，部落或社会依然以这种常识去判断事物是否可笑。大多数社会共同体中都存在这种情况，至少在文明程度不高的共同体里是如此。我们听到一个牵强的观点或者见到一种古怪的生活习惯时发笑，其实是在奉行一种标准，那就是"我们周围的人说什么和做什么，以及他们期望我们说什么和做什么"。普通人嘲笑不道德事物的可笑时，往往满足于参照大致成型的习俗作出判断，并不深究其内在的合理性。例如，在大多数人看来，尽快还债是明智之举还是愚蠢之举，这要根据部族的习俗作出判断，但他们仍会感到其中存在着两种鲜明的阶级标准。因此，由于习俗变了，被嘲笑的对象便会从拖欠债务者（这不是意味着此人经济拮据，就是意味着他故意装穷）转变为讨债者，因为他以缺乏教养的匆忙态度讨要别人欠他的一点儿小钱。

由此似乎可以说，使笑适应更普遍的形式，适应事物固有的适宜性概念，这是在那些更深刻、更本能的倾向上人为增加的新要求。普通的人，即使是在他见到某种愚蠢或恶劣的可笑事物而发笑时，也几乎不能超越习俗的观点，不能超越被人人都看做正确的标准。唯有一种更高级的文化揭示了可笑事物的广泛性（将可笑事物当做合理事物的对立面）时，人们才会经常有意识地将思想引进笑。从特定的角度说，将思想注入笑是对笑的澄清，它是专家的工作，换言之，它是道德家、文学批评家的工作，最主要的是，它是艺术家的工作。而艺术家的职能就是启发

第九章 社会进化中的笑

人们去认识滑稽事物的领域，艺术的这个功能，将是本书下一章的主题。

在本章里，我们只讨论了我所说的"群体之笑"，而群体有大有小。还有另一种笑，那就是个人独处或与志趣相投的朋友一起时的私人之笑。在方才讨论的社会演进过程中，这种私人之笑也有其前提条件。

这种独立的笑显然不可能处在社会演进的最低阶段。在野蛮或半野蛮状态下，部族的某个性情古怪的成员（若可能存在这样的成员的话）很容易去嘲笑部落仪式的可笑之处，而他这么做一定会冒极大的风险。个人能自由地释放欢乐情绪而不会受到压制，要创造出这样的环境，还需要经过漫长的社会进步。

选择自己笑的方式的自由已逐渐显现出来，成了我们所说的"个人自由"的一部分。其实，这种自由可以被看做个人自由的最高阶段，被看做个人自由的完成。

这里不能充分地考察那些复杂条件，它们能使更自由的个人之笑得以发展。这里只要指出一点即可：要使个人之笑得以发展，人们（至少是少数人）就必须发展自己的思想和能力，而这些发展意味着必须形成个人的判断。想要发出自己的笑的人，必须从发展自己的感知能力和思想开始。

唯有考察了个体之笑的种种特点，才能更充分地理解个体之笑的那些前提条件。在本书的下一章里，我打算分析一下爱笑的气质，它似乎是个性成熟的个人的一个特征。这个特性如今叫做"幽默"。

第十章　个人的笑：幽默

　　幽默的定义——幽默的特征——幽默情绪的智能基础——幽默思考是用双目观察事物——幽默者眼中可笑事物的领域——幽默中对意志态度的修正——幽默感的复杂性——相异感情的融合——用我们对幽默的分析解释事实——不同民族和种族的幽默——幽默中的气质和个性——幽默作为笑的活动的扩展——更细致地觉察人的可笑之处——欣赏人与环境的不协调——将性格研究作为消遣——笑渗入严肃领域——更大范围的笑所包含的仁厚意味——自我审查的有趣形式的范围——笑作为自我纠正的形式——幽默如何有助于与他人交往——对小麻烦一笑了之——幽默在大麻烦中的作用——对社会现象的幽默沉思——上流社会的可笑之处——杂志是可笑的自我展示的媒介——以往与当前的社会现象——幽默地沉思危机时代的社会现象

　　在前一章中，我们已知道了文明的前进往往会扑灭群体比较响亮的笑。不过，人类这位最好的朋友[①]却并不太在乎这种公开的侮辱。它被从群众中赶了出来，已经懂得如何伪装自己，怎样

---

① 人类这位最好的朋友：此指笑。——译注

偷偷溜回人们常去的地方，随处激发出人类的精神，使它更平和而安全地享受可笑事物。这种新天赋，上帝赋予凡人的这种最新的灵感，就是我们所说的"幽默"。

在语言里，最难作出科学而精确的界定的，或许就是"幽默"这个熟悉的词了，而"幽默"这个词似乎也是英语独有的。以往对这个词的使用都极为随意，例如爱笑的人往往会被说成是天生具备幽默感。① 不过，凡是肯费心去使用单词的人都知道，这样的用法实在是太不准确了。事实上，长时间大笑（梅瑞狄斯将它叫做 hypergelast②）明显地对立于谨慎的讲话所说的"幽默"。正像这个词的词源可能告诉我们的，"幽默"这个术语指的并不是"爱笑"（risibility）这种普通禀赋，而是一种气质、一种情感状态，更准确地说，是一种心理构造的样式（mode）。因此，我们想象不出所谓幽默的人种。我们甚至发现，只要我们把幽默家看做一个阶级，我们便很难概括出这种禀赋。从最本质的方面看，幽默的男人或女人都具备自己的个人思想，而这种思想是买不来的。

我们必须始终看到一个事实：幽默者身上相当奇特地混合着多种要素。这一点注定会使幽默者在用语言表达一种感情方面处于比较孤独的地位，而那种感情在本质上是社会性的和交际性的。幽默者们的表达方式几乎完全一致，这个概念并不能使他们感兴趣。爱好幽默者若在他的社交圈里发现一两个知音，后者能经常加入他的从容轻笑，他便会心生感激。

但是，尽管从本质上看每一个幽默者身上都奇特地混合着多

---

① 这个现象无疑部分地来自一个事实：其他任何一个英语单词都不能直接而明确地表达隐藏在笑后面的感情或意向。（作者注）

② hypergelast：该词是梅瑞狄斯在 1877 年的一篇作品中杜撰的词，意为"过分的大笑"，由希腊语的前缀 hyper（过分）加动词 gelas（笑）构成。——译注

种要素，幽默还是具有某些共同特点。我们把莎士比亚、塞万提斯、戈德史密斯①、劳伦斯·斯特恩②、查尔斯·兰姆③、狄更斯和乔治·爱略特④称为幽默作家时，究竟想到了他们的哪种气质和精神呢？

我们可以断定一点：更广泛的笑不具备幽默的笑的某些特征。幽默的笑与儿童和没头脑者那种迅速爆发的欢笑大不相同。幽默的笑不但更为平和，而且运动的速度较慢，充满了更深刻的含义。同样，幽默的笑也有各种不同的音调，从古老的残忍之笑到轻蔑的大笑。幽默用音量不大的、几乎可以说是柔和的音调表达自己。幽默的笑是距离被嘲笑对象最远的笑：被攻击者根本不会听到响亮的笑声，也几乎不会意识到对方比自己优越，并且暂时不会想到正是那种优越感使幽默者发笑。因此，人们把爱嘲笑的作家称为幽默家时才会有所顾虑，尽管人们通常都把幽默说成一种标志，它表示来自轻蔑的嘲笑开始明显起来。

这些对比十分鲜明，足以表明种种幽默情绪的这样一些明确特点：幽默是对事物的一种从容的观察，这种观察既是游戏性的，同时又是沉思的；幽默是应对有趣现象的一种方式，这种方式节制有度，似乎既是在放纵玩笑感，同时又是在弥补这种放纵的粗俗性；幽默是一种向外扩张的精神运动，它遇到并受阻于某种类似善意思虑的逆流。这些特点都清楚地表现出来，成了幽默

---

① 戈德史密斯（Oliver Goldsmith，1728—1774）：生于爱尔兰的英国剧作家、小说家，其代表作为小说《威克菲牧师传》（*The Vicar of Wakefield*，1766）。——译注
② 劳伦斯·斯特恩（Laurence Sterne，1713—1768）：英国作家，主要作品有小说《感伤旅行》（*Sentimental Journey*，1761）和《山迪传》（*Tristram Shandy*，1759—1767）。——译注
③ 查尔斯·兰姆（Charles Lamb，1775—1834）：英国散文家、文学评论家，著有散文集《伊里亚随笔》（*Essays of Elia*，1823，1833）和《莎士比亚戏剧故事集》（*Tales from Shakespeare*，1807）等。——译注
④ 乔治·爱略特：参见本书第四章《各类可笑事物》有关注释。

第十章　个人的笑：幽默

的最显著特征。

初看上去，我们似乎不可能把幽默这种微妙复杂的心理态度看做来自更早期的那种幼稚的、相当粗劣的欢笑的发展。不过，只要稍微考察一些精心选择出来的、被有识者叫做"幽默"的实例，便足以表明在古希腊或中世纪的俗众能发出欢笑的地方，幽默大多也能找到其用武之地。混乱无序，尤其是当它涉及事物从高处倒塌时，犯错误和笨拙的一切表现，人类受到刺激时作出的古怪反应，自我膨胀心理想要哗众取宠的一切表现；凡人的多种假面伪装，事物与其环境要求之间的不协调，人类的奢侈、任性以及多种多样的愚蠢之举。这些全都既能使粗俗者发出未经思考的放肆哄笑，也能使幽默者发出比较缓慢的低声微笑。

我们那位伟大的幽默女作家说过："幽默的谱系大概会显得很奇特，因为它是谐趣、幻想和哲理（它们是构成现代幽默三种成分）的奇妙而细腻的混合，其最早的起源是野蛮人对吃苦头的敌人的残忍嘲弄。这表明了一种趋势：事物会不断地走向更好和更美。"[1]

文雅的幽默来自如此粗劣的祖先，但我们绝不可为了强调这一点而假定幽默的起源是一种突然的、简单的过程。我们已经说过，幽默是一种极其复杂的情感。幽默的前提条件是幽默者必须具备一些特殊组合起来的素质，那些素质想必十分罕见。对人类个体和整个人类的研究告诉我们：这些素质的组合是（大自然的实验室中产生的）最微妙的组合，是大自然经过特别努力的准备才造就出来的组合。

幽默被描述为一种情感（sentiment），虽然这很正确，但幽默最明显的（若不说是最重要的）存在条件却是智力的发展。幽默是一个清晰的实例，说明了梅瑞狄斯所说的那种"来自思

---

[1] 参见乔治·爱略特著《散文集》（*Essays*），第82—83页。（作者注）

想的笑"。幽默是一种表现，它能让我们作出一个更大的假设：人类具备这种思想。在思想的层次上，幽默成长得最为兴盛。尽管如此，智力这种要素（它对幽默至关重要）却并不意味着思想的深奥，更不意味着远离平常人理解力水平的意念。幽默所要求的思想能沉思它观察到的现象，如同精明的家庭主妇的思想，她具备足够的生活阅历，能独立自主地超越于事物乏味呆板的表面之上，以崭新的批判精神去洞察事物，深入到事物的表层之下。

幽默的沉思中这种明显的智力因素是一种能力的更大发展，那就是综合理解事物和事物关系的能力。这种能力是对可笑事物的更高感知力的基础。更具体地说，它是一种心理习惯，那就是将事物投射到其背景上，在完整的背景上观察事物，只要这种观察涉及事物的矛盾关系。而我们已经同意，事物的矛盾关系是事物可笑性（更严格意义上的可笑性）的基础。对事物所处背景的这种理解，要依靠一种想象性思考的过程，因为幽默所要求的背景不同于有形的背景，在很大程度上是在头脑中恢复出来的背景，更准确地说，它是由思维重构出来的背景。

把本质上属于思考或反思过程的东西引进幽默，这会造成一种奇特的结果：它不仅运作于严肃事物的领域（像较早期、较简单的笑那样），而且会领悟和吸收这些被引进的更重要事物，而这些事物对我们幸福的价值和意义会部分地减弱幽默思考的运作。这是一种自相矛盾，是爱好幽默精神的秘密，它既会对完全的严肃者作出反应，又会对轻浮的玩笑者作出反应。要理解这个过程如何运作，我们就必须（像即将说明的那样）考察幽默中智力因素以外的一些因素。不过，注意到一个事实也有助于我们的考察：玩笑情绪与严肃情绪在幽默中汇合的可能性取决于智力的水平，它要求依靠智力更广地领会事物。

我们对可笑对象的研究告诉我们，对象的可笑方面几乎总是

第十章 个人的笑：幽默

与其他一些方面共存的。身体缺陷既是可笑的，也是审美上的或卫生学上的不佳，也是其他方面的不佳。从亚里士多德到贝恩[①]的作者们都曾细心地指出：缺点或恶劣之处，其程度一定要小于令人痛苦的丑陋和该受谴责等事物的限度，才会使人发笑。有一点完全清楚：先迅速而全面地知觉可笑对象，再对观察到的对象感到可笑，而可笑对象包含的严肃倾向就会进入我们的视野。

以这种方式具备了这种必不可少的综合感觉机能的人，才可能具备精神上的双目视觉[②]。堂·吉诃德、托比叔叔[③]等有名的滑稽人物既会使我们发笑，也会使我们沉思，这正是因为我们正处在这样一种状态中：在对可笑之处发笑的同时，我们仍然在作沉思性的纵览，并且想到了对象的更深刻意义。

对以幽默的方式看事物的充分说明，会描述出欢乐的玩笑与严肃的检查、快乐的幻想与冷静的理性之间一切微妙的互相渗透。这里只能大致地指出这两者的一些结合方式。

更细致地认识事物之间的对比，更细致地认识各种总体关系，这往往能丰富明显可笑的对象给人的印象。一个圆圆胖胖的小孩摔倒在地，这会产生明显的滑稽效果。对每个人来说，这突然的一跤都充满了娱乐性，哪怕是具备凝神沉思能力的旁观者，他也会对这一跤感到可笑，只是他的笑比较平和，并且包含着更多的智能理解过程。从小孩跌跤这件琐碎小事里，他的心智或许会分辨出这样一些东西：小孩子摔倒后马上发出咕哝声，以有力的动作重新站立起来，这表明了他的顽强天性；与老年人相比，

[①] 贝恩：参见本书第五章《滑稽理论》有关注释。——译注
[②] 精神上的双目视觉：原文是 binocular mental vision，这是比喻的说法，意为同时注意到两类对象。——译注
[③] 托比叔叔（Uncle Toby）：英国作家斯特恩（Laurence Sterne）的小说《山迪传》中的人物托比·山迪（Toby Shandy），女主角特丽斯川·山迪的叔叔，受伤退伍的老兵，堂·吉诃德式的滑稽人物。——译注

小孩子的骨骼和关节都还年轻，所以这一跤对孩子并无伤害，而孩子的摔倒也使他在很多方面联想到老年人的摔倒。这种沉思是一连串的想法（尽管这种沉思只是半意识地进行的），它使幽默的旁观者更充分地联想到了这一跤的意义。

同样，智力若是发展到了能够（依靠刺激领悟事物关系的机能）进行多种多样的活动，也会为幽默者的从容沉思敞开广阔的新天地。有些人能凭智力看出并置在一起的事物的可笑之处，能沉思目睹的对象，在他们眼中，普普通通的景象会自动地展示出许多令人开心的东西。例如，一个气喘吁吁的瘦子加入一群精神旺盛的沙文主义者的高声大喊；一个女人被其合法的丈夫狠揍了脑袋，马上转身用粗话去骂旁观者，而那个旁观者曾愚蠢地打算制止这种过分弘扬夫权的做法。[①] 同样，有思想的人还能会心地理解并超越互相冲突的不同观点的局限，因而能获得许多沉思的乐趣。例如，一个爱尔兰女人弗林太太（Mrs. Flynn）因袭击丈夫被带到一位地方官面前，那地方官见她闭着一只眼睛、头上绑着绷带、悲伤地讲述自己的遭遇，便对她表示同情，她却反驳道："哦，大人，这话您还是等见到我丈夫以后再说吧。"这个场景包含着使人获得这种从容愉悦的广大余地。这位坚强的爱尔兰太太心中既有好战的热情，也具备辨别出同情的趣味（那位善良的地方官毫不怀疑这一点），而对这两者的真正比例的认识，却会使我们马上站到一个角度上：半是严肃、半是玩笑地沉思人际关系。

这些例子使我们想到，具有幽默感的旁观者的观点并非一成不变。有的时候，这些旁观者会产生一种新鲜感，即摆脱愚蠢的平庸的自由感，因为他们用理性分析了那些通常不会以理性去分

---

① 莫里哀喜剧《屈打成医》（*Le Midecin malgré lui*，1666）的开场表明，他已注意到了妻子的忠心的这种古怪表现形式。（作者注）

第十章 个人的笑：幽默

析的事物。在另一些时候，智力更为活跃，人们借助幻想便可以达到新的视点，它往往喜欢从远离理性批判的角度去看待事物。具备幽默感的头脑乐于颠倒常规的游戏，例如颠倒人与兽、父与子的关系，或者像路易斯·卡洛尔（Lewis Carroll）那样乐于体验幻想，把清醒者放进精神病院，却把疯子们放了出来。

还要指出幽默的沉思具有多种层次的严肃性。在一些情况下，理性成分的比例会使我们把幽默的沉思称为"发自智慧的笑"（ridentem dicere verum①）；在另一些情况下，任意幻想的主导会使幽默沉思的体验接近于嬉戏的机智的体验，使我们把它描述为"被一个智慧的字变得严肃的笑"。尽管如此，我们还是可以说，无论在哪种被我们描述为幽默的娱乐的状态下，理性因素本身（由于受到其他因素的影响）都披上了半是欢乐的服装，而这样一来，我们就可以说整个头脑都加入了幽默沉思的游戏。②

但是，幽默状态却远远不止是智力过程的一种特殊变体。这种状态不可能仅仅由一连串冷静的知觉和观念构成。它意味着全部意识由于具有了新的态度或情绪而暂时改变了。全部意识的这种新状态造就了年轻的幻想，而幻想则与庄重的较老理性形式一起戏耍，后者也半是被哄骗地加入了游戏。

这种精神状态包含着意志过程的特殊改变。笑着审视事物是一种游戏态度，它相当于注意力不再固定在一个意志目的上，而是松弛了下来。每当我们笑的时候，若只是怀着儿童见到小丑时的诙谐，便都是摆脱了实际利害（甚至是理论利害）的强制压力，而当我们仔细观察时，这些利害考虑通常都会占据和限制我

---

① ridentem dicere verum：（拉丁语）微笑着宣布真理。语出古罗马诗人、讽刺家贺拉斯（Horace，公元前65—前8）《讽刺诗》第一篇第1—2行，原句为 Ridentem dicere verum quid vetat?（是什么妨碍我微笑着宣布真理？）——译注
② 因此，艾迪生说我们应当总是用理性那种典型的方式去制止幽默（见《旁观者》杂志第35期），这个说法便显得站不住脚了。（作者注）

们的头脑。我们在这样的时刻放纵自己，听凭客观对象引逗我们的知觉和种种观念倾向。在幽默里，这种自我放纵带有几分严肃的色彩，而这并不是因为意志努力放松得不彻底，而是因为作出自我放纵的头脑太习惯于沉思，以致即使在它游戏的时候，它也并未完全忽视主宰其娱乐的思想的严肃意义，因为它朦胧地承认那些标准观念的价值，只要稍稍提到那些观念，就足以使它沉湎于对所见对象的嬉戏式批判了。

不过，幽默情绪的更深奥秘却在于它是对意识的感情色彩的一种特殊更改。我们马上就会懂得，要说清这个问题，我们就必须分析一个特别复杂的实例。略带几分近似于悲哀的感情色彩的笑，是多种感情的混合，也是多种态度的混合，那些感情或态度似乎彼此直接对立，并且往往互相矛盾。

一旦事物的严肃意义被部分地引进了意识，笑的欢乐便会开始变得复杂，因为它带上了某种隐含的意义。懂得了（无论是多么间接地意识到）万事万物都有严肃的一面，纯粹的欢笑就会失去儿童般的心态，我们的笑里也会增添几分悲哀。

但是，人们一旦感觉到了可笑对象令人厌恶的一面，便会出现更严重的复杂情况。这种情况对幽默者的影响，完全不同于愚蠢的表现对蔑视蠢举者的影响。它与一种感情截然相反，那就是看到别人失败时的喜悦感。它是一种包含着"怜悯"（pity）的情感。大体上说，具备充分幽默感的人都具有同情心，都能熟练地掌握一种仁慈的技艺：将心比心，站在别人的立场上看问题，用人类友爱的温暖之心去理解人们的言行。一些人认为，同情心其实是幽默的最显著特征。[①] 但我似乎应当补充一句：唯有在我们对事物的愉快浏览中输入适量的同情成分，我们才能在享受幽

---

① 例如可参见霍夫丁（Hoffding）《心理学纲要》（*Outlines of Psychology*），第294—295页。（作者注）

第十章 个人的笑：幽默

默的道路上走得更远。同情心进入愉快浏览的步子若是太快，使玩笑感不能与它友好地同步前进（像福楼拜①提到自己晚年时的情况那样②），这就会使笑消失。

分辨出使我们发笑的事物的可憎之处，由此只要再前进一步，就能分辨出减弱了遗憾的悲哀的因素，分辨出将可笑的缺点与具有真正价值的事物连接起来的细微线索。幽默，至少是更充分的幽默，当然包含着对可笑之处或其相关因素的某种思考、某种觉察，包含着对有价值的可爱事物的联想。

对使我们感到有趣的事物抱有好感，这种倾向最初可能来自一种感激冲动（impulse of gratitude）。我们通常都很愿意感激别人给我们的快乐，以致即便我们已知道给予我们的快乐是出于无心，我们也大多不能完全抑制自己亲切的感激冲动。我们心中经常涌起这种冲动，而只要仔细思考，我们便会知道感激之情与真正可敬的事物密切相关。使人感到有趣的，正是对良好品德的夸张，一个人若顽固地强调自己的良好品德，他就会变得格外可笑。虽然这种人以此为乐，其表现却会使人发笑。有的时候，喜剧会为我们展示可笑性与卓越品德之间的这种紧密关联（例如莫里哀喜剧中的人物阿尔赛斯特③）。但是，唯有更带沉思性的幽默，才会充分地呈现出优点与缺点的这种共存，而我们将会看到喜剧并不诉诸更带沉思性的幽默。

通过与某种可尊敬的特性的有机关联，可笑的缺点部分地得到了补救，即使我们并没看出这一点，可笑的缺点有时还是会被

---

① 古斯塔夫·福楼拜（Gustave Flaubert, 1821—1880）：法国作家，文风严谨，其代表作是长篇小说《包法利夫人》（*Madame Bovary*, 1857）。——译注
② 参见法国作家杜加在其《笑的心理》一书第98页引用的福楼拜的话。福楼拜所说的大概是一种状况，它大大限制了幽默这种复合情感的发展。（作者注）
③ 阿尔赛斯特（Alceste）：莫里哀五幕诗体喜剧《恨世者》（*Le Misanthrrope*, 1666）里的主人公，一个愤世嫉俗的贵族。——译注

看做是可以宽恕的，甚至是可爱的性格瑕疵。因此，人的大部分小缺点才会被看做是令人愉快的，因为这些瑕疵缩短了有缺点者与我们的距离，使他们能被我们理解了。也是因此，儿童的简单无知才反映了儿童作为儿童本性的纯粹表现的价值，哪怕他们的简单无知会使人发笑。

我们所说的"幽默"情绪，其含义是一种温和的感情，它以某种方式与笑的欢乐结合在一起，形成了一种新型的情感意识。同样，这种结合似乎涉及这两种要素在意识中同时存在的状况，而不仅仅是这两种感情状态的迅速变换。欢乐与悲哀，正是这两种感情状态的同时存在和部分融合，将严格意义上的幽默从年代久远的感情中分化了出来，我们已经熟悉其中近于可笑的幽默和近于悲哀的幽默了。例如，亚历山大·蒲柏[1]论艾迪生的诗：

> 若有这样的人，谁能不笑？
> 他若是阿提库斯，谁能不哭？[2]

同样，幽默的情感是多种要素的和谐混合，与柏拉图认为他在笑中发现的令人愉快和令人痛苦的成分的纯粹混合也形成了对照。[3]

---

[1] 亚历山大·蒲柏（Alexander Pope, 1688—1744）：英国著名诗人，作品包括仿英雄体长诗《卷发遇劫记》（The Rape of the Lock, 1712）和《群愚史诗》（The Dunciad, 1728）。——译注

[2] 参见蒲柏的诗《阿提库斯》（Atticus）中对英国散文家艾迪生性格的讽刺。阿提库斯（Titus Pomponius Atticus, 公元前109？—前32？）是古罗马的富有贵族、大演说家西塞罗的密友，崇尚雅典及其文化，酷爱文学与哲学，有与西塞罗的通信传世，后因患不治之症绝食五日而死。——译注

[3] 柏拉图《斐利布斯篇》（Philebus），乔厄特（Jowett）英译本卷四，第94页。（作者注）又：柏拉图在其中说到人们看喜剧时的情感状态是痛苦与快乐的交集。乔厄特（Benjamin Jowett, 1817—1893）是英国著名学者，研究古希腊经典，以翻译柏拉图和亚里士多德的著作闻名。——译注

第十章 个人的笑:幽默

情感心理学尚处在落后阶段,对不同情感的混合,我们知之甚少。① 不过,我们还是可以简略地谈谈情感心理学的一两个观点。

我们一定要记住,同时被激起的两种感情会互相冲突,无法结合为和谐的整体。两种感情若互相矛盾(例如傲慢与温和),又十分强烈,通常就的确会出现这种情况。情感的融合意味着这种矛盾以某种方式被克服了,意味着构成情感过程的几种成分结合成了某种新的意识流。并不是那些新成分全都必须淹没在新意识流里,它们可以作为音调存留下来,就像音调在和弦里存留下来那样,若隐若现,尽管它们被那些与其相伴的成分大大改变了。我们的记忆状态可以说明这种部分融合的状态,在其中,恢复失去的体验的快乐,被懊悔的情绪减弱了。

互不相同的感情的这种平缓、和谐的汇合,表现为各种各样的情况。各种要素中那些互相亲和之处能加强这种汇合,因此,一些将对象高贵化的情感(例如爱与赞赏)便很容易结合在一起。在一定程度上,幽默的构成就是如此,因为我们既感到对象可笑,又对使我们发笑的人怀着对某种类似温柔的情感,而这两者显然是汇合了起来。

同一个对象同时唤起了互不相同的感情,这个事实有助于我们理解情感的融合。这种情况若是反复地出现,那便很可能是因为双重刺激的同时作用改变了那些情感。对一个对象,任何人最初都不会同时感到可笑和悲伤。对身体畸形的丑,男孩子和野蛮人或许会产生片刻淡淡的怜悯,但这一刻却只能出现在大笑结束之后。我们大概可以断定,悲哀感和可笑感同时存在,这种情况

---

① 在我提到过的莱曼的著作《人类情感生活的主要规律》(*Die Hauptgesetze des menschlichen Gefühlslebens*)里,能看到最近关于这个题目最好的讨论之一,见该书第247—251、259页。(作者注)

在很多代人当中都反复出现，此后这两条水流才汇合成了一条平缓的水流。

在情感的广泛扩散过程中发现一种情感的核心，能做到如此的人会作出一个推论：复杂情感的这种反复出现会以某种方式改变神经系统，因而能将构成情感的因素联合起来，至少能将身体的反应特性联合起来。首先，大笑时和表达悲伤时存在着某种生理过程的共同体（我已提到过这个事实了），这个事实能在一定程度帮助我们理解这种联合。[①] 不过，其中这两套机体过程的互相抑制却依然是最主要的力量。较强的笑的运动，无疑会受到与其混合在一起的"同情"成分的限制。我们若理解了机体过程的原理，便有可能说其中存在着"干扰"（interference）作用，至少存在着大笑与叹息这两种运动冲动之间的相互对抗。

另一个条件似乎也很重要。各种情感大不相同，很可能互相对抗，凡是存在这种情况的地方，这些情感就势必不会十分强烈。我们能看到温和的笑与淡淡的同情的混合，但一定不会看到欢悦的激动与深深的同情的混合。幽默的各种情绪都比较低调，因为笑和仁慈的伤感都在幽默中被减弱了，而这似乎是为了使它们更融洽地汇合在一起。必须减弱各种配合在一起的情感的力度，这个需要还有一个理由：一些条件决定了机体过程必定会把情感结合起来。但这并不意味着结合在幽默里的两种感情的力度相同。前文已提到，幽默似乎始终会把它自身保持在从容享乐（quiet enjoyment）的层次上，即使其中包含着近于剧烈的悲哀。幽默很像那种被称为"怜悯之乐"（luxury of pity）的情绪，其

[①] 参见本书第三章《笑的起因》。（作者注）又：作者在其中说："达尔文指出：歇斯底里患者的哭与笑的快速转换，有可能来自'这些痉挛性运动的高度相似'（参见《情感的表现》，第163、208页）。换句话说，一种行为方式达到高潮时，有关的运动神经中枢随时都可能转变成另一种行为方式部分相似的行动。这有助于说明人长时间处于痛苦刺激状态后何以会发出短暂的笑……"——译注

第十章　个人的笑：幽默

中的痛苦感已大大减轻，成了几乎听不见的泛音（overtone），而温和的基音则清晰饱满，缓解了痛苦。

这个分析能帮助我们理解梅瑞狄斯为什么把莎士比亚和塞万提斯的笑称为"心灵与思想合一的、更丰富的笑"。这个分析还能帮助我们解释德国哲学家们对笑的论述。例如，康德用了不少段落，论述不知怎样自我掩饰的幼稚行为的可笑之处。他认为，这种情况中包含着他认为来自"期望（对重要的、受尊敬的习惯事物的期望）落空"的笑，因为我们会想到纯净的自然天性（Denkungsart①）无限地高于公认的礼节成规（Sitte②），它并未在人性中被彻底消灭。③

我们对幽默的分析能帮助我们理解一些普遍公认的事实。这种分析告诉我们，一种情感若很复杂，同时又包含着成熟的思考，它便一定不会出现在年轻人身上，它是岁月的特权，其中储藏着经验，并已学会了思考。同样，如前文所言，这样的情感也不会出现于世界还年轻的时候。幽默最清晰、最充分的表现至少是现代才出现的，其标志就是拉伯雷、塞万提斯和莎士比亚这三位大幽默家的出现。我们可以用一句话来解释这个现象：像音乐一样，幽默也自动地适应了人类的新精神。

不仅如此，理解幽默的这个复杂基础，还有助于我们理解种族和民族心态的奇异差别。在一些文明的地区，笑似乎一直停留在儿童的简单欢乐的层次上，至多是略高于这个层次（文学的表现已为我们提供了这样的答案）。东方世界的某些部分似乎就是如此，那些地区的人们十分热爱玩笑嬉戏，但同时也受到庄重

---

① Denkungsart：（德语）思考行为。——译注
② Sitte：（德语）风俗习惯。——译注
③ 康德的这一整段文字或许包含着对卢梭（Rousseau）时代的无意识回忆。参见《判断力批判》（*Kritik of Judgment*），伯纳德博士（Dr. Bernard）英译本，第227页。（作者注）

267

思想的支配，这两种情感互不渗透，几乎互不联系。① 同样，南欧一些民族也产生过丰富的娱乐文学，其中混合了严肃成分和嬉戏成分，但对这两者中究竟哪一个才是幽默的精髓，目前的研究却显得非常欠缺。中世纪的滑稽小故事（Conte）表现了法国人的欢乐精神，而法国人喜欢清楚地区分他们的思考与欢笑，保持两者最初的纯净与清晰（netteté）。② 法国人（例如丹纳③和谢尔④）充分地认识到了一个事实：我们所说的幽默是"阴郁的北方"（triste nord）的产物。种族特性如何促进了幽默精神在北方地区的发展，这个问题很难说清。最接近准确解释的也许是一个假定：忧郁地思考这种禀赋滋养了笑的茁壮萌芽，而笑的萌芽总是会生出带有幽默性质的东西，（我们马上还会看到）幽默的效用也以某种方式将幽默保存了下来。

不仅如此，对幽默这种复杂情感的考察还有助于解释幽默在一些民族之间的差别。而我们完全可以说，那些民族都具备幽默气质。对造成这些差别的原因可以作一个大致的解释：这些差别起因于庄重精神与欢乐精神、严肃的思考与嬉戏般幻想的种种不确定比例。可以说，英国人、美国人、苏格兰人和爱尔兰人的幽默气质必定各不相同。不过，这个观点却不能解释幽默的全部差异。幽默是人的玩笑天性，而人的全部严肃性情减弱了它，因

---

① 东方人缺乏喜剧艺术里自动表现出来的喜剧精神（梅瑞狄斯注意到了这一点），不过，这当然不是说东方人缺少幽默气质。（作者注）
② 贝蒂埃精确地描述了滑稽小故事的这种法国精神，谈到了它缺乏深度和内在想法（arrière-pensée）、它的恶意色彩、它的快乐的机智成分、它的讽刺成分，而这种讽刺虽有几分粗鄙，却是准确而正义的。参见贝蒂埃《中世纪寓言短诗的精神》，第278页。（作者注）
③ 希波利特·阿多夫·丹纳（Hippolyte Adolphe Taine, 1828—1893）：法国文艺批评家、历史学家、哲学家。——译注
④ 埃德蒙·亨利·阿多夫·谢尔（Edmond Henri Adolphe Scherer, 1815—1889）：法国文学批评家、神学家、政治家。——译注

第十章 个人的笑：幽默

此，我们便有理由预期：幽默会根据思想、兴趣、冲动等倾向，分化出许多不同的层次，那些倾向能将不同的思想和特性区分开来。一旦理解了特性的差异，我们便能充分地理解美国式幽默与英国式幽默的差别，或者理解爱尔兰式幽默与苏格兰式幽默的差别。一个滑稽的爱尔兰故事或苏格兰故事，换句话说，一个为了家庭消遣而写的幽默故事，似乎能使人联想到这个民族的全部气质、思想和性格。人们作出热切的努力，出版其他民族的幽默故事集，以说明其他民族的幽默，而正是由于幽默这种情感的复杂性，才使这个努力成了可怜的无益之举。例如，普通的英国人读到爱尔兰的幽默故事时，怎能领会那种儿童嬉笑般的精巧、敏捷的幻想、敏锐的同情心、坦诚直率和深思的情感呢？我们只要想到一点就够了：英国人喜欢居高临下地嘲笑爱尔兰人（Irish bull[①]），仿佛爱尔兰人都必定会不自觉地犯下"愚蠢可笑的错误"（howler），但事实上，这个说法却有可能是一种亲切的表达，说出了一种最和蔼可亲的性格特征。[②]

对幽默情感复杂性的正确认识为我们揭示了至关重要的一点：（像我已提到的那样），作为游戏与庄重的完美混合的幽默，作为进攻性的笑与善意体谅的完美混合的幽默，是个体的人的卓越天赋，而不是整体人类的天赋。它预先假定了一种气质基础，一些种族特征虽然有可能有利于构成这个基础，但唯有大自然使

[①] Irish bull：最初特指爱尔兰人，自恃有文化教养的英格兰人认为爱尔兰人说话不合逻辑，而 bull 在古英语中指"逻辑上的错误"。随着时间的推移，这种民族歧视的印记已慢慢消失，现代意义上的 Irish bull 泛指自相矛盾的说法、荒唐可笑的错误。——译注
[②] 埃奇沃斯（Edgeworth）论述这个问题的文章清楚地指出了"自相矛盾的说法"的补偿作用。该文谈到了爱尔兰人使用比喻和机智诙谐语言的习惯。参见尼尔森（G. H. Neilson）著《蠢言集》（*The Book of Bulls*），其中收入了埃奇沃斯的有关文章。（作者注）

诸多要素碰巧形成了一种特殊的比例,以这种比例造出了个体,才会使这个基础成为现实。这种混合极为完美,以致幽默(至少是完整意义上的幽默)或许不能像一些特殊形式的才能那样,被频繁地由父辈传给子女。

昔日的作家借助他们的"气质论"去看待幽默,那种理论认为气质(temperament)是一些身体要素的复合。例如,在我引用过的那一章里,博学的伯顿[①]欣然论述了逃出心灵的愉悦之情,并且认为这些情绪能解释忧郁(melancholy)何以又是(像亚里士多德指出的)机智的。他的论述很有价值,因为它指出古人已认识到了笑与忧郁气质之间的联系。我们还可以加上现代的证据。例如,兰道[②]认为,像真正的机智一样,真正的幽默也要求具备深广的思想,而这种思想总是严肃庄重的;丁尼生[③]指出:"在人类最高级、最庄严的精神当中,幽默通常最富于成果。"[④]

对深刻、庄重的严肃性的需要,若不是惯于清醒沉思的标志,便应当是伟大的幽默家所具备的特点。圣伯甫[⑤]认为拉伯雷是一位严肃的医生,并在其里昂的公开演讲中正确地指出:拉伯

---

① 罗伯特·伯顿(Robert Burton, 1577—1640):英国作家,著有《忧郁心理剖析》。此句中所谓"我引用过的那一章",参见本书第二章《微笑与大笑》的有关段落。——译注

② 沃尔特·萨维奇·兰道(Walter Savage Landor, 1775—1864):英国作家,其最有名的作品是《文人与政治家的想象对话》(Imaginary Conversations of Literary Men and Statesmen, 1824—1829)。——译注

③ 阿尔弗莱德·丁尼生(Alfred Tennyson, 1809—1892):英国桂冠诗人。——译注

④ 参见丁尼生之子著的《丁尼生传》(Life of Tennyson)卷一,第七章,第167页。(作者注)

⑤ 夏尔-奥古斯丹·圣伯甫(Charles-Augustin Sainte-Beuve, 1804—1869):法国文学批评家,著有文学批评《月曜日丛谈》(Les Causeries du lundi, 1851—1862),共15卷。——译注

雷是"科学的最高权威"(majesty of science),因为拉伯雷怀着一个十分严肃的目的写作,那就是在大笑时(dans un rire immense),事先显示出某种重大的思想(grand sens)。

塞万提斯也几乎与此相同。人们认为,他那部令人愉快的传奇①是在一间臭气熏天的屋子那种悲惨环境中构思出来的(尽管这个说法遭到过质疑)。② 在性情严肃者身上,的确可以发现欢笑感的萌芽。例如一些严肃者把喜剧的轻松情绪看做一个事实,认为它意味着(我在前一章中谈到的)笑与严肃表达之间的更普遍关联。因此,圣伯甫论莫里哀时才说:莫里哀被称为"沉思的人",他独处时往往是悲哀(tristesse)和忧郁的。③ 维克多·雨果在一篇文章里说自己是"使徒般的、沉思的嘲笑者"(ce moqueur pensif comme un apôtre)。了解谢立丹④和其他喜剧作家的人们认为,他们平素甚至都不微笑。

我们很容易见到,我们在幽默中发现的笑,其转变同时伴随着娱乐范围的转变。我们已经承认,感情与涉及意志的心理态度的改变虽然往往会抑制较早出现的欢喜,但也大大扩展了可笑对象的领域。

关于这种抑制作用,我们必须反对一种普遍的误解,它以为幽默的发展会破坏欣赏欢笑的简单形式的趣味。我认识一些神情悲哀的幽默家,他们完全具备一种可贵的天赋:加入孩子们的嬉

---

① 令人愉快的传奇:指小说《堂·吉诃德》,据说是作者在塞维利亚的监狱里构思出来的。——译注
② 塞万提斯传记的作者凯利(J. Fitzmaurice Kelly)并未对这个问题下结论。参见他的《塞万提斯传》(Life of Cervantes),第 207 页。(作者注)
③ 参见《月曜日丛谈》(Les Causeries du Lundi)卷三,第 3—4 页。(作者注)
④ 理查德·布林斯利·谢立丹(Richard Brinsley Sheridan, 1751—1816):英国喜剧作家、政治家,生于爱尔兰,作有著名的风俗喜剧《造谣学校》(The school for scandal, 1776 年首演)。——译注

戏娱乐。毫无疑问，幽默抑制的是笑中一切带有残忍和恃强凌弱色彩的东西。

另一方面，幽默漫步的对象（幽默像蜜蜂那样从对象中采蜜），其领域比欢笑活动的任何已知领域都广阔得多，而欢笑比幽默更粗暴、更残忍。在笑中引入思考成分，引入更高的视点，便能把视野拓宽到不可估量的广度。

视点的这种变化，意味着我们深入了事物的表层，看到了被部分隐藏起来的真实，也意味着我们在各种关系的网络里正视事物。幽默家通过更细致地深思，将人的行为看做性格的表现，这种做法就表明了他们对事物的深入认识。

智力弱点和道德弱点以某种方式被别人窥见（即使有弱点者自我警惕，也会如此），而幽默的旁观者恰好具备窥见这些弱点的眼光，在这种情况下，取乐的范围便十分广阔。例如，一位主考官请一位年轻教师解释"先天倾向"的含义，后者写道："它是一种先天的、快乐的倾向：儿童的这种特性多种多样。"在读者看来，这个错误的可笑之处在于答题者天真地暴露了她的弱点：她当时最关心的是她能否通过教师资格考试。还有一例。同一个班的另一位年轻教师描述教师资格时写道："教师应当非常熟悉儿童的思维方式，就像汽车司机应当熟悉汽车引擎那样。"在读者眼里，这个比喻的可笑之处是：读者会发觉，答题者的一种不科学的思维习惯（不自觉地）侵入了理论的思考，而过分热情的工作者往往会如此思考问题。

在人群经常活动的地方，随处都能见到一种情况：幽默者敏锐的眼睛捕捉到了这些天真的无意流露。在各自的环境中，幽默者不知不觉地按照自己的思维习惯和趣味标准去思考事物。

除了具备这种出色的洞察力，幽默者还具有把握事物关系的眼力，这种眼力是更高判断力的标志。我们所谓的性格上的"可笑"，其实总在一定程度上涉及事物之间的关系。正如前文

第十章　个人的笑：幽默

提到的那样，使人发笑的，正是人们在特定的环境中见到的某种特性。隐藏的缺点之所以会使人笑，是因为它与有价值的（或至少是显得有价值的）事物并列（juxtaposition）在了一起。例如，在幽默者眼里，性情冲动者做事情会呈现出几乎堪称嘉许的一致（consistency），那就是每次做事都前后不一。相反，在另一种性格的人身上，幽默者却会发觉某种品质的不一致（inconsistency），例如一个总体上慷慨的人在某些特殊的小开支上吝啬小气，而这仿佛表明了一点：即便是根深蒂固的良好品质，也需要智力的阳光。在很多情况下，观察性格的乐趣并不来自感觉到了有价值事物与略微无价值事物的并列，而来自发觉了性格与当时角色之间的矛盾。例如，年岁稍大一些的孩子巧妙地自吹自擂，这就暴露了他那种过分自信的正义感并没有用于他自己。有些人极力使别人相信他绝无重大缺点，而其实正是在这种人身上，人们最容易发现伪装得很拙劣的缺点。或许正是某一类女人，才极其善于以幽默之心看破别人，她们能看穿一些人学来的举止（这些人在有了一把年纪时才学会了举止文雅），能从这些人的表面举止后面看出其早先的笨拙做派。

　　要更好认识事物之间的关系，我们还应当看到，人不适合其环境这种情况有纷繁多样的表现，那些表现也往往使我们发笑。在一些情境里，快乐之神仿佛安排了木偶戏演出，并常常派给我们角色。在沉思的幽默者眼中，这些情境充满了讽刺的联想。上天从未打算让我们遇到的事情，我们却不可避免地遇到了，这使我们在上天的炯炯目光中成了笑料。例如，社会上各色人等的并列，造成了人们相见时的尴尬局促，而这往往会使人觉得开心。一个人不是出于偶然，而是出于愚蠢的冲动，忘记了自己能力的局限，陷入了尴尬境地；一个人出于礼貌而不得不用外语和旅伴交谈；一个最无决心的人打算求婚。对幽默的旁观者来说，这些情境作为笑料的价值会大大提高。

笑的研究 AN ESSAY ON LAUGHTER

片刻乱七八糟的情势会使我们发笑，同样，人与环境之间更持久的不协调也会使我们发笑。要发现后一种不协调表现，就需要具备幽默洞察力的更特殊才能，因为在大多数人看来，长期持续的事物似乎渐渐成了正当的东西，而这仅仅是因为它能长久存在。你可以让一个最不合适的人去做大主教，或者去做滑稽杂志的主编，这时你会发现，在大多数旁观者看来，时间很快就把某种适合性（suitability）授予那个职位。哪怕是一对很不相配的夫妻，也能依靠习俗对人类判断的这种影响而显出某种互相的适合性。可是，幽默的旁观者的目光却会在思想的指引下，剥去传统规矩和习俗的服饰，以此取乐。

以幽默的态度嘲弄人，嘲弄我们周围的人流露的心思，这已渐渐成了少数人的主要消遣。近来，我们对人产生了更强烈的兴趣，这种兴趣有一部分反映在现代小说里，也有一部分是现代小说的产物。这种兴趣已使少数人养成了一个习惯：持续地、有步骤地考察他们的熟人和朋友，而在这个过程中，幽默者会有充分的机会发出从容的笑。在这种情况下，有节制的欢笑部分地来自愉快的意外感，而这种意外感是复杂的机体活动造成的，也是我们预知能力的局限造成的。一个人在某种新力量（例如妻子）影响下的精神变形，或因为战争狂侵入了他的社交圈而精神变形，在幽默的旁观者眼中，这都像肉体变形一样有趣。幽默者对他了解的事物的习惯性沉思，显然包含着一种混合的情感，那就是取乐之情与仁慈之情的混合。其实，它是一种带有很多"心理分析"（psychologising）成分的沉思，现在有不少人在最好的想象力指导下，尝试去进行这种心理分析。我们对人的差异和个性差异的新看法，最清楚地表明了游戏态度与尊敬态度的结合。我们对各类人的性格进行了新的实验，而我们对实验结果的思考总会使我们感到欢乐，而欢乐起因于我们见到了新奇的事物。不过，我们对个性（它区别于古怪的特性）的新认识，却把欢乐

第十章 个人的笑：幽默

的大笑减弱成了音调轻柔的幽默。

幽默能力的发展，还以另一种方式扩大了可笑对象的范围。在儿童和没文化的成年人的简单天性里，嬉笑与严肃往往相互分离。将严肃的成分引进娱乐情绪（娱乐情绪是幽默的基础），就在两者之间的隔离墙上打开了一个突破口。这样一来，幽默家虽然是极其严肃的人，却往往会因为受到某种滑稽联想的刺激，在严肃的思考中表现出片刻的离题（digress）。优秀的演说者和书信作者（包括能敏锐地听见嬉笑之声的女人）会因此而暂时中断严肃的议论，对事物的可笑之处投上一瞥。很多自视为幽默家的人往往会对这种情况感到惊异。不过，人们取笑的对象虽然遍布严肃事物的领域，但其实并未动摇其严肃事物的深刻基础，而这是衡量幽默的生命力的最佳尺度之一。幽默坚决地侵入了严肃事物的领地，却又完全尊重这片领地，而正是这种入侵才造就了大量的现代文学。要理解这一点，读者只要看看我的一位朋友的著作便可以了，它讨论的题目完全可被称作沉闷而严肃的逻辑学。作者的努力取得了明显的成功，既维护了逻辑学的尊严，又使逻辑学显得不那么沉重，因为作者提出了大量有趣的见解，列举了大量有趣的例证。①

尽管如此，不含思考的欢笑让位给幽默时，其娱乐范围的扩大还是并不完全由于幽默并吞了严肃的成分。对更常见的笑的主要限制来自一种环境，这种环境往往会使其中的人产生厌恶。我们知道，这种厌恶起因于一种自然的感情，那就是憎恨被别人蔑视、被别人当做劣等人。只要笑里还保留着轻蔑的古老音符的清晰振动，我们就一定会抗拒笑，而一旦笑变得柔和而亲切，我们就愿意放弃对笑的抗拒。我们只要知道嘲笑的面具后面有一张友

---

① 参见卡维斯·里德（Carveth Read）著《逻辑演绎与归纳》（*Logic Deductive and Inductive*）。（作者注）

好的脸，那么，取笑我们的弱点，甚至取笑我们遇到的小灾小祸，就全都没有那么可怕了。一个人只要能保证将他轻蔑的笑淹没在一种更亲切的情感里，他便可以去嘲笑自己的孩子，不仅如此，他还可以去嘲笑自己的父母，哪怕在父母上了年纪、身体已衰弱时，他仍然可以这么做。笑也不一定事先要让对方知道自己的善意。例如，少数人柔和的笑能立即消除街上陌生人（例如贫穷男孩）的对立情绪，尽管后者具有穷人和小孩的双重敏感。

从坦率地容忍别人友好的嘲笑到以幽默的态度进行自我批判，这两者之间似乎只有一步之遥。若说幽默总是涉及在一定程度上将自己的感情投射（project）到沉思的对象上，那就不难将幽默的警视转向自己的缺点了。有各种不同形式的自我审视，包括大大不同于幽默自嘲的各种变化形式（例如那位奇女子玛丽·巴什克采夫[①]所说的"moi spectateur"，即"自我的观察者"）。幽默地自嘲，这种做法最为少见。要想完成自嘲，不但必须具备"更高的自我"（higher ego，它能在思想的指导下作出批评），而且必须学会从别人的角度看自己，尤其是从幽默的旁观者的角度看自己，而这种技艺的难度，则几乎与一个人能瞥见自己的头顶相当。

较低自我（或者准确地说是自我群）的活动很适合为无言的娱乐提供丰富材料。人性（哪怕是我们当中最佳的人性）的构成非常奇特，唯有清晰的视像才能使它觉察到不谐和，觉察到对真实的伪装。因此，我们才常常很容易发现一些基本倾向的秘密进展，那些倾向好像几乎不属于我们，我们也否认它们的存

[①] 玛丽·巴什克采夫（Marie Bashkirtseff, 1858—1884）：俄国女画家、日记作家，生于乌克兰贵族家庭，一生大部分时间生活在法国，绘画作品有油画《自画像》（1880）和《秋》（1883）等。她从13岁开始写日记，共16卷，于1890年以《我的日记》（*Mon journal*）为标题发表。她25岁死于肺结核。——译注

第十章 个人的笑：幽默

在。更常见的情况是，我们很容易发现全部微小的不谐和之处（它们起因于我们心灵运作的复杂性），发现一种无法去除的环境，那就是无论我们的理性在那一刻如何占据主导，事实都会表明我们心中那些被抑制的力量其实并没有被彻底消除。只要这种自我审视没有遇到各种形式的丑（ugliness）和恶兆（ill omen），它便会顺利地进行，而丑和恶兆会很快地结束愉快的笑。

偶尔瞥视我们自己会使我们感到快乐，这种快乐非常明显，以致几乎无法想象真正的幽默者会摘不到这颗诱人的果子。不过，若是见到一个完全不能接受别人嬉戏取笑的人，那就似乎有理由推断出此人并不具备一种素质：审视自己的行为，从中取乐。有些人以非常善于嬉笑取乐闻名，有时却非常厌恶别人对他们随意开玩笑，这意味着这些人的思想已经养成了一种习惯：它能觉察可笑事物更大的外部表现，却完全看不到内心微观世界的一切可笑之处。每一个以幽默态度沉思事物的人，或许都有某个"盲点"，看不到某些实际存在的事物，它就像视网膜上的盲点一样，对那些事物一无所知。这种感觉失灵若碰巧使幽默者全然看不到自己的行为，他的视野便一定会大大缩小。

我们已看到，人类笑的各种早期形式都有助于促进社会或社会群体的稳定和改善。但我们若考察幽默这种更温和、更复杂的情感，却会感到幽默似乎失去了这些有益于社会的作用。我已说过，幽默感发展成为任何一种有活力的、富于成果的形式，这都十分罕见，因此，在大多数情况下，具备这种幽默感便一定会格外令人满意。笑的功能有望发生转变，使笑成为一种基本上有益于个人性格的、使个人精神振奋的东西。

毫无疑问，高雅的幽默有时也可能被用来发挥与其祖先（即人类最初的笑）相同的社会功能。我们会看到，当今的新闻报道和文学，也会以幽默或准幽默的笔调描写缺点、夸张等可笑的事物。针对这些事物的幽默比较温和，这个特点的确常能使幽默被用来去批评党派、学派和名人，而幽默若不温和，便会被谴责为"讨人嫌"（bad form）。尽管如此，我们还是发现此类文字中的嘲笑具有严肃的实际目的。因此，这种文字便会被正确地称作"社会讽刺"（social satire）作品，而不是幽默。

另一方面，各种幽默情绪又格外适于间接地用来使个人适应社会环境，这个过程被称为"自我批评"（self-criticism）。这种幽默的自嘲虽然可能（像莱辛[①]等人指出的那样）始于喜剧演出，但我们还是会在后文里看到，这种幽默的自嘲并不依赖于喜剧演出。要想迅速地发现人物明亮表面上的第一粒灰尘，就必须养成随时注意这个表面的习惯。

帮我们找出不良倾向的萌芽，一些人会把它视为具有批判力的自我部分地代理行使的一种功能，即社会共同体对个体的限制功能。人人都必须与社会共同体保持健康有益的接触，任何人都不能从这一点迷失得太远太久而毫无危险，换句话说，任何人都应当具备社会共同体所体现的判断力和是非感。将自己看做别人，从别人的角度判断我们自己，掌握这种并不算太容易的技能的确格外适合于一种人，他们渴望嘲笑真正可笑的客观事物。

不过，我们还是不该以为，在这种个人的自我纠正（self-correction）过程中，我们始终都会从社会的角度看问题。幽默是明确个性的产物。说一个人具备了幽默感，这似乎总是意味着他形成了自己对事物价值的认识，他当然受到了世故导师的指导，却并不在意他的观点是否符合他当时从社会共同体获得的观点。在警觉的幽默行使的这种高级功能中，我们再次发现，沉思的运作得到了思想和理想观念（其中一部分是个人思想的产物）的

[①] 高特荷德·埃夫拉姆·莱辛（Gotthold Ephraim Lessing, 1729—1781）：德国文学家、批评家、戏剧家，德国18世纪启蒙文学代表人物之一，作品包括《寓言三卷集》、《拉奥孔》和《汉堡剧评》等。——译注

第十章 个人的笑：幽默

帮助。笑着谴责愚蠢的行为（在许多压制性的批评之后，这种温和的批评方式再度抬头），这种做法来自完美的自我。它最终变成了自由的、合理的做法，尽管它必须使自己发展成为"圣人式的交流"。"纠正"（correction）这个字似乎太重，不适于用来表示这种预防弊病的功能，因为我们已看到幽默并不乐于被借用为工具，为严肃的目的服务。以幽默的态度迅速地感知对象，这种习惯能影响幽默者，对这种影响的最佳表述是（幽默者）心灵中会充满纯洁而有益健康的大气，其中的病菌都必定会因为缺乏营养而死亡。

现在我们可以把幽默的那些用途变为一个概念，而实用目的的思想几乎无法侵入这个概念。作为娱乐消遣的幽默是一种令人愉快和高兴的东西，它具有原始的笑的那些令人喜欢的性质，此外还有其他许多性质，因为幽默作为一种情绪能依靠沉思来滋养自身，具有安慰和维护的作用，而这是单纯的欢乐（即便是欢乐情绪作为一种性情持续下来）做不到的。伏尔泰[1]说：上天赐予我们两样东西，以弥补生活里的众多痛苦，那就是希望与睡眠。康德对此评论说："他还可以加上笑，其条件是很容易获得刺激有理性者发笑的方法，而幽默所要求的机智或独创性也不（像其他禀赋那样）那么罕见。"[2]

幽默倾向若是很活跃、很有创造性，在必要时，它就能使幽默者在艰辛的生活中获得不止一种益处，笑总是能在一定程度上抛开严肃的压力。知道了这一点，我们便可以指望笑能在日常生活中给我们帮助。不过，唯有用于捕捉事物中玩笑闪光的眼睛得到了幽默沉思的指导，心智活动才能充分实现这种减轻压力的

---

[1] 伏尔泰（Voltaire, 1694—1778）：法国启蒙思想家、作家、哲学家。——译注
[2] 参见康德著《判断力批判》，伯纳德博士（Dr. Bernard）英译本，第 226 页。（作者注）

作用。

举例来说，具备强大的幽默洞察力的人会大大扩展笑的安慰功能（conciliative function）。甜言蜜语的哄骗全都必定是和善的，或者至少会把笑的刺痛隐藏起来，但是，用善意的取笑更有效地解除人们的戒心，却要求幽默者的深刻沉思。在安慰对手（政治对手和其他对手）的技巧中，我们很容易看到这一点。明显的善意能战胜对手，这种力量有时会影响一些人，他们几乎觉察不到心智在其中的运作。造成尴尬局面的因素[①]，导致失去兴趣、厌烦、失去应有的同情心的种种倾向，在全部的人类关系当中，这些东西都会因为幽默精神的偶然侵入而遇到最有效的抵抗。我在这里想起了一位已经故去的人，我曾有幸与他合作完成一项长期而艰难的公共事业。当时我们常能看见明显荒唐可笑的事物，它们若不是非常令人开心、非常自然，其频繁的出现便会使我们以为那是个预谋。这使我们忘掉了一切厌倦。

有一种倾向或许是通畅的社会交往的最大障碍，那就是人的妄自尊大。高傲态度是毁坏交谊的坏东西，无论那个可能的交往者是一个人的妻子还是此人办的杂志的投稿人。有些人把高傲看做社交礼节的需要（de rigueur），就像他们的得体服装一样。要防止愚蠢地阻滞社交的车轮（这种现象起因于人际交往的长期僵化），其可靠措施就是依靠活跃的幽默之才，幽默者敏锐的眼睛很快就能发现旁观者行为中可能存在的可笑之处。我们可以从一个事实中看清幽默的这种功能：受过良好社交训练的人，都有一种本能的反应，那就是与别人交谈时，只要有人提到他本人和他的权利，他马上就会笑着退出交谈。

[①] 伯纳德·凯普斯（Bernard Capes）的小说《酒之湖》（*The Lake of Wine*）的第二章和第三十二章就很好地说明了这些因素。（作者注）

第十章 个人的笑：幽默

这一切之中虽然可能并没有对某个目的的有意识追求，但并不完全缺少社会效用。不过，正是由于幽默是一种个人的气质，它的主要益处才体现在了幽默者的个人生活中。幽默者以一种新的、温和的方式沉思自己遇到的灾祸和麻烦，幽默便由此发挥了安慰和振作的作用。

幽默气质较多的人大都知道，生活中的小烦恼一旦有了进展，便马上会被一笑了之。例如，你的铅笔失而复得，原来它被夹在了一本你极少去看的书里。或者相反，你用种种淘气的办法扔出铅笔之后，发觉它就落在了你的书桌旁，离桌子很近，因为它尽职尽责地遵守着严格的惯性定律。你会沉思片刻，想到事物小小的讽刺意味，或者想到人们在臆测方面浪费的大量精力，就此一笑。你骑着自行车走在路上，几个喜欢在路上玩的孩子不给你让路，你不得不把车铃按上一千次，这使你十分恼火。但你刚一站在孩子们的角度去看此事，想到马路就是他们合适的操场，你的怒火便马上会变成愉快的微笑。伦敦的大街在冬天显得十分阴沉丑陋，但你若把目光集中于街上那些有趣的景象，便会感到阴沉的街道不时地被阳光照亮，例如，一个车夫慢吞吞地赶着货车，昏昏欲睡，一脸幸福而无知的样子，而你乘坐的公共汽车跟在那辆货车后面，汽车司机为自己的车速之快而得意洋洋，用最难听的骂人话无情地催促货车车夫。

对社会给我们造成的小烦恼，我们也可以一笑了之。例如，在音乐会上，我们看到一顶大帽子蓦然出现在我们眼前，看到一张引起听众注意的脸，带着悲伤幽思的表情，若有所思地贴在小提琴上，仿佛小提琴是母亲的脸，小提琴手正从它那里汲取呜咽般的曲调，这时我们无疑会感到片刻的痛苦。不过，即便我们的神经感到了刺痛，我们还是会隐约意识到那顶帽子及其晃动格外荒唐可笑。或者，客人来得不是时候，打断了我们的某些美好思绪，刺痛了我们的神经，但我们瞥见了来访者的表情，它表明此人笃信他要说的事情极为重要，这一瞥足以使我们朦胧地意识到他对事物轻重的判断带着几分"主观性"（subjectivity），而这也影响了我们自己对事物轻重的判断。社会上的讨厌鬼也使人心烦，这种烦恼或许不该被叫做小烦恼。大概可以推想到一点：幽默的人尤其容易遭到那些讨厌鬼的进攻，因为幽默者大多都很宽容，通常都情愿忍受别人的伤害，而不是伤害别人。

不过，幽默者也有其补偿。例如，我们只要对一种可笑又可悲的状况细想片刻即可——一些与我们素不相识的人居然将我们选作了纠缠的对象。即使命运把我们与一些男女抛在了一起，他们就像来自某个物种的生灵，虽然与我们极为相似，却被不可逾越的分界线相隔离，沉思的幽默也能想出缓解这种状况的办法。富豪那种盛气凌人的妄自尊大，那种"把你买下来"（buy-you-up）的目光以及其他表现，会使你感到片刻的刺痛，但这短暂的烦恼之后却会紧跟着带笑的安慰，因为你回望这富豪时，发现他长着难看的"塌鼻子"（snub），不禁乐在心头。在任何情况下，你只要向富豪们投去嬉戏的一瞥，你都会恢复镇定。

对训练有素的幽默者来说，即使更大的麻烦也会显示出一些可笑之处或与之相伴的东西，因此，哪怕麻烦的打击依然使他们感到刺痛，他们也会振作起来。玩笑般地沉思我们自己，以此对抗比我们优越的权势者和环境，我们就能松弛地微笑起来，因为在命运对我们的嘲弄中，我们既会发现使我们恼火的东西，也有可能发现有趣可笑的东西。与命运搏斗，这个观念能将生活的热情赋予勇敢的心，也能帮助沉思的头脑找回游戏的情绪。读过金斯莱小姐的《西非旅行记》的人，无疑都能想起其中大量有趣的思考。在那些使男人都感到气馁的环境中，她依然能保持幽默。① 正是由于随时都能发出同样的微笑，戈德史密斯才从容地应付了命运的种种打击，（正像他的传记作者写的那样）以愉快的幽默或古怪的警告还击羞辱或不幸。② 狄更斯笔下的著名人物马克·塔普利③无疑让我们看到了一点：他年轻时虽然身处逆境，却学会了从巨大的麻烦中汲取幽默的娱乐。正是愉快的思想投射在厄运表面的这种嬉戏的微光，才使厄运失去了最阴沉的色彩。

　　依靠（我们已经提到过的）幽默沉思，在任何烦恼和精神骚乱的情况下，我们都有可能产生一种使我们欣慰的思想：那些麻烦乍看上去时被大大夸张了。在情感的薄纱被撕裂的那一刻，痛苦的打击使我们失去了判断事物轻重的能力，我们的绝望如同一场雷雨，充满了我们眼前的场景。但我们会很快地恢复平静，这个过程显示了健康的神经机制的生命力。这个过程往往来自一个因素：把思想迅速转到眼前场景中那些更光明的部分（麻烦使我们暂时看不到它们），看清其中光明与阴暗的比例。麻烦就像吞没一切的雷雨一样，只要我们看清了它的边界，它就会几乎带着微笑退去。

---

① 金斯莱小姐的《西非旅行记》里的许多例子都能说明这一点，例如该书第九章《奥果韦河的激流》（*The Rapids of the Ogowe*）。（作者注）又：奥果韦河（Ogowe，又作 Ogooue River）是非洲中西部河流，其流域几乎全在加蓬境内。——译注
② 戈德史密斯生于爱尔兰的一个牧师家庭，相貌较丑（他曾自嘲说自己是"世上最可笑的东西"），青少年时期极为贫困，经常挨饿，并被人们视为愚钝，曾以吹长笛、教英语养活自己。关于他的生平，可参见美国作家华盛顿·欧文（Washington Irving, 1783—1859）的《戈德史密斯传》（*The Life of Oliver Goldsmith*, 1849）。——译注
③ 马克·塔普利（Mark Tapley）：狄更斯小说《马丁·朱述尔维特》（*Martin Chuzzlewit*, 1844）里的人物，原来是英国南部城市索尔兹伯里（Salisbury）的"蓝龙"（Blue Dragon）旅店的马夫，后来去了伦敦，成了主人公马丁·朱述尔维特的仆人，天性幽默快乐，是个狄更斯式的人物。——译注

像幽默能发挥这种减轻痛苦的作用一样，能使我们暂时摆脱束缚的笑，也正是我们对自己的嘲笑。我们的确有理由说，这些益处得自一种自嘲式沉思的习惯。我们能产生这种赐福般的松弛感，是因为我们看清了：我们的荒谬想法使我们忽视了应当看见的东西；我们的愚蠢造成了种种情感洪流，将它们的迷雾散布在了真实的现实领域中。我们开始微笑，这表明我们改变了视角，表明我们看到了自己身上也有一些毛病，而片刻之前我们却根本没有看到它们。

我们无法说清幽默在帮助人们抛却麻烦方面到底起过多大作用。哪怕愉快的沉思闪光未能驱散黑暗，它也能带来片刻可贵的舒缓。倘若麻烦真的十分重大，那么，除了被上帝选中者之外，其他人轻蔑的微笑都会变得冷酷。或许只有少数人能达到平静讽刺的高度，一位德国音乐家做到了这一点，他的妻子与他的导师私奔了。① 幽默性情能减轻灾祸，但根据这个事实推断人们不太在乎行为是否符合道德，却依然是极不可靠的。我们宁愿作出这样的推断：吃苦最多的人往往会格外感激幽默这位人类悲哀的安慰者。

幽默既能安慰痛苦，又能矫正意见的片面性，这些效用会被更全面的视野完善，而只要超越了利己主义的观点，便可获得这样的视野。一旦能暂时地理解别人的观点，即使幽默的萌芽也意

---

① 汉斯·冯·彪罗在这种情况下作出了近于超人式的反应，这个故事见于1894年2月7日出版的《国家观察者》杂志（*National Observer*）。（作者注）又：汉斯·冯·彪罗（Hans von Bülow, 1830—1894）是德国钢琴演奏家、指挥家、音乐评论家，匈牙利钢琴大师弗朗茨·李斯特（Franz Liszt, 1811—1886）的学生，1857年与李斯特之女柯西玛（Cosima）结婚，生有两个女儿。柯西玛与德国大音乐家理查德·瓦格纳（Richard Wagner, 1813—1883）私通，生有两个女儿，1869年与彪罗离婚，1870年嫁给了瓦格纳，但彪罗并未表现出怨愤。——译注

🍂 第十章 个人的笑：幽默

味着多少摆脱了自己的观点。被别人嘲笑，其巨大的教育价值就在于它能迫使你关注别人多种多样的意见。一位苏格兰教授听见让他厌恶的球童说："谁都能学会希腊语，可要想学会打高尔夫球，那就非请教练不可。"对这位教授来说，这句忠告想必是太有益了。

我现在还要简单解释一下幽默对幽默者产生的另一个效用。尽管事实会表明，它只是我们刚刚说过的那个效用的进一步发展。对事物的嘲笑（它首先伴随着对事物的观察），在其各种最高级的形式中，主要是针对外界景象发出的笑。成熟的幽默机能始终贯穿在一个人对群体世界的愉快沉思里，既沉思它的各个局部，也沉思它的整体。在对个人所处的环境的批评中，其实也包含着大量使人开心的机会，唯有牢记这一点，才能正确地估量幽默对个人的价值。

幽默的观察者能从他对社会现象的沉思中获得快乐，这意味着他已形成了自己的观点，他避开了群体世界更喧嚣骚乱的部分，寻找到了其中平静的逆流（backwaters），他可以在那里用平静的思想浏览事物。生活在令人眼花缭乱的人群中的人，永远都不会从一个角度去观察事物，即以幽默态度欣赏事物所需的角度。不仅如此，他若在骚动的人群中生活、活动并与之利益相关，他就不得不压抑自己的欢笑冲动，对周围那些匆匆忙忙的人表现出某种尊重，因为他的任何纵情于笑的欢乐的行为，都很可能使他陷入不愉快的冲突。

毫无疑问，唯有部分地退出了群体生活的人，才能看到社会中许多可笑的场景。（传统意义上的）"上流社会"的奇特行为是传统的笑料之一，我们的滑稽杂志已启发了那些感觉迟钝者，使他们也能以这些笑料取乐。以幽默的沉思去审视"上流社会"的高度自负，这是一件开心事。例如，上流社会以为一切聪明人和健谈者都在为它效劳（这个想法是那么天真幼稚）。① 另外，想到世人的某些特点也会使人开心，例如，盲目地追随某个自封的领袖（这类似于狗的本能）；不假思索地将某个碰巧被吹捧的人封为"英雄"，而不管他是来自东方的当权者，还是来西方的马戏团老板。注意到一种现象也让人开心："上流社会"人士往往只知道根据他们那些纯属武断的标准去看事物，他们在意大利旅行时见到了"不聚餐的上流社会"，却因为知道世上居然有这样的"社交界"而震惊。这种现象以及其他更多现象，常常会吸引幽默者的目光。

为了获得在某个小圈子里的立足之地，男人与女人之间展开了激烈的争斗，对部分地退出了群体生活的人来说，目睹这种争斗也是愉快的消遣。在这样的争斗中，道德人士的上蹿下跳一定达到了荒唐可笑的高度。热汗淋漓、气喘吁吁地拼命争斗，以求在上流社会里赢得一席之地，这种拼命奋斗与不确定的回报之间的不对称现象，最易使人发笑。

使这个场面更加可怜又可笑的是，成功似乎永远都不会使人感到满足。这些人先是非要进入这个圈子不可，而一旦达到了目的，他们就会出于一种同样可怕的迫不得已，使自己在密密麻麻的人群里始终引人注目。身在高位者异常敏感，哪怕其保护女神对他们的一丁点儿忽视，都会被他们觉察。这种现象一定会激起幽默的想象。众神也使我们获得了笑的丰收，办法就是在人心中播下"虚荣"及其卑微表现的种子，诱使"上流社会"成为"虚荣"女神的奴隶。

以理性的冷静目光去看，任何以出身或以出身与财富的混合

---

① 举例来说，一位有爵位的夫人给报纸写信说，她认为上流社会能起到为"血统高贵者和聪明人"服务的作用，见1894年6月1日的《泰晤士报》（*The Times*）。（作者注）

第十章　个人的笑：幽默

为基础的"上流社会"，都不配得到这种卑躬屈膝的尊重。当然，当今的上流社会混杂着（ein bischen gemischt[①]）各色人等，因此，我们完全有理由预期，头脑清晰的男人也会尊重那些智力不佳的女人。落入宴会这个陷阱的聪明男人，无疑都愿意承认这一点。但其中有一个问题：他们在宴会上落座后，他们的厌倦之情是否能战胜其妻子们的社交野心？他们能否逃过众神的嘲笑？

造访这些荒唐可笑的场景时，怜悯女神会在笑的旁边找到她的位置。像我们已经说过的那样，只要向面具后面瞥上一眼，便能见到欢乐的最脆弱伪装。很多老人的脸上都蒙着死气沉沉的呆滞，即使他们强迫自己做出鬼脸，发出痉挛的"咯咯"笑声，那声音也像他们一样虚弱无力。这些一心崇拜上流社会的人寻求的似乎是强烈的刺激，而不是快乐，但他们却只会发现，找到刺激这个希望本身已变得渺茫了。

不过，就社会现象的有趣方面而言，我们却不必将自己局限在"上流社会"的表现之内。虽然"上流社会"的不合理性令人发笑，但它却不是不协调性（incongruities）的唯一表现。在毫无偏见者的眼里，伟大的中产阶级的行为，甚至普通大众的行为，都有种种可笑之处。其实，对具备了应有的洞察力的人来说，社会生活的各种现象都可能造就出丰富的笑料。

社会生活中最引人注目的，或许是人类种种怪癖的绝妙展现。报纸一向都充分注意到了新事物的价值，因此非常欢迎人类的愚蠢、邪恶的精明、贫乏而无法控制的空虚心理的自我暴露。人们拼命地争斗，以求自己的名字登上他们垂涎的报纸专栏。这种争斗的激烈程度，丝毫不亚于人们为出席上流社会聚会而进行的争斗。显示你自己，为自己赢得众人苦恼的，甚至可以说是厌倦的目光，哪怕只是片刻也好，这显然就是最高的需要。我们知

[①] ein bischen gemischt：（德语）少量的混合。——译注

道，儿童们若觉得自己被忽视了，便会作出许多惊人的动作，发出许多惊人的声音，迫使别人去注意他们。但是，成年男女拼命将自己展示在公众眼前，这种努力当然也一定屡见不鲜。即使离开了众人活动的场所，这些自我推销者有时还是会使你注目，因为他们会寄给你一本自传，其大部分内容都是描述他们参加过的所有宴会。这对历史学家或许是无价之宝，只要自传作者碰巧是一位政治家。

这些自我推销者的虚荣心并不总是表现在表面上，部分地自我蒙蔽也是其可笑之处。一个人若热衷于信仰某种特殊使命，便可能陷入某种无法理解的狂热，以致完全看不到这种态度里隐藏着他膨胀的自尊心。但是，从容的旁观者却会看出大自然女神的这种恶意做法，她使人们看不见自己的大部分动机，使人们在笑时把嘴咧得更大。

强迫公众注意自己，这十分荒唐可笑，就像拼命挤进"上流社会"一样。若想到这种人追求的目标的真正价值，其做法的荒谬性就更清楚了。神化民意（public opinion），这是当今的时尚。不过，虽然有"民意神圣"这句经典格言，但将社会上层与平民的两种声音看做一种，这种做法却并不总是会讨神的喜欢。在狡诈的塑造者手中，现代民主社会表现出的可塑性，几乎往往与古希腊社会的可塑性相同，而聪明的古希腊人曾对它泼洒过优雅的嘲讽。古希腊城邦的平民"形成"其舆论时，都会给自己的意见裹上薄薄的伪装，而他们对政客、将军和其他贵族的判断便被神圣化了。要看破这一点，我们就必须具备一种重要素质，那就是能够欣赏此类表演的可笑之处。例如，一位编辑征集老百姓对书籍（或假定老百姓能作出判断的其他事物）的意见，这就令人非常开心。这种情况下的可笑之处也在其环境：善良的百姓被诱入了一个陷阱，诚心地以为他们在提出自己的判断。倘若一位编辑充分地认识到了事物名称的价值，将这种认识运用到

第十章 个人的笑：幽默

名人身上，让教会的权贵说清怎样建造杂耍剧场，或者让大受欢迎的赛马师说清科学手册该是什么尺寸，这些表演就会使我们更加开心了。

作为公众向导的权威的这些表现充分证明了一点：它首先必须具备灵活性，才能真正地引导公众。现代的平民不但很庞大，而且"思想单纯"，因此很容易落入骗子的陷阱。判断报纸说教是否正确，这或许是平常人力所不及的事。如此思索的人，若检验显赫名望的基础，或者检验心怀"国民"的政治领袖高傲自吹的依据，便会发现大量的装假行为，因而感到好笑。

人们无疑十分尊重报纸，报纸也以另一些方式为人们提供幽默的娱乐。报纸要发布新闻，这个立场本身就使报纸有趣的夸大了一切当时碰巧露头的事情的意义。一种思想，无论是对是错，只要非常古老，只要某位名人碰巧重新提到了它，它便会引人关注。由此便出现了人皆有之的所谓"恋新癖"（neomania），即狂热追捧最近出现的新事物的癖好。不过，使幽默的观察者更开心的，还有报纸及其读者的那个幼稚的假定：发生的每一件事都是在为读者提供新闻。在杂志上刊登我们法院的庭审记录，其最终目的就是要满足读者对新闻的渴求，这种直言不讳的说法无疑是杂志编辑的疏忽。尽管如此，敏锐的眼睛还是能经常发现这个假定。当今的报纸杂志都在为读者提供娱乐，鉴于这一点，我们有时会想，"滑稽杂志"这个说法是否正在变成多余的用语。

若能深入地审视事物，揭开传统习俗的包装，始终去捕捉真实，便随时都会产生幽默。例如，某个人的任职若遭到质疑，官方往往会公开作些复杂的辩解，这种辩解的精巧包装后面暴露出幼稚，其可笑程度与一个淘气的孩子寻找和编造的借口不相上下。对惯于正确思考的人来说，最可笑的或许莫过于一种情景：人们陷入了尴尬的窘境，不得不绞尽脑汁以找到某种符合逻辑的出路。

笑的研究 /// AN ESSAY ON LAUGHTER

所有能阅读的人都知道,"上流社会"的奇特行为和大众生活的可笑表现绝不是什么新鲜事。部分地退出了社会群体生活的历史记录者,也为我们记录了其他时代、其他类型的社会的可笑表现。尽管如此,我们还是要指出,当今社会现象的可笑之处超过了以往,其可笑事物的数量最多,并且有最多方面的表现。我们这个社会的庞大规模,其不稳定性,其"不断进取",其不顾后果的活动和另外一些特征,加上人们都渴望公开自己的行为,以及与之相应的、使自己的名字见于杂志的渴望,这些似乎都为当今从容的旁观者提供了笑料,使他们看到了纷繁多样的个人古怪行为,看到了野心勃勃的伪装,看到了地位与资格之间的不相称,看到了社会现象的另一些可笑特征。

对这里提到的社会现象的大部分可笑之处,我们都能以某种超然的态度去享受,甚至能以略带恶意的态度去享受,这种态度是社会群体之外的人的笑的典型特点,而在社会群体之内,喜剧作家则以这种态度写出了他的作品。即使这种态度里包含着厚道的幽默成分,幽默也只是从属的因素,只是对愚蠢行为的好心宽容,其基础是一种多少还算清楚的认识:可笑行为来自一些不幸被扭曲了的良好品性。愚蠢行为令人气恼的奇异表现一旦出现在国家动荡不安的时期(例如战乱时期),它们就不再会得到宽容,因为观察事物的人已不能再对它们抱以超然,除非是不合群的恨世者(cynic)。在这种情况下,哪怕是大笑的苗头,甚至是微笑的苗头,都有可能被看做亵渎神圣而遭到排斥。即便有可能笑,它也只能被视为代表一种暂时的妥协(modus vivendi),即欢笑冲动与我们一些最深刻、最强烈的感情和冲动之间的暂时妥协。我们对幽默的分析已使我们能进行相当深入的思考,那就是在严肃事物的核心发现柔和的欢笑。这种分析也使我们能以熟练的目光,准确而迅速地发现某些情势和经验里的可笑之处,那些情势和经验能直接而有力地唤起强烈的感情,能唤起较严厉的态

第十章 个人的笑：幽默

度。一些事物必定会激发每个真正的公民内心最深刻的感情，而在幽默地瞥视这些事物时，我们或许能最清楚地认识到严肃与玩笑之间的关系。

战争状态能使公民的许多善良、可嘉的品德得以发展，这个事实或许已得到了充分承认。另一方面，战争造成的创伤和苦难则是雄辩的演说家与作家的常用主题。出于某些相当明显的原因，人们往往不那么关注国家的另一些方面及其伴随现象。在一些人眼里，从正常意识的观点看，那些方面表明了人类的愚蠢，并且表现得更为明显。有资格的观察者只要大致一瞥，那些方面便势必使他们感到可笑，而不妨说，一个社会共同体登上文明的阶梯时，那些方面会表现得日益明显。不仅如此，由于幽默者惯于迅速地觉察对象的伴随现象和各对象间的关系，惯于观察事物的消极方面，我们便有理由认为，在处于混乱环境的人们当中，幽默者常能保持某种清醒观察的机能。

造成幽默情势的基本原因，是人类一些最强大本能的暂时激增（hypertrophy），这些本能深深地植根于"自我保护"这种主要冲动，在健康的环境中呈现为一种更高级的社会意识，这种意识具有评价和判断事物的固定习惯。这种本能激增的状态造成了一些夸张的言行，它们多少都带有滑稽的性质。自吹自擂、高傲自大的多种表现，憎恨的一些夸张表现（连同憎恨孕育出来的猜忌、谴责和诽谤），事关爱国激情时的大量轻信以及与之相应的怀疑，这些以及其他更多表现，或许都是全民精神错乱时不可分割的伴随现象，而"我们的理想"的尊严若遭到了挑战（无论来自国内还是国外），也一定会带来这些表现。

在战争情绪的这些更大规模表现中，尚存的正常意识只能提供很少的健康环境。我们能观察到的智能活动，显然是一种被战争激情主宰的智能的活动，这种智能为战争激情工作，为战争激情广泛采集食料，以满足战争激情的煽动和安慰国民的胃口。

不过，这只是这种局面的一小部分可笑之处。真正使这种局面显得可笑的，是新生的情绪与感情和判断习惯之间的矛盾，那些习惯由于文明的长期发展而变得强大有力，经久不衰。正是这两种道德层次相距甚远的倾向的并列和互动，以及两者力量的悬殊，才造就了丰富多样的可笑表现。

前面已说过，作这种幽默观察的可能性，意味着发现了我们心中更敏感的部分与严肃部分的暂时妥协。换句话说，这种观察可能不是从容的长时间消遣，但一定很像对事物可笑之处的瞬间直觉，我们与生活的烦恼作战时、面对生活中更大的麻烦时，这种直觉能帮助我们。对事物可笑之处的这种欣赏，若伴随着一种复杂的严肃态度，即有理由被称作"幽默"。这样的欣赏既能分辨出蠢行使人痛苦的一面，也能分辨出蠢行令人同情的一面（这会引起微笑）。这样的欣赏还力求牢牢把握令人不快的成分，努力识别出微笑所掩盖的某些重要性质。微笑能暂时地缓解紧张，就像它在另一些精神和道德的高压下所起的作用那样。幽默家能感到悄悄袭来的紧张，因为从某种意义上说，他会想到（柏拉图、蒙田等人告诉我们的）被众人嘲笑的境况。患者的病历能帮助焦虑的医生，同样，历史也能帮助幽默家，使他更愿意暂且容忍蠢行，因为历史能让他相信：疾病一定会痊愈，正常的功能一定得到恢复。不仅如此，如果市民的分裂危及了他所属的阶层，使他更接近了一些男女（他们的温和态度仿佛缓和了他心中的不安），那么，那些人的脸在他眼中便会如同下凡天使的脸，给他安慰，他们脸上的笑容也似乎并非出现在晨曦发亮之际，而是出现在暗夜加深之时。

第十一章　艺术中的可笑事物：喜剧

　　喜剧艺术冲动的来源——作为整体的艺术中笑的范围——诙谐文学的起源——喜剧的起源——喜剧事件是儿童游戏的发展——欺骗诸要素——喜剧是群体笑的运动的反映——喜剧对白是机智的展现——机智理论——机智是运作的智能——机智与俏皮话——性格作为笑料——喜剧中表现性格的形式——滑稽人物作为类型——古典喜剧中人物刻画的发展——早期英国喜剧对性格的处理——喜剧肖像画家莫里哀——他塑造性格的艺术——反社会人物与群体世界的对比——莫里哀喜剧角色性格的抽象与具体——莫里哀戏剧的喜剧结局——莫里哀喜剧的视点——英国王朝复辟时期喜剧的人物——兰姆、麦考莱论喜剧的道德因素——兰姆关于英国王朝复辟时期喜剧的见解是正确的——社会视点与道德视点的区别——喜剧放松了社会的限制——喜剧表现范围的局限——小说中的喜剧视点——文学中混合情调的笑声：讽刺——讽刺的程度不同的严肃性——刻毒讽刺的手法——讽刺里的机智——讽刺文学与幽默文学的对比——机智与幽默的关系——讽刺文学与幽默文学的分野——散文小说中的幽默成分——小说幽默与哲学幽默的分野——其他文学样式中的幽默

笑的研究 /// AN ESSAY ON LAUGHTER

我们已描述了笑在个人和社会共同体中的发展，并尽可能地不涉及艺术的影响。我们假定，能激发我们笑的感情是一些最基本的感情，它们各自都能扩大和加深艺术的影响。同时，我们也可以断定一点：从人类发展的最早时期开始，艺术家就发挥了教育群众的作用。即使在野蛮人的生活中，我们也发现了相当于"滑稽演员"（funny man）的角色，他们都是行家，能借助笑话和哑剧，开启众人之笑的闸门。历史上为宴会和群众娱乐服务的小丑通常都能追溯到遥远的古代，追溯到十分简单的社会环境。[1] 这些技巧熟练的表演者更精细、更系统地发挥了人类笑的才能，这一定是促进笑的发展的有利因素。我们现在来浏览一下艺术的逗笑和滑稽方面的发展。

这里没有必要深究艺术的神秘起源——艺术的功能这个问题。我们若将艺术有助于人类的笑作为考察的起点，就像我们在野蛮人和我们的儿童当中研究笑时那样，那些把艺术看做表达思想的工具的理论，甚至把艺术看做情感寻求共鸣的工具的理论，便似乎与我们的讨论关系甚微。逗笑的艺术似乎源于一种简单的群体行为，我把那种行为叫做"游戏式挑战"（play-challenge），互相搔痒便是其中之一。如此一来，"游戏论"便格外适合于我们目前的研究了。艺术的一个基本性质是造就亲和善良的思想和行为。最善于支配笑的机能的个人，一旦发现自己面对着观众，艺术的这种性质想必就会变得十分明显。热爱艺术的人，其交际

---

[1] 关于古埃及宫廷雇用小丑和侏儒的论述，参见玛斯佩罗（Maspero）《文明的肇始》（Dawn of Civilisation），第278—279页。关于古希腊和古罗马小丑的论述，见加德纳（Percy Gardner）《希腊古迹》（Greek Antiquities），第835页。关于中世纪小丑的论述，见赖特《漫画与怪诞的历史》第七章，又见拉克瓦克斯（Lacroix）《中世纪》（Middle Ages），第283页之后，以及朱瑟朗（Jusseraud）《英国的旅行生活》（English Wayfaring Life），第187页。（作者注）

第十一章　艺术中的可笑事物：喜剧

冲动能产生看得见、听得见的影响，而其最直接、最令人难忘的交际冲动，则莫过于对唤起笑声的渴望。

我们从这个角度看到，能激起我们欢笑的艺术说明了艺术产生过程中存在着意志活动（conative process）。要把人们逗笑，要把人们的精神提高为三倍增长的欢乐，就必须先有一种愿望，那就是取悦于人、使人开心。一切简单的艺术表演当中，这个基本的交际动机都在有意识地、直接地发挥作用，当然，其中不包括"愚弄"这种略带无意识的艺术。我相信，在较高级的艺术表演形式当中，在正常情况下总是包含着逗笑别人的意愿，它支配着艺术的全过程，尽管它可能并非每时每刻都能被自觉地认识到。在任何情况下，滑稽演员首先都必须用意志去控制自己的感情及其表现。一个事实能充分说明这一点：民间说笑话的人通常都会装出严肃庄重的模样，以提高其话语的欢乐效果。

（只要我们的能力允许）仔细研究作为总体的艺术为使我们发笑而采用的手段，那将是一种饶有趣味的考察。这种考察要回答我们极想弄清的一个问题：色彩和音调的象征意义，以及这些象征意义的结合如何表达了欢乐的情感和逗笑的意图。

对人及其行为，笑具有独特的刺激作用，这会立即使我们想到，唯有广泛地表现了人类思想和行为的艺术，才会获得展示可笑事物的广阔天地。除了雕刻之外，建筑在展示可笑事物方面也大受限制。音乐是表达情感的卓越艺术，其逗笑作用受到了某种狭窄范围的限制。一些典型的节奏，例如轻轻的断音（staccato）与深沉低音的结合、不完整乐句等，能在喜歌剧（comic opera）里发挥逗笑的作用。这种搔痒（逗笑）作用，有一些并非来自滑稽情感的表现，而是来自各种声音组合的古怪效果。同样，各种色彩的古怪结合（它通常表现在滑稽丑角的服装上），贵族与嘲

295

笑贵族者的古怪结合，以及另外一些多少带有几分滑稽色彩的角色的古怪结合，大概也能造成这种轻松可笑的效果。服装的古怪可笑（例如小丑的服装）显然基于其引起的联想，尤其是颠倒了性别和年龄等区别的服装。

激发人类爱笑的情感，这个重大任务没有交给某些漫画艺术（包括高度发展的政治讽刺画和其他讽刺画），而是交给了文学，首先是交给了戏剧文学及其阐释者——戏剧舞台。唯有在戏剧里，人类的众多愚蠢行为才会展示出其多样性。若想尽情欢笑，若想了解艺术唤起我们全部"幽默感"（risibility）的种种手段，我们就必须考察戏剧。

了解最早的滑稽文学，将对我们大有帮助。记载笑话的书籍可能为我们保存了一些滑稽形式，它们近似于最早的滑稽文学形式。讲述某个恶作剧的小故事，或者记载某种巧妙问答的风趣小故事，这些都可能相当自然地产生于晚间炉火边的闲聊，定型为故事，传给下一代人。中世纪的滑稽小故事（fabliaux）可被看做这种小故事和闲聊片断的小小扩展。这种记载轶事的小故事往往包含着一定程度的模仿，包含着初步的演说艺术。喜剧表演的初级形式（连同它的模仿动作和滑稽对白）往往自然地产生于滑稽表演的行家排演此类小故事的过程。至少，喜剧的对白通常都必须在一定程度上模仿语调和姿势。

喜剧的起源（就我们掌握的历史资料而言）证实了这些推断。古希腊喜剧的卑贱诞生地是乡村的狂欢节，即采摘葡萄的人们欢庆丰收的狂欢。我们读到：最初根本没有喜剧演员，只有一个领头人，他能"作出粗鄙下流的即兴表演"[1]。或者像另一位作者所写的那样，古希腊的闹剧（farce）始于人们游行时的讽

---

[1] 参见加德纳《希腊古迹》，第666页。（作者注）

第十一章 艺术中的可笑事物：喜剧

刺歌和讽刺话，因为希腊人擅长模仿和即兴表演。①

我们英国喜剧的诞生过程也大致相同。儿童半是严肃地嘲笑事物，以使更多的人发笑，正是在这样的环境中，才出现了英国的喜剧。从中世纪英国生活的一个特征上便可看清这一点，那个特征就是欢乐的上流社会及其胡闹行为。"愚人节"（The feast of fools）是表演讽刺歌曲的主要场合，因为这个节日特别禁止喜剧演出。我们将看到，古老的圣迹剧（miracle-play）和道德剧（morality）无疑包含着一种简单的戏剧形式，它能转变为喜剧。尽管如此，这种转变还是以欢笑和狂欢的精神成就了道德剧，这种精神不久之前粗暴地闯入了庄严的圣迹剧。②

滑稽戏剧的充分勃兴有它的几个社会条件。梅瑞狄斯已指出过其中一些条件，尤其提到了两个条件：一是聪明的中产阶级的出现，二是妇女的地位得到了承认。我们不妨再加上一条：妇女具备了谈话的才智。③ 除了这些社会条件，大概还应当加上国民的欢乐情绪，它来自一种新感觉，即人们感到肩头轻松了，呼吸更自由了。

只要看看喜剧中的众多笑料，便可认识到喜剧的一种价值：喜剧是我们笑的主要提供者。它仿佛能把一切种类的可笑事物呈现在我们眼前，送入我们耳中。作为表演，喜剧延续了儿童作假游戏的娱乐。它能在我们眼前呈现出最稀奇古怪的服装、姿势和

---

① 参见泰奥多·伯克著《希腊文学史》（*Griechische Litteraturgeschichte*）卷四，第9—10页。（作者注） 又：泰奥多·伯克（Theodor Bergk, 1812—1881）是德国语言学家，马尔堡大学古典文学教授，致力于研究希腊文学和希腊抒情诗人，其代表作《希腊文学史》写于1872年，未能亲自完成，于1887年由另外两人写完。——译注
② 参见赖特著《漫画与怪诞的历史》第十二章和第十四章。（作者注）
③ 参见梅瑞狄斯著《喜剧论》，第24—25页（论莫里哀的观众）；第8、47页之后（论对妇女的重视）。（作者注）

做派。在喜剧的角色身上，喜剧也以它自己选定的形式，为我们展现了各种各样的可笑特征，既包括思想的可笑特征，也包括性格的可笑特征。最后，喜剧还能用情节表现各种各样的戏弄行为和恶作剧，它们能使现实生活里的普通人发笑。

关于喜剧如何以滑稽手法表现人物性格的可笑特征，我暂且不予以说明。我们目前要考察的，是喜剧的事件以什么方式延续了原始的娱乐活动。

只需大致一瞥，我们便可知道，喜剧里的事件，其依据是欢乐青年的游戏和恶作剧。痛打的场面能使观众大笑，是喜剧里频繁出现的事件，低等的野蛮人很快就能察觉到其可笑性，它也是马戏团的保留节目。无论通俗喜剧还是阿里斯托芬、普劳图斯那些喧闹的喜剧，都有痛打的场面；在莫里哀那些比较平和、最具才智的喜剧里，也是如此。[①]

取自儿童游戏和马戏场通俗娱乐的另一类逗笑事件，是言词、姿势或其他动作的重复。这些重复若采用轮番来去的形式，或者出现在说话的开头和结尾，那就格外可笑。言词、姿势或其他动作这种看似无目的的活动本身已很好笑了，他们有时还假装出抑制不住的样子，那就显得更加好笑。例如莫里哀喜剧《逼婚》（Le Mariage forcé）里的哲学家潘克拉斯（Pancrace）一次又一次地被推到侧幕后面，又一次次回到台上，继续说台词。有人曾指出，这些运动与一种名叫"玩偶匣"[②]的玩具的可笑特征

[①] 例如《屈打成医》、《悭吝人》等喜剧。《贵人迷》中的那些教师，则在剧中引进了马戏场上各式各样的痛打，令人开心。（作者注）又：《贵人迷》中的资产者茹尔丹迷恋贵族，渴望接受贵族教育，便请了几位老师教他音乐、舞蹈、剑术和哲学。——译注

[②] 玩偶匣（Jack-in-the-box）：一种玩具，打开盒盖后，盒子里会弹出一个小人儿。——译注

第十一章 艺术中的可笑事物：喜剧

有几分相似。①

喜剧舞台上还频繁出现一类重复，我们可将它称为"模仿"。模仿似乎也能以同样的方式造成一些儿童游戏般的特征，很容易被看出来。幼年动物和小孩子的游戏情绪，其最典型的表现就是对动作的模仿式重复。儿童做鬼脸的游戏就是极好的例证。这些模仿经常出现在喜剧舞台上，表明了模仿一直紧密联系着人类原始的娱乐活动。模仿活动若是杂乱无章，例如我们在杂技场上见到的进攻与反攻，这一点就显示得更加清楚。莫里哀的喜剧《屈打成医》里那个打老婆的人反复打老婆的动作就产生了这种娱乐效果。

插入喜剧结构中的可笑重复，（正如莫里哀会向我们表明的那样）通常都远远不那么具有进攻性。在莫里哀的喜剧《贵人迷》里，克雷昂特的男仆柯维耶（Covielle）对主人欺骗情人发出了一连串谴责，以及与此对应的场景，即克雷昂特情人的女仆对克雷昂特的谴责（稍有变化的重复），② 这些都令人愉快，都使人联想到爱神的一个计谋，那就是把陷入爱情者的智力降得很低。③

古代的和现代的喜剧充满了诡计和欺骗。一整出喜剧可以是一个大玩笑，并且大多以快乐场景结尾，一个或几个上当者在结

---

① 柏格森令人愉快地叙述了增加喜剧效果的这些机械般的帮助，并力图将它们与他的理论联系起来。他的理论是可笑的事物在于用有机体的多样性取代机器的单调性（参见其著作《笑，论滑稽的意义》，第72页脚注）。但我认为，它们的魅力大多来自它们能使我们联想到儿童的游戏，因而启动了我们的笑肌。（作者注）
② 在喜剧《贵人迷》当中，中产阶级青年克雷昂特（Cléonte）追求资产者茹尔丹的女儿鲁西尔（Lucille），遭到茹尔丹的反对，只得伪装成土耳其王子。此句中"克雷昂特的情人"指鲁西尔，剧中的女仆名叫尼高尔（Nicole）。——译注
③ 可比较《伪君子》（Le Tartuffe）的轻松逗笑场景。剧中的女仆桃丽娜（Dorine）不得不分别应付一对恋人，他们用几乎一模一样的语言表达同样的委屈（第二幕第四场）。（作者注）

299

尾中恢复了理性。观众（他们在暗中）以赞赏的态度欣赏耍诡计者的笑。

最简单、最早的喜剧手法之一，另一种来自儿童游戏的喜剧手法，似乎是"伪装"（disguise）。喜剧引导我们去嘲笑的剧中人往往不具备最佳的目力，一丁点儿伪装就足以完全骗过他们，尤其是当伪装迎合并取悦了他们的欲望的时候。古典喜剧和莎士比亚的喜剧都大大利用了这种欺骗手法。

但是，欺骗愚弄却无疑总是需要奇特的服装和其他伪装手段。受骗者（无论是鱼还是人）一旦产生了轻信心理，连最粗劣的人为模仿都会使他们上当。受骗者被轻信支配时，喜剧便会牢牢地抓住他们，例如马伏里奥①、茹尔丹先生等人物就是如此。

有的时候，喜剧家为了设置剧情所需的欺骗，还会使受骗者陷入暂时的心不在焉状态。莫里哀的《太太学堂》（*L'Ecole des Femmes*）中阿尔诺尔弗②与公证人之间的戏，就是良好的例证。其中，这两人的交谈使人误以为他们志同道合，其实他们的心思始终彼此完全误解。喜剧人物开始做某件事情，却立即显出完全不具备完成此事的能力（这表明了喜剧人物来自历史上的小丑），这是另一类可笑的自欺。《贵人迷》通过克雷昂特的行为，以不太明显的方式说明了这种自欺：他与情人吵嘴后，求自己的男仆帮他出气，消除他愚蠢爱情的最后残余，但片刻之后就开始反驳那个顺从的仆人对那位女子的贬低。

若想使观众彻底开心，喜剧就必须毫不怜悯，不时地攻击滑稽人物。在这方面，莫里哀也为我们提供了例子。在《守财奴》

---

① 马伏里奥（Malvolio）：莎士比亚戏剧《第十二夜》中的滑稽角色，他是奥丽维娅伯爵小姐的管家，以为女主人爱上了他，出尽了洋相。——译注
② 阿尔诺尔弗（Arnolphe）：莫里哀1662年创作的喜剧《太太学堂》里的资产者。——译注

里，守财奴之子克雷昂特开玩笑式地把戒指从老头子手上摘下来，以他自己的名义送给那位小姐（父子二人都想娶她为妻），这场戏充满了报复性玩笑的味道。①

欺骗一旦超出了约束，成了使人烦恼的东西，便会使观众大笑，这种笑尽管不算"严厉"（amer），却依然是"恶意的"（malicieux）。戏弄严厉的监护人、父母或其他人，由于被观众看做是针对压迫者的恶作剧，所以能使观众大大满足。泰伦斯②的喜剧《阿德尔菲》（*Adelphi*）、莫里哀的《太太学堂》和《丈夫学堂》（*L'Ecole des Maris*）等喜剧，就是如此。

我们很容易看到，大量的喜剧谐趣都来自被放错了位置的人物，尤其是当人物被放在一种环境中，他在其中不得不做自己不习惯做的事情。若必须维持假象，那就维持得越久越好。斯卡纳赖尔③在《屈打成医》里为冒充医生而使用的那些诡计，都饱含着喜剧性。其他一些方式也能造成滑稽有趣的情势，例如恋人们吵嘴，或者在情绪最差的时候不得不见面。在奥尔贡（Orgon）警觉的眼里，狡猾的伪君子达尔杜弗（Tartuffe）居然显得很顺从，这种情势造就了喜剧效果。④

---

① 《守财奴》是莫里哀1668年创作的著名喜剧，其中的高利贷者阿巴贡打算不花钱就娶到年轻美女玛丽雅娜，而玛丽雅娜却是他儿子克雷昂特的情人。——译注
② 泰伦斯（Terence，公元前185？—前159？）：古罗马喜剧作家，作品有《福尔弥昂》（*Phormio*）和《阿德尔菲》（*Adelphi*，又译为《两兄弟》）等，以幽默精彩的人物对话著称。——译注
③ 斯卡纳赖尔（Sganarelle）：法国喜剧里的滑稽人物，最初由莫里哀扮演，后被莫里哀写进了他的很多部喜剧，例如《斯卡纳赖尔，或疑心自己当王八的人》（*Sganarelle, ou le cocu imaginaire*, 1660）。在《屈打成医》里他是个冒牌医生，在《唐·璜》（*Don Juan, ou le festin de Pierre*, 1665）里，他是个仆人。——译注
④ 参见莫里哀的喜剧《伪君子》（*Le Tartuffe ou L'Imposteur*, 1664），奥尔贡是剧中的富商，伪君子达尔杜弗是个宗教骗子，被奥尔贡请到家中做"精神导师"，骗取了奥尔贡的信任。——译注

我已提到，喜剧反映了群体的笑（我在前一章论述了这种笑）。人们大都喜欢新东西，这种态度往往会被夸大。要寻找这个现象的例子，阿里斯托芬的作品便是丰富的来源。喜剧随时都会嘲讽一切显得奇异的新鲜事物，从这个角度说，喜剧是保守的。引进外国服装和礼仪，这是现代戏剧中被公认的笑料。

滑稽可笑的革新会使上等人在举止、谈吐等方面装模作样，热爱笑的公众对这种做作十分敏感。揭露过分热衷使用高雅词句（尤其是外国的），这大概一向都能使有教养的观众感到愉快。莫里哀塑造的那些过分考究的贵妇就是良好的例证，说明了对"高雅趣味"的盲目崇拜已达到了令人忍俊不禁的可笑程度。

同样，社会群体之间公认的对抗状态也为喜剧提供了全部笑料。在喜剧艺术的发展中，男人与女人之间不流血的不和状态，其可笑之处被展现在了所有的舞台上。当然，它的表现形式会因喜剧演出时社会条件的不同而有所变化，尤其会因妇女地位的改变而变化。在阿里斯托芬的喜剧里，男女两性的互相戏弄是其中两部戏的喜剧效果的永久来源和主要动机。[1] 不过，妇女在对话中的作用却格外小。[2] 古希腊人坦率地认为女人不如男人（这种坦率很有趣）。女人在城邦生活中的地位有了提高并更受尊重，这个看法势必会使思想保守的丈夫们发笑。诗人若想揭露雅典主战派的愚蠢，便创造出妇女反抗的情节，她们依靠一些有效的手段（婚姻的手段和其他手段），设法长久地羞辱她们的丈夫，说他们无法缔造和平。地位不如男人的妇女在戏剧中的胜利，会使人联想到野蛮部落的妇女在划船比赛中取得的胜利。从总体上

---

[1] 参见穆尔顿（Moulton）著《古代经典戏剧》（*Ancient Classical Drama*），第344页。（作者注）

[2] "在阿里斯托芬的喜剧里，出现得极少的少女角色似乎都不善言辞。"引自尼尔（Neil）《阿里斯托芬戏剧中的骑士》（*The Knights of Aristophanes*）绪论部分，第14页。（作者注）

说，古希腊喜剧中都以大量的辱骂对待妇女（包括妓女）；[1] 不过，在拉丁人（古罗马人）的喜剧里，女人至少有时能战胜男人。在普劳图斯的闹剧《母驴》（Asinaria）里，一个溺爱儿子的老头（他是喜剧里最常见的人物之一）被发现了其欺骗行为的妻子狠狠地严惩了一顿。[2]

男女两性间无休止的争斗，造成了家宅和小酒馆（今天我们或许应当说俱乐部）里的男女敌对状态。普劳图斯以放纵欢乐著称，他的喜剧就强调了男女的对抗。泰伦斯在其喜剧中表达了对女人天性和婚姻生活更适当的观念，为男女之间更平等的交往创造了条件。不过，唯有在现代家庭与社会生活得到改善的条件下，喜剧中两性间的口头争斗才会变得敏锐犀利、充满才智。

另一种原始的关系，即老年人与青年人的关系（或其特殊形式——父子关系），也充分地显示了为喜剧舞台提供丰富娱乐的可能性。我们知道，在较新的雅典喜剧里，老年人频繁出现，有时性情严峻、为人贪婪，有时则十分慈爱、为人宽厚。[3] 严厉的"总督"与慈爱的"爸爸"之间的对比（我们能在泰伦斯和莫里哀的喜剧里看到这种对比），清楚地表明了一个事实：喜剧是专为快乐的青年人写的戏，它偏向儿子一方，力求缓和以父亲为主导的父子关系。

父亲定的规矩太沉重，所以往往会被喜剧笑着推到一边，主

---

[1] 参见加德纳著《希腊古迹》，第835页。（作者注）
[2] 古罗马喜剧家普劳图斯的闹剧《母驴》改编自古希腊同名闹剧，剧中人德马尼图斯（Demaenetus）很怕老婆，企图用钱帮助儿子阿格里普斯（Argyrippus）赎出妓女菲拉妮（Philaenium），一个奴隶帮他从妻子那里骗到20块钱，却最终被严妻阿特莫娜（Artemona）发现，遭到严惩。这个闹剧虽然不太有名，但古罗马格言"人对人是狼"（homo homini lupus）却出自该剧。——译注
[3] 参见莫姆苏（Momuiseu）著《罗马史》（History of Rome）卷三，第144页。（作者注）

303

人定的规矩也是如此。古罗马喜剧中诡计多端、欺骗成性的男仆,就是众多家庭骗子的祖先,一直到摩根先生,他的突然消失使潘登尼斯少校懊恼不已。① 像被骗的丈夫一样,被骗的主人也是喜剧里常见的角色,他们只能唤起很少的同情。这或许是因为,权势者败给下属向来都令人愉快,因为它快乐地扯平了尊卑关系。本书以前的一章提到过的另一类"可笑的"社会群体(例如商人、放债人及其顾客),也在喜剧中得到了表现。

从喜剧舞台的台词,也能看出它与儿童游戏相同的玩笑风味,看出它与儿童游戏的亲密关系。台词里的俏皮话(wordplay)只是对立的人物之间全部争斗的轻松间歇,那种争斗就是喜剧对白中的唇枪舌剑。

关于机智及其与一般意义上的智力和幽默的关系,人们已写出了大量的论述。但这些论述却似乎几乎没有抓住机智的更微妙精神。洛克②开始了这个讨论。众所周知,他指出了机智与判断力(judgment)的区别:只要能发现多样性具备了起码的相似性或一致性,机智就能把各种思想迅速地汇集在一起;判断力则是认识和区分各种思想。③ 艾迪生基本上赞成这个界定,但又必然地补充说,虽然机智通常都产生于相似的和一致的思想,但也常常产生于各种思想的对立。④ 哈兹利特⑤赞成艾迪生的意见,也认为机智产生于思想的相似性与对立性。他说,机智是"各种

---

① 参见英国作家萨克雷(William Makepeace Thackeray, 1811—1863)的小说《潘登尼斯》(The History of Pendennis, 1848—1850),潘登尼斯少校是小说主人公亚瑟·潘登尼斯(Arthur Pendennis)的叔叔,摩根(Morgan)是潘登尼斯少校的仆人,非常狡诈。——译注
② 洛克(John Locke, 1632—1704):英国哲学家,在《人类理智论》(An Essay Concerning Human Understanding, 1690)中提出了经验论的原理。——译注
③ 参见洛克《人类理智论》卷二,第十一章。(作者注)
④ 参见《旁观者》杂志(Spectator)第62期。(作者注)
⑤ 哈兹利特:参见本书第五章《滑稽理论》有关注释。——译注

第十一章 艺术中的可笑事物：喜剧

不协调思想的任意并置，其真正目的在于同化或对比，通常是两者兼有"①。所有这些论述虽然都明确指出了机智是智能活动，但都没有抓住机智的本质，因为这些作者大多都在忙于回答一个问题，即思想之间的某种特定关系。

这些严肃的作者对双关语（pun）的论述相当严厉。艾迪生论述双关语时，将它列为虚假的机智，并勇敢地批评了那些提倡使用双关语的时代。② 由于艾迪生如此摒弃了卑微的双关语，笑之神便蒙上了艾迪生的眼睛，使他看不到机智的真正本质：机智是智力游戏的一种方式。

正如"机智"一词的词源所暗示的，与其说机智是一种分辨事物特定关系的特殊才能，不如说它是一般智能活动的一种态度或方式。机智能表现出最活泼、最灵巧的形态，其特点是思维的敏捷，知觉的迅速，能灵活地觉察出一些完全出乎预料的对立性、相似性、目标、原因、理由等明显属于思想的性质的暗示。机智往往带有开玩笑的倾向，因此它很喜欢为施展智力而施展智力，往往沉溺于智力活动的突变和迂回，沉溺于口语捉迷藏的全部游戏。

按照这个观点，机智是一种才能，唯有恰当地行使群居动物的主要功能之一，即"交谈"（conversation），这种才能才会得到特别的发展。交谈的一个轻松有趣的变种，就是说话（talk），而说话一旦达到完美，成了一门艺术，它就变成了一种竞赛游戏。话题被掷出来，像皮球一样，每个参与者都力图轮番击打它，以使竞赛不断进行。这个过程后面或许存在着某种严肃目的，例如参与者都在一定程度上希望把话题说清，但其主要兴趣

---

① 参见哈兹利特著《英国喜剧作家》（*English Comic Writers*）第一讲《机智与幽默》。（作者注）
② 参见《旁观者》杂志第 6 期。（作者注）

却在于游戏本身,在于用智力的长剑与配得上自己的对手交锋时的欢乐。

不过,说话虽然是一种游戏,说话者却通常并不仅仅是游戏伙伴。我们已看到,机智的对话若包含着某种吸引力或排斥力(例如,想出售东西的人与虽然想买、却依然矜持的买主之间的交谈,或者求爱者与并不想让对方轻易遂愿的女子之间的交谈),机智的对话便会活跃起来。像两个对手之间那样,情势一旦有利于产生激情,机智往往会变得辛辣。艾迪生提醒过我们,机智常常会在力量不平衡的竞赛游戏中得到发展,在某个"笑料"与他的攻击者之间的竞赛游戏中得到发展,那"笑料"(例如福斯塔夫爵士①)有时懂得怎样"把笑争取到他的一边"②。

像用长剑交锋的艺术一样,用机智交锋的艺术显然也意味着自我克制。在这两种情况下,公正的旁观者的在场,大大地增强了令人满意的冷静。丈夫和妻子有时不得不当着外人吵嘴,所以很可能最先学会了玩笑式的争吵。

从这个角度看机智,我们会看到俏皮话是怎样不可避免地进入了机智。人类童年时代的双关语仅仅是对耳朵玩的把戏,双关语中的词义碰巧重叠在了一起。这里我们不必去考察这种双关语。唯有词句的多义性(ambiguity)能使人发笑,能服务于某个快乐的目的,它才能被艺术看中。显然,俏皮话往往能达到思想游戏(thought-play)的高度。我们会发现,一些有名的"妙语"(mot)都包含着双关语的双重意义,例如一位机智的国王称赞他的一位大臣,说他从来不会"挡道"(in the way),也从来不会"不挡道"(out of the way)。③ 这句话的魅力和娱乐性,在于

---

① 福斯塔夫爵士:参见本书第三章《笑的起因》有关注释。——译注
② 参见《旁观者》杂志第47期。(作者注)
③ 这句话的原文是:He was never in the way and never out of the way。——译注

第十一章 艺术中的可笑事物：喜剧

它用自相矛盾的词句掩盖了更深的含义。[①]

由此似乎可以说，观众或读者见到了机智的展示便会发笑。这种笑的成分稍微复杂一些。它包含着儿童赞赏的笑（见到新的、相当惊人的、优秀的事物，儿童会发出赞赏的笑）；包含着儿童对游戏式挑战的欢乐反应；包含着对战士的同情和欣喜，那战士显示了自己的技能，压倒了对手。

喜剧和小说中从滑稽角度进行的对话，也会按照多义语言的提示，利用这些口头词句的运动，利用这些迂回的智力追逐。这些对话令人愉快，扩大了机智交锋的范围，有助于保持旁观者的愉悦心境。喜剧的历史或许能说明这种对话的用途。例如，在阿里斯托芬的喜剧里，我们发现了男女之间的很多互相嘲弄和双关语。普劳图斯的喜剧也是如此。在莎士比亚快乐的喜剧中，我们依然能找到丰富的双关语，也能看到唇枪舌剑交锋的艺术得到了很大发展，尤其是男人与女人之间的言语交锋，而女人的犀利言辞尤为突出。莫里哀喜剧的对白则比较平和，更富有思想，尽管时常也为双关语留下余地，这些对白说明了机智交锋的艺术有了提高，似乎以比较温和的方式启动了唇枪舌剑的交锋。

到目前为止，我们一直在讨论喜剧的一些要素，它们似乎明显地来自玩笑的一些简单形式，这些形式见于儿童的游戏和野蛮人群的笑。我们尚未讨论的，是一种（从某种意义上说）最有趣的特征：人物言行中的滑稽表现。

我们习惯把喜剧划分为三类：事件喜剧（Comedy of Incident）、风俗喜剧（Comedy of Manners）和性格喜剧（Comedy of Character）。不过，我们却不可误解这种划分，每一部喜剧都包含这三种成分。若说阿里斯托芬的喜剧大多都依赖于事件，他使

---

① 克雷培林博士（Dr. Emil Krapelin）在一篇文章里详细地区分出了俏皮话的许多种类。参见冯特著《哲学研究》卷二，第 144 页脚注。（作者注）

观众发笑的办法却是选择滑稽的性格（人物），例如诡辩家或是忙忙碌碌的商人。在威廉·康格里夫[①]等人的所谓"风俗喜剧"里，滑稽人物无疑是诙谐剧情的主要支撑。莫里哀的喜剧虽然主要依靠性格（人物），但唯有通过设置一些情境才能获得喜剧效果，在那些情境中，剧中人会使喜剧舞台闪出滑稽之光。以上喜剧分类法的含义相当清楚：在一些喜剧里，性格发挥着更重要的作用，得到了更细致的表现，能引起观众更多的注意。

喜剧的发展主要是表现性格的发展，判断性格发展的依据就是剧中人复杂多样的个性表现，就是这种表现的充分性和明确性。这或许正是我们所期待的。我们似乎可以确定一点：随着文明的进步，男人和女人已变得更复杂、更多样了，无论在智力上还是在道德上，都是如此；与此同时，对性格的兴趣和对性格的理解力也随之有了发展。

我们简要地概括一下喜剧对人物性格的表现。首先，戏剧结构（它对应于散文小说的结构）对性格的描绘作出了一些明显的限制。喜剧艺术非常明智，所以并不试图去充分表现我们在成熟的个人身上发现的全部复杂特性。不过，它却能在一定程度上表现个性，戏剧这种更细致的艺术会使观众产生具体人物的印象，它类似于熟练的画家在速写草图的限制之内、用绝妙的寥寥数笔造成的印象。尽管如此，没有演员的形体表演，还是难以在戏剧结构的限制之内使观众充分认识到具体的个性。

不仅如此，喜剧表现人物性格的发展之所以受到限制，还有另一个理由。人物性格可笑方面的最高审美价值，会迫使作家对人物性格作出不同寻常的简化，类似于把具体的个性简化为抽象

[①] 威廉·康格里夫（William Congreve，1670—1729）：英国剧作家，以其风俗喜剧而出名，作品有《为爱而爱》（*Love for Love*，1695）、《世道》（*The Way of the World*，1700）等。——译注

🌙 第十一章 艺术中的可笑事物：喜剧

的性格。表现性格（例如表现膨胀的虚荣心）之所以会造成滑稽效果，是因为我们始终怀着一种快乐的期盼，即盼望可笑的性格特征将会出现发展。因此，只要人物性格的这个核心能按照观众的预期，得到清晰的表现和充分的说明（既包括它的直接表现，也包括它对人物其他方面的影响），那么，只要略微重申一下这个核心便足够了。

人们通常都将著名的喜剧人物称为"类型"（types），这似乎清楚地证明了以上的结论。这是因为，把性格看做类型，就意味着我们感兴趣的是人物本身，但不是把他当做特定的个人，而是当做某一类人的范例。古代和现代的喜剧作家都有一个共同的做法，那就是用名字来标记剧中人，例如"吹牛大王"（Braggadocio）、"守财奴"（Miser）、"恨世者"（Misanthrope）等。这表明喜剧作家们认识到了类型的作用。

以滑稽的手法表现类型人物，总会包含某种带有夸张性的东西。为使玩笑的潮水涨到最高，就必须使可笑的特性本身更加强烈，并得到最鲜明的展示，与此同时，那些与之相对的正常人的力量则大大减弱了。不过，这并不是说无生命的抽象性格和有生命的人物之间的一般区别在喜剧里毫无意义。早期的现代喜剧（那时的喜剧艺术尚未摆脱道德剧的束缚）中呆板僵硬的抽象性格，与我们在莫里哀的戏剧中见到的那些活动比较充分和自由的人物，这两者之间存在着很大的差别。另一方面，喜剧人物的某种可笑特性又一直在有节制地扩展，这个过程会突破表达方式的限制，达到变形（distortion）的程度，而变形乃是漫画的本质。

只要稍微浏览一下喜剧史，我们便会看到，随着喜剧的发展，滑稽性格的喜剧价值越来越受到重视，表现这种喜剧价值的相应技巧也越来越受到重视。

阿里斯托芬的喜剧说明了以滑稽手法描绘人物性格这种艺术的幼年时代。在他的喜剧里，掌管喜剧的缪斯女神尚未抛弃酒神

309

笑的研究 /// AN ESSAY ON LAUGHTER

狂欢节的骚乱喧嚣,场景往往都会发生剧烈的转换,时而转到半空中,时而转到众神的住处,时而转到冥府;其中喧闹的玩笑温和地发动攻击,既不放过神和诗人,也不放过政客。引人发笑的表演近于疯狂,竟会使我们看到,拼命想得到城邦平民拥护的竞争者们居然会去揍名人的鼻子。在这样的喜剧里,似乎根本没有描写人物性格的余地。此外,性格的塑造也被以某种方式回避了,因为剧中引进了观众所熟悉的活着的名人或者历史名人。不过,即使在这种狂乱的气氛里(在其中,观众的眼睛想必被笑蒙蔽了一部分),我们也能分辨出滑稽肖像画艺术的朦胧开端。我们不但会时常见到对一种典型的滑稽人物的暗示,像《黄蜂》[1]中的那位沉溺诉讼的老先生,而且能在对历史人物本身(例如苏格拉底、克里昂[2]和欧里庇得斯[3])的表现中发现一种描绘类型的初步艺术。[4]

在古希腊晚期喜剧和古罗马喜剧里,我们发现了不那么喧闹狂暴的场景,其空气更洁净一些,观众已能在一定程度上看清喜剧所表现的事物了。普劳图斯是为大众和小酒馆写作的诗人,在他的喜剧里,狂闹的插科打诨精神证明了它本身仍有活力。不过,其场景却不但被限制在了凡间,而且被限制在了观众熟悉的常见活动场所,而爱的动机(love-motive)的引进(尽管其形式

---

[1] 《黄蜂》(Wasps,希腊语为 Sphēkes):阿里斯托芬的喜剧,大约作于公元前422年,情节和手法都近于闹剧。剧中人普罗克里昂(Procleon,意为"克里昂之友")是雅典法院的陪审员,沉溺于审判程序,其子安提克里昂(Anticleon,意为"仇恨克里昂者")千方百计地使他摆脱这种怪癖。所谓"黄蜂"是普罗克里昂在雅典法院的一群同事,由身穿黄蜂服装的合唱队饰演。——译注

[2] 克里昂(Cleon,?—公元前422):古雅典政治家、军事领袖。——译注

[3] 欧里庇得斯(Euripides,公元前480?—前406):古希腊戏剧家,写有90多部悲剧作品。——译注

[4] 伯克(Bergk)指出,这些人物既是个体又是类型。参见《希腊文学史》(*Griechische Litteraturgeschichte*)卷四,第91页。(作者注)

第十一章 艺术中的可笑事物：喜剧

更加低俗），则为展示各种各样的滑稽性格提供了新天地。事实上，即使在普劳图斯的喜剧里，我们看到的也不是对某个道德类型的速写（像我们在其他的喜剧里见到的那样），而是表现了某个社会阶层或职业（它有力地突出了人物性格），例如爱吹牛的士兵、欺骗主人的仆人以及吝啬的放债者。从喜剧《母驴》中那位溺爱儿子的老头①身上，我们或许能分辨出对某个道德类型的大致描绘。但是，在米南德②及其古罗马改编者泰伦斯的作品里，我们却一定会看到性格的真正发展。在泰伦斯的戏剧里（它们是写给有教养的罗马人看的），人物都带着某种可敬的色彩。因此，父亲的角色便不再（像在普劳图斯的喜剧里那样）像被小丑们踢来踢去的皮球，而是发展成了有性格的、值得研究的人物；过分愚蠢的权威与明智的慈爱之间的对比（例如《阿德尔菲》里的两位父亲③），则为不止一位现代作家提供了范例。在泰伦斯的喜剧中，家庭里的打斗很像小酒馆里的那种粗暴行为，这是喜剧在以滑稽的手法描绘性格方面的巨大收获。④

使现代喜剧从道德剧中产生的环境，以及现代喜剧将人物作为邪恶等品德的化身的手法，清晰地表明了某些不光彩性格的明显类型如何被放在了喜剧的前景上。这些类型的人物已在晚期的

---

① 溺爱儿子的老头：指古罗马喜剧家普劳图斯的闹剧《母驴》里的德马尼图斯，他溺爱儿子阿格里普斯，为帮助儿子赎出妓女菲拉妮，设法从强悍的妻子那里骗钱。——译注
② 米南德（Menander，公元前342—前292）：古希腊喜剧作家。——译注
③ 《阿德尔菲》里的两位父亲：《阿德尔菲》又名《两兄弟》，剧中的两位父亲名叫弥克昂（Mitio）和德梅亚（Demea），他们在子女教育问题上意见不一。——译注
④ 莫姆苏（Momuiseu）认为，我们在泰伦斯的喜剧里看到，对女人天性及婚姻生活的认识虽说还不是道德的概念，但更加切实。参见《罗马史》卷四，第十三章。（作者注）

道德剧（例如《人以群分》①）中出现过。喜剧《拉尔夫·罗埃斯特·杜埃斯特》②标志着说教性道德剧当中的"插剧"③向喜剧的充分转变。在这部戏里，我们看到了对喜剧世界的有价值人物之一的勾勒，即那个虚荣而胆怯的男人、最可笑的妄想的受害者。④

在伊丽莎白时代⑤的戏剧家本·琼生⑥和马辛格⑦的作品里，我们很容易看到这种影响，尽管它有时会被古典喜剧的影响掩盖。本·琼生的喜剧《人各有癖》被称为英国文学中第一部重要的性格喜剧，其娱乐效果并不来自快乐的情节，而来自对各种性格的表现，它们以古怪的风尚和新奇的行为自动展示了出来。丹纳（Taine）想象莫里哀的创作手法时说，其刻画性格的方法是找到某种抽象的品性，再把这种品性带来的全部行为集中起

---

① 《人以群分》（*Like will to Like*）：英国16世纪的一出道德剧"插剧"（moral interlude），首演于1568年。——译注
② 《拉尔夫·罗埃斯特·杜埃斯特》（*Ralph Roister Doister*）：第一部用英语写成的喜剧，首演于1553年前后，于1567年发表，其作者为英国教师尼古拉斯·尤德尔（Nicholas Udall, 1504—1556），内容是商人高文（Gawyn Goodluck）与有钱的寡妇卡丝坦斯（Christian Custance）订婚，而拉尔夫仍然企图追求卡丝坦斯，被后者的仆人打败后逃走。这是一部受到古罗马喜剧影响的闹剧。——译注
③ 插剧（interlude）：欧洲道德剧（morality play）的一种形式，以轻松诙谐为特点，台词大多为一千行左右的打油诗。——译注
④ 参见库特侯普（Courthope）《英国诗史》（*History of English Poetry*）卷二，第345—346页。（作者注）
⑤ 伊丽莎白时代（Elizabethan）：英国女王伊丽莎白一世（Elizabeth I of England, 1558—1603）时代。——译注
⑥ 本·琼生（Ben Jonson, 1572—1637）：英国演员、作家，其主要剧作有《人各有癖》（*Every Man in His Humour*, 1598）和《福尔蓬奈》（*Volpone*, 1606）。——译注
⑦ 菲利普·马辛格（Philip Massinger, 1583—1640）：英国剧作家，擅写讽刺喜剧，最著名的喜剧是《旧债新还》（*A New Way to Pay Old Debts*, 1625）。——译注

第十一章 艺术中的可笑事物：喜剧

来。这个说法大致不错。① 换句话说，道德剧对喜剧的实际影响依然太近了，戏剧家尚未学会怎样使他的那些滑稽人物（性格）在观众眼前活动起来，发展成长。尽管如此，若把《人各有癖》里的吹牛大王与普劳图斯喜剧里的吹牛者作个比较，我们还是会看到，在以滑稽手法刻画性格方面，前者已有了真正的进步。

在刻画纯粹的滑稽性格方面，莎士比亚的喜剧大概会使粗心的读者以为莎士比亚的手法是在倒退。浪漫传奇的炽热氛围、戏剧场景远离日常生活的世界、部分地放弃了诗意的情绪和梦幻的快乐，这一切都仿佛是想排除轮廓清晰的人物，他们都是观众欢乐凝视的合适对象。这个假定并不全错。"情调的混合"（mixture of tones）（莎士比亚的悲剧和喜剧都采用了这种手法）无疑会限制对纯粹滑稽特性的刻画。② 像日常社会生活的固定背景一样，浪漫的背景也不能鲜明地衬托出剧中人的蠢行和反常行为。不妨思索一下，我们若不是在那片孤寂的森林里见到"忧郁的杰奎斯"③，而是在莫里哀喜剧中的平常家宅里见到他，这个人物的美学意义和价值该是多么不同吧。

情调的混合造成了一种柔化的、变化的影响，这种影响也影响了我们对滑稽人物本身的态度。培尼狄克④等男人都被善于开导的女人温和地恢复了理性，这些男人的反常行为本身就带有某种亲切可人的成分。即使是马伏里奥等角色（其愚蠢是以更古

---

① 参见丹纳著《英国文学史》卷二，第三章。（作者注）
② 关于这种"情调的混合"，可参看穆尔顿（Moulton）著《戏剧艺术家莎士比亚》(*Shakespeare as Dramatic Artist*)，第291页。（作者注）
③ 忧郁的杰奎斯：莎士比亚戏剧《皆大欢喜》中流亡公爵的侍臣。又见本书第三章有关注释。此句中"那片孤寂的森林"指的是该剧第二幕里的"亚登森林"。——译注
④ 培尼狄克：莎士比亚戏剧《无事生非》中的少年贵族，他在戏剧开始时几乎是个玩世不恭的浪子，但自从爱上了总督之女贝特丽丝，变得头脑清醒、敢作敢为。——译注

老喜剧的那种不留情的夸张手法揭露出来的），也抓到了援救之光，它来自弥漫在他们世界里的温暖之光。我们大声嘲笑这些人物；不过，剧中这种主宰一切的情感同时也使我们对这些角色产生了淡淡的宽恕之情。

那么，我们是否一定要说，莎士比亚极少允许我们以纯粹开心的旁观态度去看待蠢行和恶习，因此他根本不算喜剧诗人？怎样回答这个问题并不十分重要，只要我们想到一点：莎士比亚为我们创造的那个世界既美丽又带着淡淡的忧郁色彩，也充满了欢笑的电流，因此，我们便看到了某种东西，它完全像莫里哀式的鲜明喜剧场景一样令人愉快。不仅如此，玫瑰般温暖的浪漫色彩还时常会让位给现实的冷光，例如在《温莎的风流娘儿们》和《驯悍记》里，我们看到诗人莎士比亚的敏锐目光如何指向了剧中人物的滑稽性格。我们也绝不该忘记，莎士比亚戏剧的对白对塑造滑稽人物的性格作出了巨大的贡献。在他的戏剧里，男人和女人既互相吸引又互相排斥，都用各自的机智语言造就了绝妙的效果；在他的戏剧里，女人虽然时常遭到责难，但大多也都被赋予了一种使命，那就是医治男人的愚蠢，培养男人心中最美好的东西。

至于"性格喜剧"，人们都说其最高级、最纯粹的形式是莫里哀的喜剧，这个说法完全正确。在莫里哀的喜剧世界中，不但抑制了古典喜剧那种喧嚣的、能扬起尘土的欢笑，而且夸张的剧情的玩笑（连同它的伪装和舛错）也节制有度，尽管并未消失。莫里哀的喜剧世界是人们熟悉的家居世界，我们随时都可以使自己进入那个世界。那个世界的人们大多都头脑清醒，具备判断力。在这种有秩序的场景上，莫里哀描绘出了人类愚蠢的一种或多种重要的典型表现。在一些情况下，他的喜剧复活了某种古老的滑稽人物，例如锱铢必较、惶恐不安的守财奴，或者口若悬河的吹牛者。但喜剧观念也会体现为多种多样的新形式，例如伪君子（faux devot①）及其受害者、对社会传统大发脾气的恨世者、执迷不悟的女性导师、伶牙俐齿的江湖骗子，以及狂热愚蠢的学究等。

人物肖像画廊的扩大，这不是莫里哀喜剧唯一的或主要的进展。他描绘的出色图画吸引了观众的目光。旧的、呆板的抽象性格的痕迹统统消失了。类型性格依然存在，其功能也依然存在，但它们被赋予了个性，以满足喜剧艺术的全部要求。②

莫里哀以喜剧手法使用人物的高超之处，首先表现在他对性格类型的选择上，那些类型各自都有人物性格固有的极可笑方面，能被生发为足够喜剧利用的各种表现。若将他喜剧中一些最出名的人物与他前辈笔下的喜剧人物作个比较，我们马上就能看到这一点。我们在莫里哀的喜剧中看到，他把可笑的缺点表现为"一种最突出的特性，它来自依然活动在戏里的人物，并体现在人物身上"。柯勒律治③告诉我们，本·琼生的喜剧中没有这种手法。④"贵人迷"茹尔丹的天真野心、奥尔贡虔诚的过分自信、阿尔赛斯特难以克制的恨世心理，这些都是剧中人体现的鲜明特性，为剧情发展提供了大量的可能性。

这种新艺术的另一个值得注意之处是它表现人物的方式，其目的是抓住开心观众的目光。像在一切优秀的艺术里一样，喜剧里也存在着强烈的对比效果。值得注意的是，喜剧的对比手法非常简单，令人赞美。要造成对比，可以根据选出的类型和表现类

---

① faux devot：（古代法语）假装虔信宗教的人，伪善者，假仁假义者。——译注
② 梅瑞狄斯曾大致提到过莫里哀以熟人为原型创造喜剧角色的方法。参见他的《喜剧论》，第53页。（作者注）
③ 柯勒律治（Samuel Taylor Coleridge, 1772—1834）：英国浪漫派诗人，文学批评家。——译注
④ 参见柯勒律治著《关于莎士比亚的讲话和笔记》（Lectures and Notes on Shakespeare），第416页。（作者注）

型时的视点。在莫里哀看来，被自负蒙蔽的狂妄者、固执己见的道学先生、离群索居的恨世者等，都偏离了正常的类型（即适应社会的人）。阿巴贡们、奥尔贡们、阿尔诺尔弗们、阿尔赛斯特们、斯卡纳赖尔们以及其他一些喜剧角色，全都具有可笑的失衡性格（lop-sidedness），其性格倾向大大膨胀，达到了可笑的比例失衡，犹如肿瘤。而从喜剧一开始，莫里哀就借助于与这些人物的对立面的对比，将他们区分出来，其对立面就是正常的社会成员。正常有序的世界（它容纳正常人的合理行为）有时以可笑者（例如阿尔赛斯特和阿尔诺尔弗）的清醒朋友为代表，有时以可笑者的妻子（例如茹尔丹太太）为代表，有时以可笑者（例如斯卡纳赖尔）的兄弟为代表，甚至往往以可笑者特别宠爱的漂亮女仆（例如奥尔贡先生的女仆和茹尔丹先生的女仆）为代表。

借助这种并置手法，这位喜剧诗人相当清晰地展示了恶性膨胀的性格的反社会倾向。阿尔诺尔弗和斯卡纳赖尔对被严格管束的女子的粗暴态度，[①] 阿尔赛斯特对他追求的那位活泼姑娘的严厉态度，茹尔丹先生的狂热对家庭稳定造成的威胁，阿巴贡的贪婪对他儿子的残酷影响，这一切都被观众看得一清二楚，揭露这些反常心态的有害倾向，则以某种方式加强了喜剧效果。

莫里哀如此表现了一种道德倾向的过度膨胀，并揭示了这个病态部分对作为该倾向化身的人物的其他部分的实际影响，使那个人物行动了起来。阿巴贡的贪婪使他惧怕盗贼，仿佛盗贼会使他破产。别人叫他富人，他认为这是对他的侮辱，说这个叫法

---

① 莫里哀喜剧《太太学堂》里的资产者阿尔诺尔弗将收养的孤女阿涅丝送进修道院13年，想使她日后成为自己忠顺的妻子。他认为修道院是改良女子的理想场所，并对阿涅丝说教："你们女人活在世上，就只为了服从：大权都在大胡子这边。"——译注

第十一章 艺术中的可笑事物：喜剧

"大错特错"。这说明了莫里哀随处都在强调的病态激情的影响：它会使人失去理智，会使心智受制于强迫性的意念（idées fixes①）。奥尔贡的精神失明使他说过一句常被引用的台词：仆人向奥尔贡报告说他妻子病了，奥尔贡却梦呓似地反复叫道："达尔杜弗呢？""这可怜的人啊！"这表明了头脑远离现实的表现所产生的喜剧价值，对其他人来说，现实一直都在轻扣感觉之门。

这种智力状态降低成了"单一唯心论"（mono-idealism）之类的东西，与之相伴的是正常清醒的自我意识的丧失。愚蠢的阿尔诺尔弗为了免受不贞妻子的欺骗，竟使他打算娶的姑娘受到了无法忍受的拘禁，因为他怀着一种妄念，以为自己是大改革家，他说的"女人的脑子是块软蜡"② 这句话，则带有夸张的训诫色彩。莫里哀喜剧的观众常会看到，剧中古怪人物的行为如同梦游者，根本意识不到其行动的后果，而人物性格的变形和过分夸张，则是愚蠢心理不可分割的伴随现象。

毫无疑问，这当中存在着某种抽象。要使一种倾向完全占据主导，要把智力降低到仆从的地位，使它成为这种倾向的仆人，就必须摧毁人们正常思维的复杂机能。尽管如此，若将这种揭露可笑的道德偏差的方法称为"抽象"，我们还是无法将它辨认出来。从某种意义上说，这种简化机制依然在起作用。我们不妨说，成年人的思维被降低到了儿童思维的水平。阿巴贡向他的马车夫打听人们在议论他什么，这个场景的确能使我们联想到儿童的顽皮心情。滑稽角色更惊人地相似于儿童的表现，则是茹尔丹先生向妻子和女仆炫耀他刚刚得到的尊贵地位，因为他弄清了什

---

① idées fixes：（法语）固执的想法。——译注
② 阿尔诺尔弗的这句话见于莫里哀喜剧《太太学堂》第三幕第二场：Comme un morceau de cire entre mes mains elle est, et je lui puis donner la forme qui me plait.（"它是我手里的一块蜡，我可以按自己的意思给它塑形。"）——译注

317

么是"散文"。①

还可以补充一句,摆脱呆板的抽象性格,靠的是反常性格的不断发展。只要看到了事物在发展,观众便会相信它们的存在。茹尔丹先生可笑的野心赋予了他某种丰富生活,那种生活很可能是片面的。与正常人的生活相比,它会使我们想到机器的一成不变;不过,它仍然是一种失常的有机体,而不是机械的装置。②

还应当指出,虽然这些性格明显地近似于偏离了正常模式的病态失常,但尚未达到癫狂(mania)的极端高度。毫无疑问,在《贵人迷》的结尾一场中,茹尔丹先生离正常与疯狂的分界线已经很近了,③ 但喜剧的意图却是把这个滑稽人物留在分界线的正常人一边。

在这部喜剧中,情节(action)经常结束于高潮(climax),滑稽人物的愚蠢在高潮中登峰造极,犹如洪流,能把喜剧的观众投入喧嚣的欢笑。茹尔丹先生最后的上当受骗就是一例。作为艺术家,莫里哀太优秀了,太有智慧了,因此,在社会与强大顽固的反常人性的搏斗中,他必然会让社会取胜,又让社会发出笑声,由此将他所有喜剧的结局都引向"诗意的公正"④。郁郁不

---

① 在莫里哀喜剧《贵人迷》里,茹尔丹先生的哲学教师对附庸风雅的茹尔丹说:"凡不是散文就是韵文,不是韵文就是散文。"茹尔丹反问:"那我们说话又算什么呢?"哲学教师答道:"散文啊!"可见此前茹尔丹先生不知道自己一生都在说散文。——译注

② 在我看来,柏格森似乎过分强调了他的一个有益思想:莫里哀喜剧人物都有机械般的固执性格(raideur)。参见他的《笑,论滑稽的意义》第三章。(作者注)

③ 《贵人迷》以仆人柯维耶(Covielle)的旁白收尾:Si l'on en peut voir un plus fou, je l'irai dire a Rome. ("要想见到更疯狂的人,我说就该去罗马。")(作者注)

④ 诗意的公正(poetic justice):又译为"诗的公理"或"理想的因果报应",指文学作品中惩恶扬善的结局。这个术语是英国文学批评家托马斯·莱马(Thomas Rymer, 1643?—1713)创造的,他认为文学作品结束时应当根据各个人物的善恶分配对他们的奖惩,即"善有善报,恶有恶报",但大多数作家和批评家都不同意这个观点。——译注

第十一章 艺术中的可笑事物：喜剧

乐的阿尔赛斯特不得不在观众的欢笑声中离开他的色里曼娜（Célimène），逃进沙漠。① 阿尔诺尔弗和斯卡纳赖尔的阴谋无疑是败露了，陷入了绝望。达尔杜弗最终被揭去了假面具，陷入了麻烦。不过，没有任何证据表明莫里哀打算惩罚此类人物。奥尔贡虽然通过一次粗劣的外科手术②，治愈了他以为达尔杜弗虔诚的错觉，但对他的惩罚还是没有超过对茹尔丹先生的惩罚，后者把不适合自己的兴趣和不适合自己的导师引进了家门。连丑恶习气的化身阿巴贡，也并未受到任何堪称严惩（trounce）的惩罚。

在所有这些喜剧里，这位喜剧大师都让我们看清了一点：选择喜剧人物时，他完全懂得怎样始终把握作者的视点。研究过他的喜剧之后，我们不妨试着说明这一点。

这些喜剧中的世界大多都安宁有序，而阿里斯托芬喜剧的场景则喧闹骚乱，若将这两者作个对比，我们便不禁会说：（像我已说过的那样）莫里哀呈现在我们眼前的，是日常生活的真实。不过，他塑造的那些滑稽人物还是被夸张到了可笑的程度。他们当然不是直接取自我们熟悉的世界，而都是被大大变形了的人物，成了某些充分发展的倾向（它们本来只是些萌芽，而与之抗衡的力量使它们多少复杂化了）被简化了的化身，出现在喜剧所假定的真实世界中。因此我们似乎看到，一种不真实的因素被放置在了真实的背景上。

我们一旦站在了喜剧的视点上，其中便不存在任何反常的东西了。在莫里哀的喜剧里，笑的来源就在于畸形的形式侵入了正常形式的共同体。我们的目光关注的，正是这个入侵者，因为我

---

① 在莫里哀喜剧《恨世者》中，恨世者阿尔赛斯特执意要求他追求的轻浮女子色里曼娜（Célimène）只爱他一人，遭后者拒绝后离群索居，独自去了外省（即所谓的"沙漠"）。——译注

② 粗劣的外科手术：指剧中奥尔贡之妻艾尔密尔为使丈夫醒悟，让他亲眼目睹伪君子达尔杜弗向她调情。——译注

319

们预期，它必然会在一个世界里做出不可预知的滑稽动作，而它其实并不属于那个世界。喜剧里虽然存在着严肃的背景，但不会引起我们过多的关注。正常的世界（它与剧中人的不协调达到了荒唐可笑的地步）被强行安插在了喜剧里，但它仅仅是喜剧的背景，衬托并极为鲜明地突出了观众看到的形体，发挥着背景的可贵作用。

这些喜剧之一的全部情节，就是揭露滑稽人物与其环境之间奇异的不协调，这个说法几乎不算夸大之词。情节把剧中的人物组合起来，安排喜剧的场景，仿佛在有意地展示滑稽人物徒劳的尝试，他歪歪斜斜，步态笨拙，走在我们这个秩序井然的世界里。这有助于我们理解一点：虽然莫里哀（像我在前面说过的那样）经常求助于欢笑的更古老、更根本的来源，但他却很少使用"绝不可能的遭遇"的伪装，很少使用娱乐表演的其他机械手段。喜剧的情节和情境本身似乎全都来自基本的事实，来自既定的人物以及人物之间的关系。所以，看到阿巴贡是个可耻的高利贷者，连他的儿子都难逃他的克扣盘剥，我们几乎不会感到意外。

享受喜剧，必须事先具备一种由培养造就的能力。必须具备敏锐而深刻的眼力，它能借助余光看清各种关系，同时又始终注视着可笑之处。喜剧中没有"混合情调"（mixed tone）存在的余地，没有笑与忧郁情感的混合。严肃事物已不再被正视为那么严肃的事物，而是被看做滑稽人物活动的框架。喜剧情绪是一种纯粹欢乐的旁观，其中不包含怜悯、愤慨或其他任何情感；它具有聪明而冷静的智力色彩；它只满足于观看和取乐。

要正确地理解喜剧中笑的范围，我们应当大略考察一下喜剧的另一种形式。在所谓"风俗喜剧"（例如英国王朝复辟时期戏剧中的风俗戏剧）里，我们无疑看到了喜剧精神的一种非常特殊的发展趋向。

第十一章 艺术中的可笑事物：喜剧

在莫里哀的艺术里，我们看到的大多是一类个人，他滑稽可笑地偏离了他周围常见的社会类型。唯有在少数几部喜剧里，例如《女博士》（*Les Femmes savantes*）和《可笑的女才子》（*Les Précieuses ridicules*），我们才会去愉快地思考一组人物的性格。在这些喜剧里，莫里哀依然为我们描绘了一个具有适度理性的世界（当然，尽管描绘得不那么直接和充分），在这个背景下，对各色人物的描绘显得妙趣横生。

在康格里夫及其同代人的戏剧里，我们见到了对当时流行的"风俗"（manners）的喜剧表现。① 那些喜剧之所以能使观众发笑，其原因十分明显。它们完全纵情于混乱和狂欢，我们在阿里斯托芬的作品里能见到那种混乱和狂欢。② 井然有序的世界，连同它与正常人之间的互动，似乎完全被排除在了这些喜剧之外。像普劳图斯的喜剧一样，这些喜剧的情节也是爱情的阴谋，包含着古罗马通俗喜剧的那种下流和堕落的场景。尽管如此，它至少还有个鲜明的标志：它把男人们从一种卑下的事情（派仆人替自己向情人表白爱情）中解放了出来，让他们直接面对他们垂涎的女人。同样，女人也不再是羞涩的少女，而是各种女子，从经验丰富的妻子到刚从乡下进城的、有可能成为傻瓜的女子。不仅如此，她们若是粗鲁无礼，乐于装作抵御男人的诱惑，还会摆脱任何情感和其他东西的束缚。

有一点似乎不可否认，这种"人为的"喜剧完全有理由说它能给人娱乐。它具有活泼的、扰动人心的情节，具有恶作剧那

---

① 康格里夫等人的风俗喜剧是17世纪英国斯图亚特王朝复辟时期的产物，摒除了清教主义的禁欲和严肃风格，内容大多是上流社会的男女关系，对白机智风趣，人物关系形成了固定的套路，如保守的老年父母、聪明的仆人和富有的情敌等等。——译注
② 梅瑞狄斯说，这些喜剧里到处都是发酒疯的人，其表现超过了阿里斯托芬创造的先例。参见他的《喜剧论》，第11页。（作者注）

种嬉闹调皮的性质,充满了大量的欢乐精神。剧中那些最巧妙的对白(连同对白的下流性)无疑都闪耀着机智的光芒。

但是,在不以有秩序世界为背景的喜剧中,我们如何去界定喜剧的视点呢?这种喜剧无疑也会嘲笑少数人,他们被看做失常的人物,滑稽可笑,偏离了合理的类型。整个世界都呈现出欢闹嬉戏般的混乱。

我们现在关心的并不是观众的心理态度,这些喜剧就是为那些观众写的。毫无疑问,在那些观众看来,喜剧的场景十分令人开心,因为它使观众产生了一种感觉,即摆脱了清教主义统治的松弛感。正如丹纳所言,这种喜剧可以作为各种菜肴之间的一种"小开胃品",提供给人们,其目的在于刺激好色青年(他们经常光顾剧场)的味觉,尽管我们很难说这个功能就是那种(被普遍承认的)旨在激起欢乐笑声的喜剧的特点。更重要的是,我们应当看看查尔斯·兰姆[1]等人的观点,他们承认自己在风俗喜剧中发现了真正的喜剧。

兰姆本人就告诉过我们该以什么态度去欣赏这种喜剧。他把这些"机智想象的运动"看做"一个几乎像仙境一样独立完满的世界"。去看喜剧时,他把他的道德感连同他的晨礼服都放在家里了。他看喜剧是为了"逃避现实的压力"。在他看来,一个个陆续出现在舞台上的角色并不承担道德义务,既不是被赞成的对象,也不是被否定的对象。换句话说,兰姆告诉我们,应当把康格里夫等人的喜剧看做纯粹的表演,与真实的日常世界毫无关联。

在一篇著名的随笔里,麦考莱[2]把兰姆的这个观点斥为颠覆

---

[1] 查尔斯·兰姆:参见本书第十章《个人的笑:幽默》有关注释。——译注
[2] 托马斯·巴宾顿·麦考莱(Thomas Babington Macaulay, 1800—1859):英国历史学家、作家和政治家。——译注

第十一章 艺术中的可笑事物：喜剧

道德。他认为，从精神和意图上看，英国王朝复辟时期的喜剧包含着固有的反道德性质。他还用激烈的辱骂猛烈抨击这种喜剧。

我们是否应当把这种喜剧放在当今的舞台上，给我们的男孩子和女孩子看？这两人之间的争论若是涉及了这个具体问题，它本来会与我们的讨论有关。在我看来，麦考莱对兰姆的批驳似乎并未击中要害。例如，麦考莱抱怨说，在这些喜剧里，丈夫们被写成了被轻蔑的对象和讨厌鬼，而好色之徒却被打扮得堂而皇之。他说这话时，很可能联想起了古老的滑稽小故事（Contes），并会想到这就是人造世界的基本状况，人造世界的唯一目的就是娱乐消遣。他反驳兰姆说，幻想世界也常会使观众联想到道德。这个反驳并未击中兰姆观点的核心，而只表明了幻想世界的创造者不是完美的建筑师，只在设法将互不相容的风格结合在一起。喜剧的背景中仍然存在着道德要求，即使在风俗喜剧中也能依稀地看到它。正如兰姆所言，观众的心底怀着对事物产生的滑稽感，它是一种暂时摆脱了一些规则的感觉，而我们知道，在现实世界里，人们不能抛弃那些规则。但这种逃避规则的思想却意味着一点：我们逃避的那些规则，并不一定要在喜剧里表现出来。

我们对喜剧和笑的来源的研究，已为我们接受兰姆的观点作了准备。滑稽景象能吸引怀着游戏情绪的人。一旦有了游戏情绪，人便会看到阿里斯托芬的喧闹世界的乐趣，不会因为想到那个世界会成为现实这种令人不快的事情而忧虑。即使观看莫里哀的喜剧，他也不会过分认真地看待喜剧的背景，但（举例来说）他的愤慨会逐渐增加，因为他同情阿巴贡那个受虐待的儿子，或同情茹尔丹那个受虐待的妻子。哪怕稍稍脱离喜剧的视点，哪怕内心的注意力稍有偏离，也会毁掉一切。他会像卢梭[①]那样，开始谴责喜剧竟用滑稽的手法去表现阿尔赛斯特那么好的人。英国

[①] 卢梭（Jean Jacques Rousseau, 1712—1778）：法国启蒙思想家、作家。——译注

王朝复辟时期的喜剧也能唤起同样的游戏情绪，这种情绪被全部外界倾向的暂时压抑简化了。

假定喜剧的作者和观众都会站在道德的观点上，用道德的臧否去审视剧中人的行为，我认为这是个大错。早期现代喜剧道德说教的影响，或许助长了这个错误的形成。莫里哀以人物的某些缺点为笑料，这是事实。不过，喜剧艺术作出的选择却依然并不取决于道德卑鄙的程度。前面我已提到，极小的、比较无害的缺点也可能被选来构成舞台上最滑稽可笑的表现。① 在一切能以喜剧手法表现的道德缺陷中，虚荣心（Vanity）的表现最为丰富，因此古代和现代的很多喜剧都以表现虚荣心为内容。从道德角度判断，虚荣心并不十分可憎，不像仇恨和残忍那样可憎。② 这已足以表明，喜剧观众的视点与道德判断的视点，两者相距甚远。

若像柏格森那样说喜剧采取的是社会的视点，而不是道德的视点，我认为要正确得多。这就是说，喜剧诗人考虑的是事物呈现在社会型观众眼中的面貌，这类观众具备经过训练的理解力，能根据社会的更有才智的代表们的判断和解释，去衡量事物的表现是否符合社会的普通惯例和观点。不过，谈到喜剧的社会视点，我还是必须防止读者的一种误解，即认为喜剧的作者或观众会参照社会价值，对剧中人的行为作出严肃的评判。早期的现代喜剧，后来的比较严肃的喜剧（包括莫里哀的一些作品），无疑都存在这种做法。但是，剧作者的艺术冲动（它表现得很清楚）却能防止这种视点破坏喜剧的特点。喜剧诉诸一种审美沉思的情绪，虽然

---

① 参见本书第四章《各类可笑事物》第（3）"道德缺陷与缺点"。（作者注）
② 柯勒律治相当清楚地看到了喜剧能在多大程度上将道德作为基础。他指出，米南德的新喜剧和全部现代喜剧（莎士比亚的喜剧除外）都建立在审慎原则的基础上。参见《关于莎士比亚的讲话和笔记》1884年版，第191页。（作者注）又：所谓"米南德的新喜剧"，指的是古希腊喜剧家米南德（Menander）创作的早期风俗喜剧，相对于阿里斯托芬的旧喜剧。——译注

◆ 第十一章 艺术中的可笑事物：喜剧

它包含着敏锐的洞察力，甚至能朦胧地识别出木偶表演[1]背景的严肃意义，但从总体上说，它一直保持着游戏的态度。观众愉快地观看着事物的表现，观众心中被唤醒的社会意识仅仅起到了一种作用：使观众准确地理解什么是得体行为，或者至多能使观众在喜剧演员笑得起皱的面容上，瞥见明显的讽喻表情。[2]

在喜剧里，道德呈现为道德观念（mores），它是文明社会传统习惯的一个部分、一个特殊的部分。不过，道德在给我们帮助时却并非不受约束。最出色的社会喜剧家莫里哀十分清楚地向我们表明，他并不是要从变化无常的事件（它们在既定的日期出现在特定社会的风俗中）中区分出更持久、更普遍的社会道德基础。刚刚相识的人"过分热情的"（gushing）对话方式（它使恨世者阿尔赛斯特十分恼火），被莫里哀看做了一种适应社会的标准，这正是因为它是一种成了社会习俗的时尚，社会型的人乐于承认它。茹尔丹先生打算迈出资产者的行列时激起了观众的笑，这种笑的主要原因是他的野心不合时宜。但在19世纪末的巴黎和伦敦，这种野心却十分常见并取得了极大成功，以致我们几乎都忘了去嘲笑它。因此，丹纳说莫里哀是一位阐释"普遍真理"的"哲学家"，就犯了一个可以原谅的错误，因为他出于天生的好恶，夸大了其法国同胞莫里哀的成就。[3] 事实上，莫里哀的做法是塑造一些恰当的代言人，以代表他描绘的特殊社会采用的那套习俗惯例（它们显得奇形怪状）。他们拥护社会制度，

---

[1] 木偶表演：这里指喜剧表演。——译注
[2] 参见本书第五章。（作者注）又：作者在第五章中指出："我们必须研究笑的社会功能，以补充将笑作为抽象的心理学问题的普遍研究方式。不过，这并不一定意味着研究笑的社会功能会直接让我们得出一种简单的滑稽论。"——译注
[3] 参见丹纳《英国文学史》卷三，第一章。梅瑞狄斯说喜剧诗人生活在"他描写的那个社会的狭窄天地里或有围墙的场地里"，这个说法更准确一些。参见他的《喜剧论》，第85页。（作者注）

反对与社会作对，不但服从不成文的法律，而且（在不涉及这些法律的深刻基础的前提下）设法从常识的角度、以最具启发性的陈述去维护这些法律。

由于用社会视点代替了道德视点，喜剧作家必然要放松社会中约束我们的那些绳索。莫里哀的戏剧有一个最明显的特点：以宽厚之心，让社会的要求去适应人类的缺点。莫里哀显然放弃了一种打算，即超出这个标准，力图改进社会习俗（例如，在以喜剧手法塑造阿尔赛斯特、阿尔诺尔弗时，他就是如此）。像他的古罗马前辈一样，莫里哀心中也十分反对令人厌恶的限制。他十分宽容，乐于原谅和放过世上的放荡者。例如，色里曼娜的卖弄风骚就被当做"二十岁的人"的天性而得到了容忍。必须如此，因为写喜剧就是为了使我们放开思想束缚，欣然地接受现实的世界。

从这个角度，我们或许能看到（与我们常说的不同），风俗喜剧与性格喜剧其实并没有多少根本的区别。毫无疑问，风俗喜剧摒弃了稳定社会的道德规则，并相当粗鲁地对这种规则置之不理。尽管如此，从某种意义上说，我们仍然可以说它采取了社会的视点。换句话说，它把得体行为看做符合当时碰巧时兴的行为规范。它的行为标准也是人群的习俗，就像野蛮人的和莫里哀喜剧的行为标准那样。在这个颠倒的世界里，成为反社会型人物的，正是恼火而疑心的丈夫（麦考莱可笑地表达了对这种角色的关心）。这种社会里的大量自我放纵，只不过是泰伦斯和莫里哀的喜剧里常见的自我放纵的延伸。我们观看风俗喜剧时，会大致地意识到其中那个世界的颠倒混乱。那个颠倒的世界离奇有趣，引人遐想，只要我们能像兰姆那样，暂时拒绝以严肃的态度去看待它，它显然就会使人愉快。

我们以游戏的情绪观看喜剧，在游戏情绪的支配下，我们进行道德臧否的习惯，甚至我们衡量社会价值的习惯，都进入了或深或浅的沉睡状态。但这并不是说，喜剧的作者也可以忽视这些

第十一章 艺术中的可笑事物：喜剧

严肃倾向。正如以上提到的，这些严肃倾向造就了我们得体行为的种种形式（或许我们自己并未意识到这一点），即便是在我们观看喜剧时，也是如此。此外，这些严肃倾向虽然被游戏情绪抑制了，但它们仍有力量。一旦喜剧演员走得太远（例如完全脱掉了得体的面纱），这些严肃倾向便会醒来，终止喜剧的娱乐。在悲剧中，恐怖若是过分强大，恐惧和怜悯就会让位于肉体的反感；同样，在喜剧中，龌龊的东西一旦露头而被观众看见，一种肉体反感也会扑灭笑声。这些道德因素时常会向喜剧艺术让步，让步的程度显然有大有小，取决于欢笑倾向与道德倾向的不同力量比例。

在舞台上表现人类行为的可笑之处，其范围十分狭窄。圣伯甫（Sainte-Beuve）提醒我们，整整一个民族都会出现某种狂热病（mania）的发作（accès）。若碰巧是战争狂，我们便会像前面指出过的那样，看到滑稽情境和滑稽性格的明确元素。事实上，一个人若恰好处在疯狂的"沙文主义"的潮流中而依然头脑清醒，并阅读了莫里哀的戏剧，他一定会因为看到剧中众多与社会现实相似的现象而震惊。

即将结束对喜剧的讨论时，我们不妨看看其他一些似乎采取了喜剧视点的文学形式。我这里不打算讨论最近出现的所谓"严肃喜剧"（serious comedy）的某些种类。指出一点似乎更为重要：散文体小说常会更接近喜剧的视点。小说有时能为我们展现出幻想的情境和冒险经历，它们会使我们想到阿里斯托芬式的欢闹喜剧，例如都德[①]的"戴达伦"系列小说[②]。此类小说为我

[①] 阿尔封斯·都德（Alphonse Daudet, 1840—1897）：法国自然主义小说家，其代表作是《磨房书札》（*Lettres de mon moulin*, 1869）。——译注
[②] "戴达伦"系列小说（Tartarin series）：都德的三部讽刺小说《达拉斯贡的戴达伦》（*Tartarin de Tarascon*, 1872）、《戴达伦在阿尔卑斯山》（*Tartarin sur les Alpes*, 1886）和《达拉斯贡港》（*Port Tarascon*, 1890），描写个人主义者戴达伦（Tartarin）堂·吉诃德式的荒唐行为，他自以为是在追求不平凡的英雄业绩。——译注

们提供了笑的元素，而一切带有悲伤回忆性质的东西则简化了笑的元素，尽管其中可能仍然流露出几分幽默倾向。此外，一些故事的情调还会类似于更稳重的喜剧，因而会使人们几乎无法区分这两者，除非根据两者不同的叙述形式作出判断。例如，简·奥斯丁①的小说就是如此。它们鲜明地界定了社会的视点，并始终恪守它，而对小说人物的批判性思考则完全是为了更充分、更清晰地阐明社会奉行的那些标准。

主题更深刻、更令人震撼的小说也可能突出喜剧的视点，这种视点还往往会成为主导。巴尔扎克和萨克雷的小说似乎就是如此（至少有时是如此）。不过，正是在梅瑞狄斯的小说里，我们才能结合更令人震撼的意义，去研究一种新的、利用得更好的喜剧态度。虽然作家允许幽默的微弱声音的存在，使它不时被听见，但他还是会突出喜剧的轻柔音调，使它简单而清晰，并使其中一些音符带上几分明显的讽喻色彩。有的时候，在以悲惨灾祸结尾的小说中（例如《包尚的事业》②），我们的确能听见这种典型的音符。

尽管如此，更仔细的考察还是会表明，这些作家的视点虽然会接近喜剧诗人的视点，但它依然是清晰的。不仅如此，这种清晰性还并不仅仅由于重大的严肃意义（它使小说具备了严肃性）的存在。这种清晰性也来自散文体小说作家所处的环境，它诉诸单独读者的沉思情绪，而不诉诸观众的欣赏态度。

---

① 简·奥斯丁（Jane Austen，1775—1817）：英国女作家，以其对中产阶级的行为方式、道德观念的深刻观察和讽刺、机智、细腻的文风而著名，其代表作为《傲慢与偏见》（*Pride and Prejudice*，1813）和《爱玛》（*Emma*，1816）。——译注

② 《包尚的事业》：梅瑞狄斯的长篇小说，共七卷五十六章。小说主人公内维尔·包尚（Nevil Beauchamp）最后因在海中英勇抢救两个落水儿童而被淹死。——译注

第十一章 艺术中的可笑事物：喜剧

即使在表现对象的可笑方面时，这种清晰性也会不可避免地超越特定社会共同体采用的标准，取代众多聪明善良的人所制定的理想标准。

在喜剧中，我们要求纯净的笑，即在以理性领会社会习俗的指导下，发出儿童见到滑稽的表现时的那种笑。这种笑诉诸众人，结合了通常的判断方式和衡量得体的普遍标准。然而，文学却对我们提出另一种要求。能使我们发笑的作家，似乎至少是离社会视点很远，他唤起的情绪可能根本不是纯粹的欢乐。我们已有了前一章的论述，因此，要说明欢笑精神的其他一些文学表现，只要再多说几句即可。

我们可以把这种混合情调（mixed tone）分成两大类：一是笑与严肃批判态度的混合，例如讽刺；二是笑与某些软化的感情的混合，例如我们在现代幽默作品中看到的那样。

讽刺（satire）的鲜明特点是愤怒的谴责色彩。在讽刺中，缺点和罪恶不再被作为可笑的景象展示在我们眼前，而是强调了对它们的道德义愤。讽刺家采用的是道德裁判的视点，不过，他的态度却不像法官那么冷静，而有些像起诉人的激烈态度，起诉人的目的是揭露和谴责罪过的卑鄙。

因此我们便懂得了一点：进入了讽刺的笑是轻蔑态度的表达，是一种惩罚工具。讽刺中的笑具有最尖锐、最令人畏惧的形式，即奚落或嘲笑。因此，它是一种意志过程，而不是自然的感情。讽刺家的意图就是嘲弄。作为讽刺家，他出于艺术的目的控制着自己的愤慨，而以这种手法描写的讽刺对象，会使他的听众或读者发出轻蔑的大笑。因此，他便有了极大的自由，可以随意利用夸张的手段和漫画的手法创造出一些卑污的情境。他还可以利用对比、比喻和其他艺术手法，去羞辱被讽刺者。

一旦用于贬损攻击的目的，欢笑精神显然就会改变，甚至会大大改变。与朱文纳尔①或斯威夫特②一起嘲笑，这会使人感到尖刻的恶毒，而不是欢乐。可以说，讽刺把我们带回了野蛮人的那种残忍的笑，野蛮人站在被打败的敌人面前常会发出得意洋洋的笑。我们还可以把讽刺的笑描述为一种"突然的快乐"③的感情，这种感情包含着主宰发笑者的愤怒态度的色彩。

不过，正因为介入了讽刺谩骂的笑摆脱了一切严肃的情绪和倾向，它才容易（像我们看到的那样）造就一种更轻松的情调，哪怕只有片刻。因此，讽刺中才呈现出了全部的不同音调，其全音阶的一端是狂怒的指责，另一端是近于游戏般的、宽容的诙谐。古希腊的早期通俗"闹剧"（连同其嘲弄讥讽的对白）、中世纪的讽刺歌曲，显然都是嬉戏作乐的玩笑作品，像阿里斯托芬的喜剧一样，其中的讽刺音符几乎被淹没在了嬉闹打诨的笑声中。但只要是明显的讽刺作品，我们就会看到严肃的目的成了作品的主导，并给一切表达染上了严肃的色彩。

如此粗略地指出的讽刺的这些特点，便能说明一切讽刺作品，无论被揭露的缺点是某一个人、某个阶级、某个社会在特定时刻表现出来的，还是整个人类表现出来的。显然，无论在哪种情况下，讽刺家都采取了假定的道德法官和宣判者的视点。

讽刺包含着严肃地揭露对象的目的，这一点绝不是在所有的讽刺作品中都表现得同样清楚，所以说，"讽刺"这个术语所针对的范围并无严格的限制。人们说，喜剧本身就包含着强烈的讽刺因素，阿里斯托芬的喜剧似乎就是如此，正如伯克指出的，阿里斯托芬喜剧的混合情调中包含着"尖刻的嘲笑"和"严厉的

---

① 朱文纳尔：古罗马诗人，以讽刺诗著称。——译注
② 乔纳森·斯威夫特（Jonathan Swift, 1667—1745）：爱尔兰裔英国讽刺作家，其代表作是《格利佛游记》（*Gulliver's Travels*, 1726）。——译注
③ 突然的快乐：参见本书第三章《笑的起因》有关注释。——译注

第十一章 艺术中的可笑事物：喜剧

讽刺"。① 流浪汉小说描写了人类及人类的行为，常被说成带有讽刺性，这很可能是因为它无拘无束地勾勒了人类的缺点，这种做法被人们看做了一种谴责态度，看做是出于严惩人类缺点的意图。不过，这种惩罚却可能是最温和的，例如在《吉尔·布拉斯》② 中就是如此。圣伯甫认为，这部小说并没有嘲讽人类的总体，并没有把人类看做邪恶愚蠢的生灵，而是揭露了人类的卑鄙和愚钝。③ 丹纳在英国小说里发现了讽刺作家的激烈讽刺，即使在萨克雷的小说里也是如此。④ 尽管如此，根据作家所描写的世界的主导色彩去判断作家的意图，却往往还是会显得主观和随意。

严格意义上的讽刺（其嘲讽的目的是被公认的）则大为不同。在朱文纳尔的作品里，我们看到了这种讽刺。泰瑞尔教授谈到朱文纳尔时说："他总是处在愤怒中，他的嘴唇上仿佛随时都带着嘲笑的表情。"⑤ 在这种更严肃、更辛辣的讽刺中，来自智力的笑发出了恶毒的尖利音调。相形之下，古代讽刺文学的恶毒性则显得不那么强烈。这通常是比喻的伪装的影响造成的。中世纪的讽刺文学就是例证。例如"列那狐的故事"中对狡猾和背信弃义的讽刺，就是如此。伏尔泰（Voltaire）的讽刺作品，英国讽刺家的作品（包括斯威夫特辛辣的、毫不留情的作品），全都表明了同样的倾向。

把猛烈的批判（无论是政治的还是道德的批判）包裹在某种形式的寓言（allegory）里，虽然看上去掩盖了进攻的矛头，

---

① 参见伯克著《希腊文学史》卷四，第二部分。（作者注）
② 《吉尔·布拉斯》：法国作家勒·萨日的小说，参见本书第九章《社会进化中的笑》有关注释。——译注
③ 参见圣伯甫著《关于〈吉尔·布拉斯〉的笔记》，第12—13页。（作者注）
④ 参见丹纳著《英国文学史》卷四，第173页。（作者注）
⑤ 参见泰瑞尔著《拉丁语诗歌》，第240页。（作者注）

其实却会使批判更加犀利。至少，在嘲讽的攻击中，反手进攻往往会比正手进攻更有杀伤力。读者的满足中无疑包含着一种成分，那就是赞赏讽刺技巧的高超。斯威夫特若是直接批判英国社会和政治制度的不合理性，而不是像他在《格利佛游记》里那样进行间接的批判，其批判力量便会减半。在某种新的伪装下嘲讽人们熟悉的缺点或罪恶，愤怒的情感似乎会表现得更加明显。不仅如此，我们对缺点的嘲笑还会被另一种情绪加强，那就是我们发觉了寓言是个伪装之后的欣喜。从讽刺的主导情调中，游戏的要素很可能获得了某种恶意的味道，虽然我们终归也在嘲笑，但这种嘲笑却更残忍，因为可以说，在文学的面具下，被讽刺的对象一直都在被一次次地揭露。

这个观点也大多适用于明喻、影射、反讽等讽刺中一切带有机智性质的东西。在"喜剧"这个题目下，我们已提到了机智表现出来的游戏性。但这仅仅是"讽刺"这个词通常含义的一部分。即便在滑稽的对话里，也包含着某种进攻，英国王朝复辟时期的机智女人和其他作家也时常能说出刺耳的话语。不过，正是在讽刺文学中，我们才看到了机智的恶毒。伏尔泰等人机智的挖苦讥讽就像恶毒的顽童，只不过是伪装成了玩具而已。看似无害的废话或纯粹的口误所包含的残忍意味，比直接陈述的伤害力更强。失败和耻辱若被展示在辉煌成就的讽刺薄纱底下，讽刺的效果就更加强烈，例如，蒲柏[1]描写市长大人巡游的诗句就是如此，莱因·哈特[2]说那是他见过的最出色的机智之作：

夜幕降临，这壮丽的场面已经演完，

---

[1] 蒲柏：参见本书第十章《个人的笑：幽默》有关注释。——译注
[2] 莱因·哈特：参见本书第五章《滑稽理论》有关注释。——译注

第十一章 艺术中的可笑事物：喜剧

但塞特尔的百姓，总算又熬过了一天。①

依靠所有这些讽刺的反语，讽刺家力图使人们想到有价值的、值得尊重的事物，以使人们更深刻地领悟丑陋的真实。例如，听见一位上年纪的贵妇说她只有四十岁时，西塞罗②说道："我不得不相信她，因为无论在这十年间的什么时候，我每次都听见她这么说。"③ 这个陈述先是隐瞒了某个事实，继而揭露事实，这种手法大概会使人想到婴儿做"藏猫儿"游戏时的笑，可以想见，这种手法往往会在讽刺中加入一种比较温和的、嬉戏般的情调。尽管如此，由于激烈嘲讽的态度主宰了讽刺，玩笑态度这个要素还是似乎给讽刺的矛头增添了几分锐利。

刻毒的讽刺造成的笑，与文学中的幽默措辞激起的笑，再没有比这两者更不相同的了。我们的分析将使我们预期：在真正的幽默作家的作品里，我们会发现温厚与同情的软化作用，会理解和接受幽默作家选择的嘲笑对象。讽刺、挖苦等手法似乎是要把事物推开（push away），或者至少是想改变事物，而奇妙的是，幽默却仿佛意在温和地维护那个使它开心的世界。不过，尽管全部幽默作品都表明了这些倾向，我们还是能看到幽默的主观性和个人性，其表现是每一位作家都以各自的新情绪和新态度去看待对象。

---

① 参见蒲柏《群愚史诗》第一部第89行。塞特尔（Settle）是英国旧日北约克郡的小镇。英国市长巡游（Lord Mayor's Show）始于13世纪，每年举行一次，为当选的市长接受国王或国王代表检阅的游行。——译注
② 西塞罗（Marcus Tullius Cicero，公元前106—前43）：古罗马政治家、演说家、著作家。——译注
③ 培根引用过这句话，见他的《古今格言集》（*Apophthegmes New and Old*，1625）第181条。（作者注）

笑的研究 /// AN ESSAY ON LAUGHTER

大致地弄清一个当前被纷纷讨论的问题，便容易理解讽刺视点与幽默视点的对比，那个问题就是机智与幽默的区别。我们对机智和幽默的分析已暗示出一点：在逻辑分类上，这两者并不对立。这两个词的存在，或许最能表明人的思想是多么容易出现误解。从本质上说，机智是智力运作的一种方式，它根本不能与幽默这种情感状态构成直接关系。

毫无疑问，很多事实似乎都能表明与此相反的结论。因此我们可以确定一点：幽默特别适用于几种想象的、沉思的活动，机智（即使在它运作时）却似乎总是喜欢带有深刻逻辑思考性质的活动。① 但我认为，机智与幽默的更深刻区别在于机智更具才气，更为犀利，其攻击更有效，并总是仿佛来自讽刺和讥嘲的情绪（因而也与这些情绪联合），而直接对立于温厚宽容的幽默。伏尔泰和18世纪其他讽刺家们的机智，就是如此。

但是，更仔细的考察却表明：幽默的情感与机智的智力行为方式之间并无任何互不相容。事实上，作为一种游戏的机智能很自然地与幽默的态度结为同盟。我们会发现，通常所说的机智，大多都会表现出幽默那种软化作用，并的确如同我们说过的那样，被称作幽默的一个标志。真正了解爱尔兰人的人，有时会犹豫不决，不知道爱尔兰人的特点应该是机智还是幽默。我认为，这个说法也适用于莎士比亚的大量"俏皮话"（witticism）。② 在

---

① 乔治·爱略特就很好地说明了这一点，她正确地指出了机智结合着推理。参见她的《随笔集》，第81页，"德国的机智"。（作者注）
② 我记得曾和已故的亨利·西德维克（Henry Sidgwick）讨论过这个问题。他承认，他提供的一些说明机智的语录，也完全适于被称作幽默。已故敏托教授（Professor Minto）的几篇精练的文章中，就包含了这个观点的萌芽。参见《英国散文文学》（English Prose Literature）绪论，第23页。（作者注）又：亨利·西德维克（1838—1900）是英国学者，剑桥大学圣三一学院教授，研究功利主义哲学、宗教史、伦理学和经济学。——译注

第十一章 艺术中的可笑事物：喜剧

所有这些情况下，机智（它一旦被置于讽刺的激烈情绪中就会变得异常犀利）不但会变得毫无伤害，而且当它被亲切的幽默减弱后，还会呈现出某种明确的仁厚色彩。

不过，讽刺与幽默的情绪虽然具有如此不同的明确形式，两者还是会互相融合，以致很难划分两者的界限。海涅①在他的一些作品里（例如《德国——一个冬天的童话》）用伤感和幽默减弱了嘲讽，以致人们很难把它们看做讽刺之作。有的时候，这种天才（他的作品看上去很简单，其实却十分深刻）好像变成了一位最出色的幽默家，只要轻轻一笔，便能带来事物全部的笑与泪。路易斯·卡洛尔②让他的童话的玩笑隐含了更深刻的意义，使我们永远捉摸不透，这时他难道不是一位讽刺家吗？难道这种把意义隐藏起来的手法不是他玩笑的一部分吗？难道不是他惩罚阅读童话的"成年人"的一种嬉戏方式吗？

在现代文学里，值得注意的是一个有趣的现象：欢笑与严肃态度的互相渗透以及欢笑精神与批判精神的结合。这两种过程虽然都很独特，但也可能融合在一起，就像我们在莎士比亚的戏剧里看到的那样。《李尔王》（*King Lear*）等悲剧中的小丑引进的幽默元素，都缓解了悲剧的压力，也使悲剧暂时具备了较轻松的、带笑的批判的性质，我们目睹巨大的蠢行时，总是会进行这种带笑的批判，尽管在那一刻我们的心思集中在蠢行的灾难性后果上。通过长久的沉思，笑受到了控制，始终被保持在温和幽默与几分哀伤的状态中，而沉思也并没有忽视可悲的毁灭，即便在心情放松的那一刻也是如此。这位大师还把亲

---

① 海涅（Heinrich Heine，1797—1856）：德国浪漫主义诗人、作家、思想家，其政治讽刺诗《德国——一个冬天的童话》发表于1844年，激烈地嘲讽了普鲁士的封建专制，曾遭查禁。——译注
② 路易斯·卡洛尔（Lewis Carroll）：英国数学家、作家查尔斯·道奇森的笔名，作品有著名童话《爱丽丝漫游奇境》等。——译注

切的幽默带进了喜剧,使我们像那位有缺点的骑士的忠实跟班巴道夫①一样,对那位让我们十分开心的骑士更带几分喜欢,而不是更带几分怜悯,这种手法只是把"玩笑"与"怜悯"结合起来的另一种方式。

正如我们看到的,散文体小说既能表明喜剧精神,又能表明更激烈的讽刺情绪。不过,小说里的笑却具有另外一种形式。小说里的笑必须使自己适应严肃意义的要求,适应包含着同情的恐惧与紧张的情节。因此,小说便似乎带上了混合的情调,像在那种并不纯粹的喜剧形式"英雄喜剧"(heroic comedy)里那样,罗斯丹以幽默为伪装的《希拉诺·德·伯格拉克》②就是那种喜剧。换句话说,那种喜剧的欢乐高音被一种低音(它是其悲哀环境的回声)复杂化了。只要想想《威克菲牧师传》③里如何嘲笑摩西及其买眼镜,④或者想想《希拉诺》的主人公希拉诺的畸形面相,便可理解这一点。

当然,小说可能通过纯粹的并置去表现庄重与欢乐,因此这里所说的互动和变化就只能表现得很不完善。众人喜欢的好故事,这个概念代表了读者的一个想象:故事应当快速地经过一系列不同的场景,时而庄重悲怆,时而欢乐愉悦。大部分现代小说都能满足这个需要。从这个意义上说,从《吉尔·布拉斯》到

---

① 巴道夫(Bardolph):莎士比亚戏剧中的破落骑士福斯塔夫的仆从,这个人物出现在莎士比亚的历史剧《亨利四世》、《亨利五世》和喜剧《温莎的风流娘儿们》中。此句中所谓"有缺点的骑士",指的就是福斯塔夫。——译注
② 《希拉诺·德·伯格拉克》:法国剧作家罗斯丹的著名喜剧,剧中人希拉诺自惭于大鼻子而不敢表白爱情。又见本书第一章《绪论》有关注释。——译注
③ 《威克菲牧师传》:英国作家戈德史密斯1766年发表的小说。——译注
④ 在《威克菲牧师传》里,乡村牧师威克菲(Wakefield)的小儿子摩西(Moses)奉命去集市卖掉家里的小马,再买一匹大马,但他上了骗子的当,用卖小马的钱买了一副装在鲨鱼皮匣子里的绿墨镜。——译注

《汤姆·琼斯》①，疯狂的冒险故事在大多数人看来都是"滑稽幽默的"。狄更斯小说里的有趣人物既能打动人心，又能愉悦想象，但即使是狄更斯这种真正的幽默家的作品，有时似乎也缺少完美协调的语调。斯特恩②属于另一类幽默家，他的小说《感伤旅行》似乎缺少笑与感伤的合理混合。③

　　幽默写作的艺术，部分地表现在对人物、情节等要素的选择上，其方法是展示令人愉快的事物与涉及严肃情感、尊重和怜悯的事物之间的密切关联，逐步展开支撑着幽默情绪的思考意识。戈德史密斯描写的那位牧师及其家庭的历史，就是最佳的例子之一。司各特笔下的古董商④、菲尔丁笔下的亚当斯牧师⑤，都是能让我们开心并赢得我们同情的人物。正如莱因·哈特指出的，这种幽默人物身上包含着不同性格之间的强烈对比，例如，亚当斯牧师就是如此，他既容易上当受骗，又有男子气概，⑥ 这种强烈对比能使人物激起强烈的感情。幽默小说选择的人物，既可能是按照塑造那位"快乐骑士"⑦ 的方式，故意使读者发噱，但也可能完全没有意识到他们能激起笑声。这种有趣的肖像画法的可贵之

---

① 《汤姆·琼斯》（*Tom Jones*）：英国作家菲尔丁（Henry Fielding, 1707—1754）1749 年的长篇小说，描绘了 18 世纪英国城乡的生活，塑造了社会各个阶层的典型人物，是菲尔丁的代表作。——译注
② 斯特恩：参见本书第十章《个人的笑：幽默》有关注释。——译注
③ 参见特莱尔的评论《斯特恩》（*Sterne*），第 156 页之后。（作者注）
④ 古董商：指英国作家司各特（Sir Walter Scott, 1771—1832）的小说《古董商》（*Antiquary*, 1816）中的乔纳森·欧登巴克先生（Mr. Jonathan Oldenbuck），他六十多岁，是个小古董店的老板。——译注
⑤ 亚当斯牧师（Parson Adams）：菲尔丁小说《约瑟夫·安德鲁斯》（*Joseph Andrews*, 1742）中的一个堂·吉诃德式人物。——译注
⑥ 参见莱因·哈特《机智与幽默》，第 11 页。（作者注）
⑦ "快乐骑士"：原文为 The Merry Knight，根据语境，这可能是指莎士比亚喜剧中的福斯塔夫，而"快乐骑士"这个名号，则是由莎翁喜剧《温莎的风流娘儿们》的剧名生发出来的。——译注

处在于，它不但描绘了某些个人新鲜的、模样古怪的特性，也描绘了众多阶级，甚至众多民族新鲜的、模样古怪的性格。

除了对人物及其关系的可笑之处的这种客观表现，作家还会不时敲响精妙沉思的低音，以引进个人幽默的元素，从而加强表现的效果。认为沉思完全不适合叙事艺术，这个看法在文学史研究者看来会显得没有道理。如果说，在古希腊戏剧中，旁观的合唱队可以评论剧情，莎士比亚的戏剧为积极的旁观者的更深刻沉思留下了余地，那么，散文体叙事作品也应当为这种沉思留出余地。事实上，一些最优秀的小说家，例如菲尔丁、萨克雷以及乔治·爱略特等人，都出色地运用了这种沉思的内容。在这些小说家的最佳作品里，我们见到了莎士比亚般的艺术，即加入含义丰富的评论，这不但没有扰乱欣赏作品情节所需要的情绪，反而加强了它。

在伟大的幽默作品里，例如拉伯雷、塞万提斯以及斯特恩的作品，我们似乎发现作者既表现了重大的主题，也表现了一些内容，它们既直接诉诸感觉，又直接诉诸沉思。你必须了解中世纪（它被人们笑着踢到了一旁），然后才会喜欢《卡冈都亚》[①]；你必须把堂·吉诃德和他的仆人看做两个相距很远的文化层次的化身，不仅如此，你还必须把他们看做观察世界的两种对立方式，而不是把他们看做两个个体或者两个类型人物，然后才能体会到这些并置手法的幽默之处。山迪和他兄弟山迪船长之间的强烈对比也是如此，更不必说小说中插入的沉思了。作者描写事物的巨大规模和范围，各种思想的大量涌现，这些都迫使读者去思考。如此并置和联系在一起的心理结构和道德结构完全不相协调，读者因发现了这种不协调而笑，其中也渗透着这种沉思。不仅如此，这

[①] 《卡冈都亚》(*Gargantua*)：法国作家拉伯雷 (Rabelais, 1494? —1553) 1532 年的讽刺小说。——译注

第十一章 艺术中的可笑事物：喜剧

些对立的人物还个个都那么正派、那么可爱、那么可敬，都有各自的性情和看法（manière de voir①），使我们产生了共鸣。这样一来，我们便离开了知觉的层次，把喜剧的相对视点抛在了脑后，而达到了另一种视点。它很像某些思想家的视点，他们具备一切特殊的视点，却仍会力求最终发出自己的笑。在情感与平淡的现实之间，在理想主义与实际生活的务实本能之间，两者的对立有时会产生巨大的矛盾（例如在让·保罗②的《希本卡斯》③里，更明显的是在卡莱尔的《旧衣新裁》④里），而在这种情况下，我们其实是站在了小说的幽默与哲学的幽默之间的分界线上。

在散文和其他一些直接涉及现实、更多来自思想而不是想象的文学形式里，幽默也占有一席之地，而且是值得尊重的一席之地。

这些作品中，严肃与玩笑的对比表现为从完全的庄严向幽默的沉思的转变。在这些作品中，我们也能见到明显不同的语调。幽默的评论可能只会暂时转移读者的注意，是严肃论证中玩笑式的斜视。在一些作品里，例如托马斯·布朗⑤和兰姆的作品，幽默的元素几乎不会使读者分心，甚至不会暂时中断阅读，而是融入并部分地消失在了严肃的论证之中。⑥ 在更近期的作家（包括

---

① manière de voir：（法语）观察方式。——译注
② 让·保罗（Jean Paul）：德国讽刺作家里希特（Jean Paul Friedrich Richter, 1763—1825）的笔名。——译注
③ 《希本卡斯》（Siebenkäs）：让·保罗1796年的讽刺小说，全名为《穷人的辩护士希本卡斯的死亡与婚姻》（Tod und Hochzeit des Armenadvokaten Siebenkäs）。——译注
④ 《旧衣新裁》：苏格兰历史学家、散文家卡莱尔的小说。又：见本书第二章《微笑与大笑》有关注释。——译注
⑤ 托马斯·布朗（Sir Thomas Browne, 1605—1682）：英国医师和作家，其散文以文辞华丽而著称，如《一个医生的宗教信仰》（Religio Medici, 1642）。——译注
⑥ 参见坎农·安杰（Canon Ainger）《伊里亚随笔序言》（Introduction to The Essays of Elia），第8页。（作者注）

一些在世的作家）当中，我们也能找到一些绝好的实例，其通篇作品都以温和的、萤火般的幽默之光，照亮了历史的叙述与评论。还有一些作品的幽默特色非常显著，以致改变了作品的整个色彩，例如金斯莱小姐的《西非旅行记》。同样，散文随笔也可能通篇都是一种俏皮话（jeu d'esprit[①]），玩笑仿佛成了主导，但同时其风格却是庄重的论述。此外，对更精巧的散文作品（例如兰姆的一些随笔），则最好说它们是把玩笑夹在了看似严肃的表面之间，其间蕴藏着真正的严肃意义。许多作家被公认为技巧娴熟的幽默家，其作品中不同语调的融合很受读者欢迎。用某种玩笑式的"旁白"（aside）打断严肃的思考，这并不能证明幽默才能的存在，因为从根本上说，幽默的才能是利用各种情绪（不但是互不相同的情绪，而且通常是互相对立的情绪）的能力，这种利用又不致造成一切突兀和不协调感。

---

① jeu d'esprit：（法语）机智妙语。——译注

第十二章 笑的最高价值与局限

从哲学角度研究笑的必要性——哲学完成了个人对生活的批判——哲学沉思中笑的空间——哲学使日常的世界显得渺小——哲学家为何大多不是幽默家——理想主义使我们对日常世界失去了兴趣——乐观的笑与悲观的笑——哲学怀疑论中可能存在的笑——培养哲学幽默的条件——对生活的最终评价里的幽默——哲学幽默的效用——个人视点的正确性——对世界进行幽默沉思的合理性——幽默思考有益于弱势者的生存——哲学家偏爱从世界引退——哲学幽默家沉思事物的视点——受到所在社会支配的思考者——幽默家、喜剧家和讽刺家的不同视点——笑的总体价值——喜剧的所谓净化功能——当今群体之笑的矫正功能——嘲笑是检验真理的手段——对私人之笑益处的评估——笑在人类品性中的位置——笑与社会友爱的关系——社会对笑的限制——对笑的控制是道德自我约束的一部分——控制笑的明智理由——鼓励他人热爱笑——容忍"从不笑的人"——培养年轻人的笑——笑在当今的地位——大众欢笑衰落的原因——笑在当今的特征——笑有可能消失——怎样将笑保留下去

我们的研究已带领我们走过了各种不同的考察领域。为寻找

笑的萌芽，我们不觉来到了生物学推论那片广阔朦胧的平原。为追踪笑的发展，我们浏览了儿童心理学和人类学的愉快峡谷，然后设法攀登社会进化论的蜿蜒小路。沿着这条路，我们登上了现代文明的高峰，然后特别考察了笑的社会功能（喜剧艺术就是其代表），又考察了一种新型的笑的逐渐出现，它在本质上是个人的笑，不受社会标准的影响，我们称它为"幽默"。在这个发现之旅的全过程中，我们始终都在注意一个问题，那就是欢笑精神在个人生活和社会共同体生活中的功能。我们现在的任务，就是对这种功能作出更精确的判断。

为了确定笑在一种强大的精神倾向（例如贯穿在人类欢笑中的精神倾向）中的正确位置和价值，我们必须暂时考察一个更困难、更晦涩的领域，那就是哲学领域。考察哲学领域，这个需要出于不止一个理由。首先，没有某种总体生活观的清晰思想的帮助，我们就几乎没有希望清楚地认识笑的冲动的价值，而这种"世界观"（Weltanschauung），则似乎只有在哲学思考的层次上才能获得。

但是，我们进入哲学这个更高远、更私人化的知识领域，还有第二个理由。哲学正在被带向其发展的顶点，那就是使个人对生活作出评判，我们已看到，这种评判把音调更平和的笑与哲学连在了一起。因此，我们有必要探究一个问题：在哲学思考的道路上，音调更平和的欢笑精神能伴随哲学走多远？只要将哲学考察作为对我们关于幽默的讨论的补充，进行这个考察就很方便了。

正如我们在论幽默的那一章里指出的，沉思性幽默来自两种互相近似的心理倾向（在不细心的人看来，这两种倾向是直接对立的），即一个是明智沉思的、完全严肃的倾向，另一个是爱笑的嬉戏倾向。在哲学的幽默（我们浏览文学中的可笑事物时提到了这种幽默）中，这两种倾向的对抗性乍看起来格外尖锐。

第十二章 笑的最高价值与局限

头脑简单的人往往认为哲学思考远离了（他认为的）人类的一切重大问题，当他听说哲学思考即便不能使思考者大笑，至少也能使思考者微笑（换句话说，哲学不仅会使旁观者微笑）时，他会感到吃惊。

我们看到，幽默家能通过发展自己的个性，摆脱他所在的社会共同体的很多共同的判断和笑。他形成了自己诙谐的沉思方式，它大大取代了习俗和"常识"有关理性的标准观念。可以说，哲学思考的习惯使个人登上了理想的高峰，也完成了一个与它相伴的过程，即扩大了观察非理性的、具有不协调性质的、可笑的事物的视野。要说明哲学达到这个目的的方式，只需寥寥数语便够了。

我们知道，哲学大胆地超越了各种具体科学，努力探索对事物的更深刻认识，探索事物的总体，探索我们所说的宇宙万物。在这个探索中，哲学必须以根本不同于日常观察的方式去考察事物，现代哲学家在这方面大概做得最好，他能通过仔细分析经验认识到事物的实质。尽管如此，他的理论还是似乎改变了我们熟悉的世界，使它不可能被认识。

在对真实世界的这种哲学重构（改造）当中，也必须重新考虑人、人与自然的关系以及人的历史。把人类的生活和经验看做更广大的宇宙运动（它取决于一个理想的目的）的一种表现，这是一种强大的思想倾向。引进理想的概念，把我们提高到了现实世界之上，似乎使现实世界显得渺小，显得毫无意义，显得是个不光彩的失败。事实表明，至少对我们日常生活的世界来说，理想的要求大多都完全不适用。因此，只要我们按照理想的要求去观察日常事物，例如我们碰巧认识的人、对我们自己的大部分认识、短暂的"流行思想"造就的社会经验，甚至历史的长期经验，都会呈现出矛盾之处，都会显得无足轻重，即便它们不会真的延迟理想之果的成熟，至少也不会促进它的成熟。同样，哲学一旦变为明显实用的东西,它也会如此。

无论我们认为人类行为的理想目标是幸福、是道德完善,还是现实成就,一旦把理想当做衡量标准,我们目睹的人类行为(包括我们自己的行为)大多都会显得可怜而低劣,十分可悲。被人们赞颂为美德的东西,至少其中的大部分都会表明其价值可疑,并至少可以说它们得到的赞誉与其真正价值很不相称。

最后,当哲学为我们构筑了人类社会的理想典范,构筑了理想社会时时都在梦想的文明国家的联盟,我们也会看到理想贬低了日常现实。在这些理想的探照灯光下,即使"常识"("先进的"社会十分重视它)这样的观念也会显得满是黑暗,而不是一片光明。

这种情况似乎表明了一种可能:我们可以通过一些方式,改造已被我们看做笑料的事物的可笑之处。若说哲学思考能将伟大减为渺小,能将实在的东西减为虚幻的影子,能将人类高高在上的荣耀降为仅仅说得过去的尊严,我们便有理由说,哲学也应当有助于使人类发笑。不过,世代以来,哲学家都被看做可笑的人,这个事实还是会使我们想到笑并不是哲学家的普遍特征。

要理解这一点,我们必须回顾一两个事实。首先,严肃态度虽然可能与欣赏可笑事物的趣味结合起来,但它在本质上却对立于欢笑的游戏精神。哲学家是严肃的人。他们的建设性思考是最艰辛的人类活动,它使从事这项工作的人不得不格外严肃、聚精会神。因此,我们若发现哲学家极少表现出对玩笑的明显爱好,那就几乎不足为怪。哲学家鲜明的、根深蒂固的庄重态度,已足以说明他对我们这个研究对象(笑)的理论探讨了。

除了这个普遍的理由,还有其他一些不同的理由,它们不同于哲学家的哲学信条,不同于哲学家本人对哲学信条的态度。首先是信条的不同。我们想必还记得,哲学家的学说会以轻蔑的态度去看待我们的日常世界和日常生活,但与此同时,它也会把它

第十二章 笑的最高价值与局限

们与理想境界相对照，把它们降低为纯粹的外表（semblance），而哲学家的学说则把理想境界视为真正的现实领域。依靠这个方法，正像柏拉图的唯心论那样，我们会看到一种近于宗教的倾向，它使人脱离了现实世界的愚蠢、欺骗和表面的罪恶，达到了最高真理（sublime verity）的世界。若始终坚持这样的学说，就只能为（大）笑留下很小的余地，可能只会留下快乐的微笑，它来自松弛或逃避。柏拉图思考过很多种人类情绪，能使他的学说适应一些大不相同的态度，从半诗意、半宗教的态度到他经常采用的态度，而事实表明，其中一些态度能与欢笑的细腻情绪相容。在柏拉图的著作里，我们或许能发现一种沉思态度，那是他与众神交谈的态度，是他与众神看待不幸的、屡犯错误的凡人时的态度。它是居高临下者平静的无动于衷，它是一种俯瞰下界时温和宽厚的兴趣，它自会发出更柔和的善意嘲讽。我们所知道的众神的笑，若要与他们的高远位置和（似乎与之相应的）超然精神取得一致，大概总是会有些困难。众神的笑中包含的，无论是嘲讽的恶意还是宽厚的亲切，它都太容易使人想到它是针对我们人类的。因此（顺带说一句），哲学家若想朝着众神翱翔，又想始终笑着俯瞰其人类同胞，他们就应当小心，不然他们会飞得过高。

  辽远高深的哲学思考会使哲学家过分远离人类的实际，并往往会抑制笑声，而我们只要浏览一下历史上那些哲学学派，便很容易看到这种现象。斯多噶学派①哲学家和伊壁鸠鲁学派②哲学

---

① 斯多噶学派（Stoic）：古希腊哲学学派，又称坚忍学派，大约创立于公元前380年，主张人不应为情感所动，应把各种境遇当做神意或自然法则的不可避免的结果，坦然地接受。——译注
② 伊壁鸠鲁学派（Epicurean）：古希腊哲学学派，信奉伊壁鸠鲁（Epicurus，公元前341？—前270）的学说，认为快乐就是自然的目的和至善，人生的最高幸福是避免痛苦、身心安宁。这个学说后被误解为享乐主义。——译注

家，虽然他们对善的看法和精神气质都大不相同，但他们都过着与世人隔绝的哲学家生活，他们按照亚里士多德的吩咐，过着那种生活，对参与周围的社会生活抱着慎重的态度。他们以各自的方式，力求实现自我圆满和慰藉。毫无疑问，在这种生活中，他们经常思考留在人群中的无智慧者的愚蠢，不过，斯多噶学派哲学家的气质，以及他们奋力追求毫无热情的冷漠，却排斥了笑着观察世界的意念，也排斥了以怜悯的态度观察世界的意念。相反，伊壁鸠鲁学派哲学家的人生理论虽然强调了平静的快乐的价值，却显然没有在他们的伊甸园里找到一个角落，去进行能带来笑的平静娱乐的沉思。

这样一来，由于哲学用一种新的、理想的思维和生活方式取代了普通的方式，它便往往不能对平凡的人类发笑，而这正是因为哲学不再对平凡的人类感兴趣。不过，从哲学角度思考事物，并不像普通人所想的那样会贬低现实领域。我们知道，哲学家把现实看做一种特殊的东西（柏拉图将它贬为纯粹的影子①），并把它改造和论证为现实，而普通人承认，这种现实也像他所处的世界一样合理。这种看法一旦发展到坚持认为与人相关的事物都是美好的，认为整个世界都像人们想象的那样完美，因而（正如我们预料的）从另一个角度脱离了普通的观点，它就严重地威胁到了笑的正式地位（locus standi②）。其实，在探索人生哲理的道路上，最能毁灭心中的欢乐情绪的，似乎就是极端的乐观主义。笑至多只能表现为快乐的、没有思想的姑娘的那种平静的欢乐。我想，这就像亚伯拉罕·塔克③的表现那样，斯

---

① 柏拉图认为，唯有独立于人类意识的理念世界才是真实的世界，现实世界只是它的摹本或幻象（即影子）。——译注
② locus standi：（拉丁语）（公认的）正式地位，议院或法院中的陈述权。——译注
③ 亚伯拉罕·塔克（Abraham Tucker, 1705—1774），英国哲学家。——译注

第十二章 笑的最高价值与局限

蒂芬爵士①说他具有"纯粹的哲学幽默家"（metaphysical humorist）的性格。② 而正如我在另一本书里表明的，这个说法很正确。③ 亲切宽容的笑会使一个人倾向于采取乐观主义世界观（只要他从哲学的角度思考世界）。尽管如此，我还是相信，坚持这种世界观往往会大大缩小他笑的范围。或许，史蒂文森④也常以满怀希望的、愉快的观点看待事物，这个主导倾向清晰地反映在他的一个看法里：倘若每个人都把自己的理想隐瞒起来，那么，在用哲学阐释世界的道路上，他就不会走得比他的见识告诉他的更远。

另一方面，哲学思考的方式若直接把生活的日常事实视为真实，但只是固有的、不可救药的恶劣真实，笑也会被更有效地排除。在悲观主义者的信条里，的确可能留有无情嘲讽的位置。在叔本华及其追随者的著作里，我们确实会时常见到这种无情嘲讽的踪迹。但说到纯粹、简单的笑，甚至被同情软化了的笑（悲观论者要求我们培养这样的笑），它们在悲观主义者的信条里却似乎毫无呼吸空间。事物的状况太悲惨了，甚至连微笑都不被允许。

我们所剩的任务，是弄清哲学思考中另一种可能造成笑的倾向。哲学的怀疑论认为，我们的知识是相对的，我们不可能获得理性的确定性。在哲学的怀疑论中，我们似乎看到了一种否定一切哲学（而不仅仅是某一种哲学）的观点。尽管如此，正像哲

---

① 莱斯利·斯蒂芬爵士（Sir Leslie Stephen, 1832—1904）：英国作家和编辑，作品包括《18 世纪英国思想史》（*The History of English Thought in the Eighteenth Century*, 1876）和塞缪尔·约翰生（Samuel Johnson）、蒲柏等人的传记。——译注
② 参见莱斯利·斯蒂芬著《18 世纪英国思想史》卷二，第 110 页。（作者注）
③ 参见我的《悲观主义》（*Pessimism*）一书，第 428 页。（作者注）
④ 史蒂文森（Robert Louis Balfour Stevenson, 1850—1894）：英国散文家、诗人和小说家。——译注

学史所表明的那样,这种观点依然来自哲学思维的一种明显的、反复出现的态度。因此,怀疑论似乎并非明显带着十分恶毒的微笑。可以说,这种微笑表达了目睹幻想破灭时的快乐,这种幻灭至少不利于用普通泥土做的人(他依靠他"常识"的直觉判断事物),也不利于高高翱翔的思想家。其实,怀疑论者的态度更近似常识的态度,因为它虽然摧毁了获得绝对知识的希望,但也促使我们检验关于"绝对知识"的推测是否符合实际。

可见,怀疑论从另一个观点去观察笑,并增加了可笑事物的总量。它是务实者的观点,是我们所说的"常识"的观点,而"常识"的作用应当是保护陷入生活泥潭的普通人。正如其名称明确告诉我们的,这种常识在本质上是一种社会现象,换句话说,常识存在于作为思考基础的思想倾向中,是一种智能活动。个人观点若与社会观点相对照,常识就代表个人观点的最高发展。进行哲学思考时,只要我们能"看到事物的可笑之处"(像史蒂文森谈到一位现代哲学家时说的那样),我们就加入了依靠常识的嘲笑者们笑的合唱,成了笑着的现实主义者,而区别于笑着的理想主义者。[1] 从他们(笑着的现实主义者)的观点看(正如喜剧史向我们表明的那样),一切高度抽象的沉思都显得可笑,因为它大大远离了现实主义者熟悉的现实和意义,也因为对现实和意义的强烈怀疑是一种想高翔于普通人头上的徒劳尝试。把这种想象的翱翔者拉到地面上,让他在我们这片粗鄙地面的应有位置上落脚,这一向都是能使热爱欢笑者感到满足的事业。即便这些翱翔者自己,有时也会彼此朝下踢上一脚,科学家喜欢取笑哲学家那些无法证实的概念,而哲学家有时也会十分幸运地反败为胜,其办法就是证明自然科学本身也会依靠其抽象的方法,力图抽去具体事物(即它准备解释的种种属性和规律)的最后

---

[1] 参见杜加著《笑的心理》,第109—110页。(作者注)

第十二章　笑的最高价值与局限

一缕真实性。[①]

可以用几句话来界定哲学幽默与以上提到的那些倾向的关系。我们发现，幽默的特征是反思的倾向，是全面地观察事物，即把握事物之间的各种关系，此外，幽默还会凭着变幻不定的欢乐幻想去选择其游戏场，而它涉及的事物始终使人感到严肃。一旦对事物的反思突破了观察者特定的世界角落的局限，上升到了"把握事物关系的"视点，将人类看做一个整体，将自己投射（project）到被观察的场景中，尽量接近不偏不倚的旁观者立场（像让·保罗及其信徒卡莱尔那样），这种反思就带上了鲜明的哲学色彩。

我们不必在各种哲学学派的狂热信徒中去寻找哲学幽默家。像在其他人当中一样，这些信徒中也存在着一种倾向，即笃信自己的哲学信条，这种倾向能缩小思想的范围，能严格地固定视点，因而排除了幽默，而即使在最严肃的情绪下，幽默也喜欢为自己留出自由漫游的充分空间，去寻找观察事物的新视点。在对待与自己见解不同的信条上，一些哲学研究者能保留几分学者的公正态度，在这些人当中更有可能找到幽默家。

幽默似乎不可能在哲学家当中得到充分发展，除非他们能隐约地看出其高高翱翔的哲学沉思的可笑之处。要做到这一点，不妨借助于研究哲学的历史，因为当你看见一个人刷新那些曾盛行一时的"哲学体系"，可能还会为复活它们寻找借口，甚至还可能将它们再次用作打击对手的致命武器时，你几乎很难不笑。少量的怀疑精神，以及一次次看破对象自命不凡之处的能力，这些似乎都是享受幽默的巨大快乐所必需的。同样，当人类的侏儒试图迈出巨人的脚步，即向我们解释什么是"绝对"时，我们至

[①] 关于这种反驳，有一个最出色的例子。参见沃德博士（Dr. James Ward）《自然主义与不可知论》（*Naturalism and Agnosticism*）卷一，第一部分。（作者注）

少应当能够通过侧视瞥见这种尝试的可笑之处。

因此，看来哲学幽默家必须把两种对立的视点结合起来：一种是思想家的视点，即从理念的角度批评现实生活；另一种是务实者的视点，即站在"人的最基本需要"这个事实的立场上看世界，力求解释那些能满足人的最基本需要的事物。他应当能够与柏拉图主义者一同翱翔，飞向"理念"[1]的领域，以享受人类行为的可笑之处带来的乐趣，因为人类往往只要见到一点光亮，就必定会离开那些"普遍形式"（Universal Forms），作出可笑的行动。同时，他又应当能够站在日常现实的、常识的立场上，以领悟到一点：在一切不恰当地固守这些"理念"的做法中，都包含着真正的不合理因素。

这两种倾向在哲学幽默中的结合，反映在哲学幽默对人生价值问题的态度上。幽默家的特征之一，就是他具备一定深度和广度的同情心，因此，他往往不会采取乐观主义者摆脱人类苦难的那种轻松方式。在这个问题上，他至少会意识到，我们的现实经验具有顽固的、不容反驳的真实性。不过，正是由于他永远都不放弃他轻松愉快的笑，他才不会陷入悲观论者抱怨现实的深渊。他会看到，哪怕是人类争斗的壮观场景（其中许多现象都会使富于同情心的人感到悲哀），只要我们把它看做命运为与人类作对而进行的游戏，也会闪现出使人微笑的微光。在我们这个更狭小的世界里，存在着许多令我们恼火、几乎带着敌意的环境，见到它们，我们若是发出微笑，甚至发出轻声的（sotto voce）大笑，那就几乎能扑灭我们正要发出的诅咒。同样，哲学幽默家观

---

[1] 理念：在柏拉图的客观唯心主义哲学里，理念一词指的是独立于人的意识的形式因素，不同于经验论或一元论所说的"观念"或"理念"，因此朱光潜先生将它译为"理式"，参见《西方美学史》上卷，人民文学出版社1980年版，第44页。——译注

察人类活动的更广阔场景时，也会发现，瞥见了事物的可笑之处，就能抑制住他们正要发出的叹息。的确，沉思的头脑乐于在事物的格局中发现玩笑精神的踪迹，而玩笑精神必定会作出恶作剧，无论付出什么代价。命运为达到其隐秘的目的，披着看似公平的外衣，力图在事物格局中融入适量的捣乱因素，以传达一种意图：命运虽然喜欢开玩笑，那玩笑却带着几分恶意作弄的意味。

因此，在对世界作出最终评价方面，幽默便可能找到它的位置。对人类及其命运的最后评判，为幽默的微笑留下了机会，或许这个说法并不算太过分。在我们这个世界的结构里，理性因素与非理性因素似乎无比精巧地交织在了一起，以致幽默家（我们看到，在幽默家眼里，世界必定一向都交织着理性与非理性的因素）几乎可以提出一种新的神正论[①]，说："这个世界至少可以作为幽默沉思的对象。"[②]

我们说过，哲学高高地翱翔在我们的日常生活之上，这个观点似乎是排除了使用哲学幽默的全部可能。不过，人们即使从哲学的角度思考，因而仿佛在自己头上竖起了一个新的宇宙时，也依然留在人类的世界里，做着力图与这个世界建立联系的事情。所以，我们毕竟也有理由在幽默中寻找笑的自我矫正功能，寻找幽默提供的使自我适应环境的帮助，而环境是强加给我们每个人

[①] 神正论（Theodicy，又译为神义论）：基督教解释恶的起源的理论，其名称来自两个希腊词——"神"（theo）和"正义"（dike），即"神的正义"，它要回答的基本问题是：若上帝是正义的，为何有恶？（Si Deus Justus-und malum?）奥古斯丁对恶的起源和性质的解释是最早的神正论，1710 年莱布尼茨在《神正论，论上帝的善，人的自由和恶的起源》一书中也提出了"神正论"。——译注

[②] 谢尔说，幽默家的视点是一个人判断世界时可能采取的最公正的视点（《论英国文学》，第 148 页）。他这句话或许就是这个意思。（作者注） 又：关于谢尔，参见本书第十章《个人的笑：幽默》的有关注释。——译注

的，可以说，尊贵的思想家及其忠实的四足动物[①]都概莫能外，狗的世界被其主人的古怪习惯弄得复杂之极，无可救药。

这样的哲学幽默，其首要作用就是完成笑着自我纠正（laughing self-correction）的过程。我们唯有上升到了哲学沉思的更高视点，看到了我们自己的轮廓呈现在更大的整体背景上，才能近于公正地评价我们自己和我们关心的事情。在时间的广阔背景上，我们首先会看清我们与世界游离的部分。看看我们在众多事物的背景上呈现出的、显得矮小的身形，再思考一下它能在多大程度上实现其隐含的目的（无论我们是否碰巧在那个场景里），这足以让我们弄清一点：对我们的尊严、本领和烦恼的拙劣夸大，全都太荒唐可笑了。这会让我们发出（自我）矫正的微笑（corrective smile），尽管这没能激发出更有价值的自我净化的（self-purifying）笑。

我们思考整个人类的命运时，哲学幽默也能为我们提供类似的帮助。我们把我们这个世界看做人类的居住地，这个看法一定包含着夸张的成分，而夸张来自我们对伤害我们的事物的天然愤怒，或者来自一种天然的急躁，因为我们觉得改善自身处境的能力太小。我们宣布我们人类的精神价值时，也是如此夸张。我们认为世界终归是我们人类的世界，只属于我们人类，但只要瞥视一下实用智慧的那些要求，便足以使我们微笑，这微笑立即纠正了我们的一个倾向，那就是过分地谴责我们这个世界。这样的瞥视，也能使我们免受悲观厌世者的感伤情绪的影响，免受恨世者的愚蠢痛苦的影响，免受一种"哲学家"可悲的、不恰当的虚荣心的影响，那种"哲学家"告诉人们：世界和人类的社会制度仅仅为天才而存在。卡莱尔的一位朋友告诉我，这位性情阴郁的贤哲常有一种表现：长时间地猛烈抨击了普遍的事物之后，突

[①] 忠实的四足动物：此指狗。——译注

第十二章　笑的最高价值与局限

然屏住呼吸，迅速将自己降到人们更熟悉的层次上，发出大笑，那笑声大概几乎就像托夫兹德劳克①的笑声一样洪亮，而卡莱尔曾为我们极其生动地描述过那种笑。因此，我们可以作出一个推断：卡莱尔也有彻底清醒的时刻，他在其中看到自己那种过度紧张的态度十分可笑，那种态度往往产生于过分的激情，而他的一种难以克服的癖性则助长了他的激情，那癖性就是喜欢向他的人类同胞说教。或许，只要瞥上一眼无法回避的现实（他以其言辞嘲笑和摧毁现实），就会发现，他正泰然地站在一旁，对他毫无效用的暴怒发出嘲讽的微笑。

本书前几章在论述笑及其用途时，已明确地区分了个人视点与社会视点。五十年以前，对这样的区分根本不必作出论证。不过，当前却出现了一种风尚，那就是将个人仅仅看做"社会机体"的一个解剖学细节，它太小了，无法真正地被区分出来。在现世的场景中，与社会机体的功效相比，个人只能发挥很小的作用，至多也是可以忽略不计的。

这里不打算论述这个如此严肃的问题。我们可以冒着使自己显得过时之险，大胆地坚持一个旧式的观点：衡量人类的价值时，我们必须对个人作出高度的评价。为了社会共同体自身的利益，必须给个人应有的自由，以充分地发展个人的思想、趣味和性格。这个做法应当得到保证，哪怕会付出很高的代价。即使做不到这一点，也应当明确划定社会对个人行使的权利的范围。在这个范围之外，人人都享有权利，都能按照思考可能使他认识到的天然倾向发展自己，并将它看做首要的责任。为了进一步认识这个观点，我们不妨浏览一下我们的文学，因为文学中包含着对个人自由的精妙辩护。

---

① 托夫兹德劳克：苏格兰历史学家、作家卡莱尔的小说《旧衣新裁》里的古怪哲学家。又见本书第二章《微笑与大笑》有关注释。——译注

笑的研究 /// AN ESSAY ON LAUGHTER

个人自我发展的这种自由，显然包括一种完美的权利：形成自己看待世界的观点，从对世界的幽默沉思中获取尽可能多的娱乐。唯有某种近于充满敬畏的仆役心态（flunkeyism）的东西，才会使人不愿享有个人自由。在与一两位情投意合的朋友的交往中，有些人培养出了必不可少的眼光和趣味，对他们来说，看出人类活动的一切领域中可笑事物的复杂运动，看出人类的懒散怠惰，这是人生的莫大乐事。可笑事物的本质始终都是旧的，因此我们才会对它们作出迅速的反应；不过，可笑事物又总是有新的体现，因此我们才会以永不衰退的热情，不断地品味它们。

我愿意承认，从某种意义上说，沉溺于这种方式的幽默沉思就是与社会作对，换句话说，这种幽默沉思对立于嘲笑者所处的社会当时看做恰当有益的东西。平静地观察其所处社会的人，往往会嘲笑虚伪、嘲笑轻浮，或者嘲笑社会高等权贵们的古怪行为，而这时他未必不会对自己的笑声感到几分恐惧。我们早期的学校教育已把一种倾向牢牢地植入了我们心中：每当小的东西挑战大的东西时，我们便把前者看做傲慢无礼。例如"大胆无礼的"小学男生与高年级的大个子打架，或者小国对抗大国，或者"微不足道的"少数反战者对抗"意见基本一致的"大众。以小搏大，虽然这或许是傲慢，但从理性的角度看，它并不比真正的傲慢更可鄙，而大的东西则往往会以真正的傲慢态度，随意滥用其各种权利。如前所述，多数人的意见只要看似符合社会生活的永久要求，或包含着经验的珍贵果实（它们在漫长的岁月中慢慢成熟），就都有资格受到尊重，这是不争的事实。聪明人绝不会草率地放弃任何普遍流行的观点，只要那些观点有望被长期保留下去。另一方面，有一个事实也同样清楚：凡是少数人的看法（无论是一个人的还是几个人的看法），都会遇到危险。但这并不是说，正因为普遍流行，多数人的观点就几乎完全不必为其主张（它们沉重地压制着少数人的主张）寻找根据。此外，

第十二章 笑的最高价值与局限

更严重的是多数人的观点还会受到各种有力倾向的影响,那些影响既可能导致正确,也可能导致谬误。某一个观点会被看做来自被偏见显著歪曲了的心理过程,而这个观点不会仅仅因为被多数人承认而成为正确,因为其承认者的增加往往可能来自相似偏见的同时运作,或者来自极其怠惰的社会成员当中的那种传染,它会使各种生理和心理状态得以蔓延。

因此,哪怕会冒显得傲慢之险,我们也必须主张:个人与社会应当有各自的要求。社会共同体最过分的谄媚者或许会赞同其社会宠爱一部分人,而一些无名的"裘德"[①]并无特殊理由得到它的关爱。社会的灵敏四肢若发现自己因食物不足而变得瘦弱,而社会的腹部却因吃饱而发胀,它们或许会认为自己有理由不加入赞美社会机体荣耀的合唱。尽管如此,我们还是不必过分强调这一点。天啊,我们的这些"裘德"或者我们的这些挨饿者使自己笑起来的机会实在是太少了,甚至连微笑一下的机会都太少了!愿意走进这片平静娱乐之地的大门者,必须把一切勉强之心与失败感留在大门之外。参与社会的竞争游戏,但输掉了游戏,而能愉快地耸耸肩膀,或至少是笑上一笑,然后心平气和地退出游戏,有这样一番经历的人是幸福的。他会发现一扇门,可以说,那扇门通向伊壁鸠鲁的花园,他终归能在其中把情投意合的朋友聚集在身边,他们随时都愿意通过他们写的书与他进行美妙的交谈,他们都很有耐心,他若愚蠢地打断他们的话,他们也不会恼火,尽管遗憾的是他们感受不到他向他们欣然表达的感激之情。在这里,他时常可以通过墙上的缝隙朝外窥望,一次又一次地看到新的一天,其中充满了滑稽可笑的社会场景,而这能使他

[①] 无名的"裘德"(obscure "Judes"):语出英国作家哈代的小说《无名的裘德》(*Jude the Obscure*,1895)。书中的主人公裘德是个有理想、有才干的农村青年,但因社会的等级偏见而为社会所不容,终于绝望潦倒,酗酒而死。——译注

更加心满意足。

　　进化论者已使我们习惯了一种思想：在社会中，适者生，不适者亡。但还有更多的力影响着世界，比科学家梦想的还要多。奇特的是，有一种力支持不适者的生存，与其他一些力提供的保护性仁爱大相径庭。它是一种冲动：把世界变成一个玩具，以使环境适应个人机体的特性。在当今某个高度文明化了的社会里，究竟有多少人学会了通过发出温和的笑使自己脱离困境，谁都不知道，或者从来不曾知道。这里只说一句就够了：社会上确实存在这样的人，他们充分发挥了自己的幽默才能，已发现了一个值得引退其中的世界，他们在其中占有能使他们完全满意的一席之地。我认识其中一些人，他们会被忠于传统标准者称为"社会的失败者"，但他们被我看做最令人愉快的同伴和最可贵的朋友。社会对他们的忽视（或者说他们对社会的忽视）至少使他们的一种才能得到了发展，那就是富于智慧的、令人开心的谈话之才。

　　但这绝不是说，这种欢乐的孤独仅仅属于社会的失败者。即使在我们这个备受赞美的时代，有时也会发现某个思维反常的哲学家，他赞成柏拉图的一个观点：社会的大多数人都坚持错误；而这位哲学家想寻找一个庇护所，以躲避狂风与沙尘，以此保证自己的幸福安康。这样的人做出的事情，会比躲进我们所说的那个庇护所更糟。但是，像蒙田（Montaigne）那样的智者若感到自己"为别人活着的时间已够长了"，打算将"余生"用于为自己活着，他却会自然地走向那个庇护所的门，而不理会身后有人喊他"老顽固"。不仅如此，正如前面所说，感到自己处于现实世界的人还会经常得到忠告，要他走进那个庇护所，只要他能被那个地方看做客人。

　　但有一个看法或许会遭到反对：即使一个人以旁观者的身份脱离了他的社会，他也必然会以社会的视点去观察社会场景，而

第十二章 笑的最高价值与局限

这种批判性的检视会带来渴望已久的笑，这种检视的参照标准是某个理想社会。反对这个看法的人会援引一个事实：最善于享受离群之乐的正是法国人（换句话说，正是最喜欢交际的人，因为在现代的各个民族当中，法国人最喜欢交际）。对与这种反对意见争辩，我并不太关心，只要说一句话便能达到我的目的了：我们假定的沉思者的视点，大大不同于我们能列举的一切社会共同体习惯采用的视点。这样的视点显然是个人的视点。还应当补充一句：对社会景象发出的笑（其假定前提条件是从哲学角度思考），其视点已绝不再是某个特定社会的视点，而变成了人类的视点，因而也是构成文明世界的社会体系中的公民的视点。

我不怀疑，一个人在笑着思考社会整体的过程中（他此刻并未严肃到把自己看做社会的一部分），会感到社会正在拖住他的脚。与社会分离，虽然其程度远远不及遁世者的弃绝社会，但也会像我们说过的那样，被当做对社会的一种反叛。回头瞥视正在团团尘雾中不停辗转的群众，他会开心地笑起来，但笑中没有敌意，他会认识到自己批判社会的行为很荒唐。在这里，我们再次见到了理想观念与无情的日常现实之间的最终矛盾。纯洁智力的双脚踏在了庸俗常识的坚实地面上，踏在了"征服了我们每一个人"（也包括哲学家）的现实的坚实地面上，这种情况的确好笑。笑着沉思社会现实的时候，唯有强大的哲学幽默把发笑者本身也拖入了可笑的场景，才能克服这种视点的个人主义。

现在，我们可以参考喜剧家的态度和讽刺家的态度，更好地定义幽默家的态度了。喜剧精神自动地采取了社会的视点，揭示了某一行为古怪的个人（或者某一群行为古怪的个人）的可笑表现。讽刺抨击一个时代的生活方式，可以说这就是在揭露社会，就是在把社会变为嘲笑对象。正如我们已看到的，幽默有时也会如此，但在幽默对社会的嘲笑里，既没有激烈的报复心理，也不涉及改良世道的实际问题。还可以补充一句：幽默是一种由同情滋养的情感，它一旦达到了哲学沉思的广度，便往往会将幽默者本人纳入可笑的整体场景中，由此将社会视点与个人视点结合起来。

关于个人之笑的发展，我们或许已作了足够的论述。考察表明，个人之笑的视点是明确而合理的。有了对个人之笑的这些认识，有了对各种社会群体更大规模的笑的这些认识，我们就能评价笑的冲动的最高意义和用途了。

笑产生于游戏，被看做具有一种社会的属性。我们看到，在社会共同体的全部发展（从最早的野蛮部落直到向更高级形式的发展）过程中，笑在公共生活中占据着相当重要的地位，有助于消除人际交往中的困难，维护人们所重视的事物，纠正缺点。如此说明了笑的性质和作用之后，所剩的问题是：作为一种社会性力量，笑在当今的整体价值是什么？在笑的最近发展里，我们注意到了一些倾向，我们能从中发现哪些预示未来的标志？

大概唯有结合我们研究喜剧时得出的结论，这些问题才能得到最好的回答。喜剧（比较高级的喜剧）已表明，喜剧往往对社会成员看似不当的行为付之一笑，但它或许不会认真看待那些行为，不会采取更激烈的谴责方式，因此，喜剧清晰地表达了社会共同体的态度。喜剧对不良行为的轻微宽纵，总是会被看做带有与社会作对的性质，无论喜剧是否对恶习进行道德沉思。

论述喜剧的作者们有一个共同的倾向：认为喜剧具有道德净化的价值，喜剧能直接影响观众的自我纠正活动。即使是康格里夫和范布勒[1]，在反驳杰里米·柯里尔[2]对他们戏剧的批评时，

---

[1] 范布勒（Sir John Vanbrugh, 1664—1726）：英国剧作家，其剧作有《恼怒的妻子》（*The Provok'd Wife*, 1697）。——译注

[2] 杰里米·柯里尔（Jeremy Collier, 1650—1726）：英国教士。——译注

第十二章 笑的最高价值与局限

也说自己是世道的改革者。

恐怕这个令人愉快的假定经不起严格的检验。对它的一个反驳是（我们刚刚提到过的）：喜剧并不直接打击邪恶行为，因此不像亚里士多德及其一些引用者所说的那样。这种情况似乎严重阻碍了喜剧发挥道德净化作用。人们愉快沉思的倾向离社会的传统倾向并不太远，但这也并不意味着喜剧包含着匡正世道的严肃目的。掌管喜剧的缪斯女神虽然也可能做出矫正人心的刻薄表情，但她心中却充满了太多欢乐，因此并不打算直接去教育她的观众，只要瞥一眼她那位目光严峻的姐妹——讽刺女神，我们便会相信这一点。我们还看到了来自另一方面的、更致命的反驳：人们观看喜剧表演时的精神状态，使人们极不可能在那一刻凭借对喜剧的感悟看出自身缺点的可笑之处。这会使我们想到，哪怕是在教堂那样的严肃环境里，一个人也迟迟不能作出这种自我检视；在教堂里，众人都知道某种说法是针对某个人的，而唯独那个人自己不知道。在这种情况下，我们又怎能期望喜剧观众把医治道德疾病的药用力涂在自己身上呢？喜剧观众怀着游戏的心情，其中根本容不下任何严肃思想。

喜剧的这种净化作用，显然至多只能是间接的。莱辛①写道："在卓有成效地防止人心腐败方面，可笑事物的作用与全部道德的作用不相上下。"这句话似乎暗示了喜剧净化作用的间接性。可以说，我们对可笑表现的嘲笑，可被用作一种有益的预防药，可以抑制邪恶事物隐含的煽动作用。在喜剧诗人的带领下，追踪一种缺点确凿无疑的发展和影响，这能使我们在

---

① 莱辛：德国诗人、批评家、戏剧家，其美学著作《拉奥孔》和《汉堡剧评》反映了18世纪德国启蒙运动的思想成就。又见本书第十章《个人的笑：幽默》有关注释。——译注

自己内心建立一种新的防卫机制，促进我们的道德拯救。即便某些倾向后来以丑的形式表现在我们身上，有一个事实也会迅速、有力地抑制它们，使结果大不相同，而那个事实就是：我们已嘲笑过那些倾向了。惧怕成为笑料，这种心理在熟悉喜剧者身上表现得更明显、更有益。它是一位可贵的助手，有助于人们作出我们所说的得体、妥当的行为。喜剧至少也有资格作为我们健康的保护者。

不过，我们却很容易在这个问题上犯错，过分认真地看待我们那位欢乐女巫①的话，因而得罪了她。她至少会使我们感到，她想让我们快乐，而并不想改进我们。考察她的目的时，我们会根据一种对比关系，想起亚里士多德关于快乐与美德的联系的论述。他告诉我们，好人虽然追求美德，但若同时又能得到快乐，使道德成就得到出乎意料的润色，他会更加满足。喜剧艺术只是颠倒了这个次序。喜剧女神直接追求快乐，但她太仁厚、太聪明了，以致只要增进美德是她娱乐观众的间接结果，她便不会反对增进美德。②

以往时代的喜剧充满了智慧和欢乐，似乎已与我们毫不相干。在喜剧艺术更新的发展中寻找任何说教（它吩咐观众履行不那么重要的社会责任），这是徒劳的。同样，喜剧艺术的这些新形式（例如我们的"社会讽刺剧"）里的众人之笑，也并不具有矫正道德的功能，因为我们可以说这些新喜剧的视点是社会共同体的常识判断。当今喜剧的趋势，似乎是依靠某些怪异夸张的方式强迫我们发笑，但我们绝不会把这种笑看做我们自己的。或者相反，当今的喜剧会把我们带到几近愤世嫉俗的视点上，而在

---

① 欢乐女巫（gay enchantress）：这里比喻喜剧女神。——译注
② 关于喜剧的道德功能，可参看柏格森《笑，论滑稽的意义》，第201—202页；又见杜加《笑的心理》，第149—159页。（作者注）

第十二章 笑的最高价值与局限

这个视点上,我们笑的水流变浅了,略带尖酸,即使说这种视点也能发挥强化道德以使自我能够抵御阴险进攻的功能,其可能性也微乎其微。

尽管如此,笑(或笑的可能性)依然是一种社会性的力量。一个人只要相信笑的功能,便会相信,哪怕是政治领袖,有时也会因为惧怕对手的笑而检点自己的言行。每个社会中的聪明人,其表现之所以显得比其学识更好,很可能是因为他们听见了"可怕的嘲笑"的隐约回声。半真半假的过分严肃与无知的自命不凡,这两者共同密谋消除昔日那些亲切的笑,倘若如今出现了这种危险,我们就该衷心祈望这个阴谋破产。

我们已看到了一种倾向,它过分主张喜剧之笑的严肃功能。这是一种强调喜剧之笑的实际用途的渴望,我们大概会在一种人当中找到这种渴望,他们过分注重实效,看不到轻松之事的价值。这种渴望也表现在一场奇特的、大多已被遗忘的争论里,那就是嘲笑是否适于用来检验真理。发起那场争论的是沙夫茨伯里①,他认为嘲笑可以用于检验真理,威廉·沃伯顿②和凯姆斯③等人继续了那场争论。在今天看来,那场争论的大多数文章都显得格外幼稚。沙夫茨伯里提出的这个悖论(paradox),听上去几乎像是在恶意嘲弄詹姆斯教授④的那个理论(我在本书第二章里

---

① 沙夫茨伯里(Anthony Ashley Cooper, the First Earl of Shaftesbury, 1621—1683):英国贵族、政治家、哲学家。他认为美德在于顺从自然,最符合美德的行为来自最大的自我克制。——译注
② 威廉·沃伯顿(William Warburton, 1698—1779):英国主教、神学家、作家。——译注
③ 亨利·霍默·凯姆斯(Lord Henry Home Kames, 1696—1782):苏格兰法官、哲学家。——译注
④ 詹姆斯教授:指威廉·詹姆斯教授。参见本书第二章《微笑与大笑》有关注释。——译注

提到过它)。有一种说法:我们知道某个蠢行(例如马伏里奥①的蠢行)之所以愚蠢,是因为我们嘲笑了它。但这个说法一定是给我们的笑强加了一种尊严,而我们的笑本来不配得到那种尊严,并且还要补充一句:我们的笑也变不成那种尊严。这个观点未被纳入关于笑的权利和局限的讨论,而那个讨论不久后演变成了一场争论。②

评价笑对个人的用途时,也存在着夸大笑的有益功能的危险。不必深入思考也能懂得,对可笑事物极为敏感,这会造成相当大的损失。只要我们还不得不生活在现实世界里,即便不必与多愁善感的人(像梅瑞狄斯笔下的有趣的女士们③那样)打交道,也不得不与爱生气的人(他们严肃而沉闷)相处,那对我们每一个人来说,对可笑事物的敏感都很可能使我们陷入险境。衡量笑对一个人的总体价值时,我们必须考虑到这个不利因素。

笑能帮助个人进行有益的自我纠正,对这个功能,我已作了足够的论述。能以畅快的欢笑驱散令人焦虑的烦恼,这的确对人大有益处。只要我们必须生活在现实世界里,我们便时常都需要笑,让它来保护我们,使我们免于接触大量愚蠢的事物和有害的

---

① 马伏里奥:莎士比亚喜剧《第十二夜》中的滑稽人物。又见本书第十一章《艺术中的可笑事物:喜剧》有关注释。——译注
② 这里指的是一篇题为《嘲讽与真理》(Ridicule and Truth)的文章,见《科恩希尔杂志》(Cornhill Magazine)1877 年,第 580—595 页。莱辛在《汉堡剧评》(Hamburg Dramaturgic)里提出喜剧应发挥匡正道德的功能,我想这大概是因为他读到了沙夫茨伯里和其他英国作者的著作。(作者注)
③ 有趣的女士们:此指梅瑞狄斯的小说《桑德拉·贝隆尼》(Sandra Belloni, 1864)里的女子阿拉贝拉(Arabella)、科妮莉亚(Cornelia)和阿德拉·波尔(Adela Pole)。作者以温和的笔调嘲讽了这些人物。参见英国学者克里斯(J. H. E. Crees)著《乔治·梅瑞狄斯:其作品与个性研究》(George Meredith: A Study of his Works and Personality, 1918)。——译注

第十二章 笑的最高价值与局限

事物。但即便如此，笑的主要价值似乎还是体现在其直接效果上，亦即起到使发笑者喜悦和振奋的作用，这种作用的益处在于调和感情，给人慰藉。正因如此，一种做法才格外有益：时常离开人群（我们在人群中也可能不得不"辛劳和流汗"[1]），以获得一种愉快的消遣，即把我们这个枯燥无味的世界暂时变成妙趣横生的场景。愉悦我们自己，这并不仅仅是为了使我们严肃，像亚里士多德告诉我们的那样，[2] 而且是因为我们所选择的这种娱乐形式本身就具备价值与优点。

认为笑具有某种明确的道德功能或逻辑功能，这是一回事；问笑在人类那些更有价值的品质中是否占有一席之地，却是另一回事。我们已看到，一些人声称（尽管看似不偏不倚）笑即便不是一种不洁净的东西，也是一种不恭敬的东西。

这种说法包含着这样一个假定：我们排斥那些更带恶意的、更粗鄙的笑。儿童所喜爱的那种纯粹的欢笑，是一种值得重视的能力。而我们可以说，喜剧是为一种人提供的，他们心中保留着儿童的某些东西，同时又具备幽默地沉思事物的倾向。我敢说，这两种东西不但与公认的美德相容，而且它们本身及其包含的倾向也都属于人类的优秀美德。卡莱尔的一句话当然包含着这个意思："凡真诚大笑过的人，都不会是个完全不可救药的坏人。"[3] 我们或许不会像史蒂文森那样高度推崇笑，他曾写道：As LAB-

---

[1] "辛劳和流汗"：原文为 swink and sweat，出自文艺复兴时期英国大诗人斯宾塞（Edmund Spenser, 1552? —1599）的著名长诗《仙后》（*The Faerie Queene*, 1590—1596）第二卷第七章，原句是：Riches, Renown, and Principality, Honour, Estate, and all this Worldes Good, For which Men swink and sweat incessantly（财富、名声、权力、荣誉、地位及尘世的一切利益，人们为之辛劳和流汗不息）。——译注
[2] 参见亚里士多德著《伦理学》卷十，第六章。（作者注）
[3] 参见卡莱尔著《旧衣新裁》卷一，第四章。（作者注）

ORARE, so JOCULARI, EST ORARE。① 尽管如此，我们还是往往认为，我们无法设想一个被认为完全可敬的人却不具备几分幽默。无论我们怎样看待"善"（Good），各种有理性的人似乎都认为，获取快乐（尤其是获取社会性快乐）的能力具有很高的价值，而在这种能力当中，笑一向都占有很高的地位，尽管笑似乎退到了偏僻之处。同样，作为思想的游戏，欢笑气质在智能方面也与一些可贵品质之间存在着密切联系，那些品质包括敏锐的洞察力和随机应变的能力。② 作为表达机智的一种轻松有趣的形式，笑具有极高的社会价值。

最值得称道的是，亲切的笑包含着并促进了和善之情和对快乐的渴望。我们太容易忘记一点了：玩笑精神虽然可能令人不快，却是为别人提供欢乐的丰富来源。发出纯粹喜悦之笑的人，能将其听者的世界变得快活。擅长俏皮玩笑，这能将一个人变成人类的恩人。有人曾说福斯塔夫"在减轻痛苦、增进真正的快乐方面贡献良多"③，这个说法不无道理。正是这种隐含的愉悦他人之念，使笑在培养人们的同情感方面发挥了很大的作用。的确，最能增进同感共识的事情，莫过于一起欢笑。在家庭里，若允许在合理的范围内自由地嘲笑别人的小错与大过，家庭和睦便能得到增进。其理由之一，或许是我们懂得了一点：我们嘲笑自

---

① 参见《史蒂文森书信集》（*The Letters of Robert Louis Stevenson*）卷二，第302页。（作者注）又："As LABORARE, so JOCULARI, EST ORARE" 是拉丁语（包括两个英语字 as 和 so），意为"工作即祈祷，开玩笑也是祈祷"，原话出自拉丁语格言 Laborare est orare（工作即祈祷），它是意大利修士圣本尼迪克（St. Benedict, 480？—543？）提出的一条守则，后来成为本笃会（St. Benedict Order）的教规。史蒂文森将开玩笑（Joculari）视同工作（Laborare），并推崇为祈祷（Orare）。——译注
② 参见亚里士多德关于机智的论述。见他的《伦理学》卷四，第八章。（作者注）
③ 莱德福（Mr. Radford）的一篇论福斯塔夫的文章，参见比勒尔（Mr. Birrell）《附言集》（*Obiter dicta*）第一系列。（作者注）

第十二章　笑的最高价值与局限

己的朋友，朋友也嘲笑我们，但这并不损害友情。在我们与他人的交往中，这种认识给了我们最大的安全感。当一位朋友像梅瑞狄斯笔下的罗莎蒙德所说，"像怀着爱的人那样笑"①，他的笑又流露出某种善意，例如帮助你对那些会使你烦恼的或受到伤害之事付之一笑，这种笑就会将你们的心连得更牢。即使我们单独地嘲笑事物（附近并没有其他人听见我们笑），只要这种笑带着仁厚和善的情调，它也自会与我们的同情心相连，使后者运作起来。

若说笑包含着这种更深刻的人性因素，我们就完全有理由警惕强加给笑的一切不当限制，大众欢笑的历史已向我们指出了这一点。

有一点无须争论：笑的冲动应当受到一定的控制，既包括社会压力的外来控制，也包括自我约束的内心控制。笑的冲动一旦不受限制，便可能表现为种种丑恶的、毁灭性的形式。若说人类认为他们的神明都具有欢笑精神，人类也会认为他们的朋友天生具备欢笑精神。社会具有一种正确的感觉：不加约束的笑能威胁社会的秩序和法律。例如，地方官员可能不得不去应付针对宗教信念的下流笑话造成的实际损害。人人都懂得一个道理：社会以温和的方式制止卑劣的、不得体的笑，警惕那些喜欢"过分的大笑"②的人，以维护社交谈话的尊严，这是明智之举。喜欢"过分的大笑"的人即便不会（或由于其恶意，或由于其笑的拙劣方式）刺痛正派人的某个敏感之处，至少也会以其讨厌的笑等做法使正派人心生厌恶。

---

① "像怀着爱的人那样笑"：原文是 as love does laugh，出自梅瑞狄斯的长篇小说《包尚的事业》（*Beauchamps Career*, 1897）第六卷第 49 章《男爵的专制网崩溃了》（*A Fabric of Baronial Despotism Crumbles*）中罗莎蒙德（Rosamund Culling）之口。——译注

② "过分的大笑"：参看本书第十章《个人的笑：幽默》有关注释。——译注

尽管如此，我们最好还是记住一点：外部权威强加的这种限制，也应当是人们内心的自我限制。若承认笑是有益的，不但对发笑者有益，而且对被笑者有益，那么，在决定对笑作出多少应有的限制时，便应当想到这些益处。权势者想扑灭的嘲笑若是针对权势者本身，限制这种笑时就尤其需要这种明智的审慎态度。扑灭对宗教半信半疑者和怀疑者的嘲笑的，哪怕是巴罗[①]和沃伯顿（Warburton）心中那些严肃的神，其危害也一样大。权势者尤其有理由记住一句格言："高贵者应具备高尚品德（noblesse oblige）。"即使他们不具备关心民众幸福的智慧，不多几分精明也会告诫他们：自我克制大有益处。但愿当权者们不会比其前辈更惧怕笑，而是欢迎笑，认为笑是爱笑者生命活力的表现，笑能表示公民们随时警惕着罪恶的偷袭。得到多数人支持的政治家表现其智慧的最佳方法，可能是阻止支持者的笑，告诉他们如何欢迎被轻视的少数人的笑。不过，这个建议却显得有些奇怪，它会使人想到，为政治才能增添智慧这种想法在当今远远没有实现，就像在古希腊哲学家们生活的时代那样。

我已谈到，社会共同体在对待其个体成员的笑时应当自我约束。一个共同体也应当考虑到其他共同体（它们似乎同样有权生活在地球上）的感情，控制自己的欢笑，这一点也不言自明。只要提到一点即可：滑稽杂志涉及某些微妙的国际事务时，禁止其漫画里的一些令人恼火的细节（例如将嘲讽对象画成猴子），这不但可以不使外国人以为那是对自己的侮辱，而且不会使杂志的某位绅士读者出于旧式的骑士冲动，以过于激烈的方式表达其义愤。

对有智慧的人来说，控制自己的笑是自我克制的一部分，这

[①] 伊萨克·巴罗（Isaac Barrow, 1630—1677）：英国神学家、学者、数学家。——译注

第十二章 笑的最高价值与局限

也几乎毋庸多言。即使是心地善良的人，若对笑话（尤其是针对自己的笑话）过分敏感，也会深陷痛苦后果的陷阱。人们发现，言辞机智者会使其家人厌恶，因为品尝机智的胃口往往纠缠不休，它会要求定时进餐。即使是平素仁厚者，有时也会发出违背初衷的笑，自己却察觉不到其中隐约的恶意。富于同情心，给别人造成痛苦时自己也痛苦，但又具备爱笑的活跃倾向，唯有在这种情况下，一个人才应当求助于充分的自我约束。或许我们每个人都至少认识一种人，他们应当被称作"爱笑者"，其笑声中找不到丝毫恶意，而故意刺激别人痛处这种诱惑也似乎从未战胜过他们。我这里禁不住想起了一个人（我已提到过他），他仿佛是其导师亚里士多德提出的理想的化身：他不但是正人君子（其坚定目标是行为的正义），而且是趣味高雅的绅士，能约束自己的机智，尽管他热切的双眼后面似乎总是掩藏着随时都会爆发的笑。若对这种和善的笑一无所知，不妨研究一下《伊里亚随笔集》[①] 一些文章的特点。在与笑有关的事情上完美的自我克制，使作者预想到自己的笑会使听者产生痛苦（无论听者就是被嘲笑的对象，还是喜欢对号入座），而这会使他万分恐惧。这种自我克制要求一种细腻的感觉，即懂得什么是得体的、美好的事物。有些人很善于找出别人的不得体之处，但他们自己也应当避免不得体，这个要求不算过分。不得体的最恶劣做法，就是在不恰当的时刻嘲笑别人。记住这一点，我们便可做到言行得体。讨论严肃的事情时，借用所谓"笑料"（argumentum ad risum）以掩饰论据的不足，这是一种令人鄙视的做法。

一个人若携带着嘲笑这种如此锋利的武器，他的谨慎便会进一步发展，促使他去判断眼前的事物是否适合作为嘲笑的对象。

[①] 《伊里亚随笔集》：英国作家兰姆的散文集，发表于1823年，文笔轻松幽默。——译注

例如，由于我们语言还很不完善，一个人的某一句话，可能被另一个人的精心剖析揭露出其平常意义底下的第二层意思，而它有损于说话者，但这或许并不能说，后者完全有理由煞费苦心地找出前者的可笑之处。在这种情况下，要划清公平与否的界限，就需要具备良好的正义感。

若想完全明智地运用笑，还需要具备一些其他鉴别能力。言行一旦带上了狂妄的味道，即便本应不予计较，也完全适合用作笑料。人们当中的狂妄言行实在太猖獗、太有害了，而道德感对这种言行的反应又太迟钝，乃至即使慎重的人也会放纵地大笑。另一方面，当人心中的兽性露头，要求发出一种不那么温和的笑时，对事物真正价值的认识却会使聪明人拒绝发出这种笑。

即使没有听者，善良者也不会停止约束自己的笑。他懂得不计后果的笑这种习惯会对他自己的本性产生不良影响。例如，这种习惯会使他暂时失去对美好事物的尊重，那种尊重之情既完美又古老；这种习惯会非但不会使友爱的泉水更加甘甜，反而会给它加入一滴苦涩；这种习惯会使人不知不觉地心生傲慢与轻蔑，而傲慢与轻蔑会使人们离心离德。

我这里已强调了一些更高的道德理由，它们会促使善良者抑制自己的笑。还可以补充一些审慎的理由。笑若像我在这里所说，是对（强加给我们的）正式的严肃态度的逃避，培养这种笑的明智办法便意味着对它加以限制。唯有如此，我们才会产生真正庄重的感情和真正美好的感情，而我们的笑才能成为真正意义上的来自思想和心灵的笑。对尊严的崩溃发出这种充分的笑，意味着我们还保留着对真正尊严的尊重。一旦笑变得太频繁、太习惯，便会破坏这种尊重，而作为这种道德损失的结果，我们的笑本身也会缩减为一种毫无意义的、机械的东西。对一切都咯咯傻笑的人，眼中根本没有神圣的事物，永远都不会知道美好的笑

第十二章 笑的最高价值与局限

是什么滋味。

笑的冲动始终都带着得自其道德发源地的容貌。善良者天性温和,念念不忘尊重的正当要求,因而能使欢笑的气质变得高尚。的确,在这样的道德环境中,笑仿佛变成了一种表情,一种最美的表情,它表达了善良仁慈。笑以某种方式使我们确信了美德的真实性,使美德离我们更近,使美德带上了人性而为人类所热爱。这种笑丝毫没有傲慢与恶意,就像容易扩张的同情心放大了儿童的快乐性情,使它变得仁慈。

因此,我们便可以认为,在善良者的心灵土壤里,充分而深厚的笑能茁壮成长,不仅如此,善良者的心灵若没有这种笑,也永远不会得到完全的发展。这个说法似乎与一些伟大权威(帕斯卡①等人)的说法截然相反。但事实还是会表明,这两者之间其实没有矛盾。帕斯卡、艾迪生等人指责的笑,并不是那种亲切的、幽默的笑,而是粗劣的、残忍的笑,此外还有一种几乎可以容忍的笑,即来自"空虚头脑"的、不计后果的笑。

所以,我们应该说,笑是人类的一种财产,人类应当珍惜它。笑把欢乐带进了一些事物,那些事物往往会使这个世界变得阴暗沉闷,而对这个世界,一些旁观者常会像沃波尔②谈到巴思③那些时髦的唯美主义者的行为时那样说:"其中绝无特别令人愉快的东西,也绝无特别令人沉闷的东西。"笑为青年时光提供了娱乐,为老年时光提供了更多的娱乐。对少数一些人来说,正像对海涅和史蒂文森那样,即使在病榻上,笑也始终是一位愉

---

① 帕斯卡:法国哲学家、数学家。——译注
② 霍拉修·沃波尔(Horatio Walpole, Fourth Earl of Orford, 1717—1797):英国贵族、作家、历史学家。——译注
③ 巴思(Bath):英格兰西南部的市镇,因乔治王朝建筑和公元1世纪古罗马人开凿的温泉而著名,为著名的疗养胜地。——译注

快的同伴。笑是一种天赐的食粮,[①] 良好的人际关系喜欢这种食粮。此外,笑还具有多面性,因此可以用来铲平道德的障碍。还可以补充一句:笑能完成性格图画的最后润色,每个人都一直在致力于描绘各自的性格图画。我们访问托儿所时,我们试着获取童年的乐趣时,它会欣然地陪伴我们。我们专心从事比较严肃的工作时若不愿让它陪伴,它也不会抛弃我们。

若真是如此,我们似乎就不该设法扑灭笑,而是应当力求发展我们自己和其他人的笑的习惯。不过,这么做还是必须谨慎。首先,把笑视为幸福的重要成分的人,几乎不能指望依靠自己的努力使人人都能像他那样迅速地作出笑的反应。他比其他任何人都更清楚,他嘲笑的愚蠢行为、装假作伪和自高自大,这些都意味着一点,即他的绝大多数人类同胞并不完全知道这种更细腻的、来自思想的笑。因此,他若想把那个社会中的人统统变成爱嘲笑的男女,那就是一种自杀式的疯狂之举。任何可能提倡社会大众之笑的人,都无法把每一个人都变成嘲笑者(gelast[②]),但这正是爱嘲笑者的幸运。具备幽默感的人们必须完全心平气和,继续忍受自己被看做"可鄙的少数人"。

爱笑者不能强迫其他一切人都像他们那样爱笑,这对爱笑者有好处。有头脑的人会想到,我们的现实社会是由各种各样的人组成的,由于性情、思维习惯和环境各不相同,人们对笑的能力的需求也多种多样。例如,有些多愁善感、感觉敏锐,尤其是不得不过着沉闷压抑的生活的人,或像戈德史密斯那样

---

① 天赐的食粮:原文为manna,又作"吗哪",《圣经》中古以色列人经过荒野时得到的上帝赐的食物,又比喻精神食粮和及时的帮助。见《旧约·出埃及记》第16章第13—35节。——译注

② gelast:这是拉丁语的一个形容词词干,意为"与笑有关的",可生成阳性名词gelastês(其阴性名词为gelastria),意为"嘲笑者、发笑者"。因此,作者使用的这个字虽不完整,但仍可以理解为"嘲笑者"。——译注

第十二章 笑的最高价值与局限

不得不与环境搏斗，对这种人来说，广泛而敏锐地欣赏可笑的事物就似乎是一种真正的需要。有的人心里有许多和弦，能与生活的一切音符共鸣，只要笑的女神来得及时，她的魔法棒就能把任何东西都变成笑料，使这种人发笑。相反，许多名人不但没有笑也过得很好，而且具备笑的禀赋还很可能成为他们的缺点。不少杰出男女似乎就如此，他们的特殊之处是思想的高度集中以及完成某个使命的道德力量。这样的人仿佛一直住在其事业的庇护所里，它能征服一切。他们具有特殊的自我意识，都感到世界绝对需要他们。我们半是叹息地说，笑不适合这些人。还可以想见，有些人出身高贵或位高权重，每天都不得不关心一件事，即维持别人对他们应有的敬畏；有些人怀有根深蒂固、不可动摇的自满；有些人严肃地专心投入提高自己社会尊严的重大事务。对这些人来说，笑都不是他们需要的空气和阳光。使自己远离笑的诱惑，有资格第一次出席上流社会宴会的人若能如此，大概比任何人（或许不包括侍者）这么做都更为稳妥。

世上存在"从不笑的人"，这是已得到证明的、令人沮丧的确凿事实。我们有些人非常珍视笑的自由流动，认为笑的流动应像海风那样自由，他们反对狭窄的精神氛围（感情炽烈者就生活在其中）。他们应当想到，公民缺乏幽默感，这大多都应归因于社会。卢梭若是长于欢笑，我们一定永远都不会读到他对文明及其种种产物的批判，他的批判十分独到，富于启发。倘若笑的小精灵一直在拼命拖住但丁、弥尔顿和其他一些诗人的衣角，他们还能完成建造诗歌这座宏伟忧郁的大厦的任务吗？我们宝贵的社会制度的创建者们，若对初度的失误（它们往往出现在最初几番尝试中）的可笑之处过分敏感，他们还能有多少建树？因此，但愿爱笑者们不但从开明的个人兴趣出发，而且从恰当地尊重性质迥异的长处出发，欣然承认"从不笑的人"在世界上也占有一席之地吧。

以上的见解意味着一点：在促进笑的发展的一切努力中，我们都应当小心谨慎。一个人若想在其家庭成员身上实验这番努力，便会浪费大量的宝贵时间。爱开玩笑的小学校长若出于职业的荣誉感，尝试培养学生们爱笑的习惯，也只会除了失望而一无所获。对此，一些良好的"幽默感测验"大概很有帮助。不过，我们的那些报纸尚未发明出令人满意的测验，而心理学实验室却在回避这个问题（这或许是明智之举）。不仅如此，测验幽默感的任务可能还必须检验已表现的"幽默感"的性质，否则，教师便会全力培养孩子的某一种幽默感，而孩子若不具备那种幽默感，反倒更好。这种对幽默性质的测验（若是可能的话），或许的确应当出于更严肃的目的，因为我们会发现纯朴的年轻人很符合歌德的一句话：一个人的笑所表示的好恶，是了解其性格的最佳线索之一。凡从事对年轻人欢笑这种考察的考察者都必须注意笑声本身的性质，因为我们或许会认为，在我们这个时代，人们已变得越来越世故，而年轻人的笑声已十分罕见，它纯洁、清晰、畅快、无拘无束。初次测定孩子的幽默感时，小学校长或许最好采用一个测验，以避免不理想的效果。这个测验是我最有学问的、最受尊敬的朋友之一提出的：设定一种情势，它必须能激发孩子最真心的欢笑，"假如你到别人家里做客，把帽子放在了椅子上，然后不经意地坐在了帽子上，你会有什么感觉？"

教师采用的一种更便于操作的方式，似乎是经常设法消除约束学生的种种障碍，用明智的建议去接近学生。最近，一份享有高度声誉的教育杂志就推荐了这种方法，它写道："不喜欢作业，不喜欢教师，学生的这种态度不是天生的，但教师绝对需要做到一点：用一点点玩笑去减轻课堂的沉闷，而沉闷是造成教育

第十二章　笑的最高价值与局限

的诸多困难的原因之一。"① 这些话实在令人振奋。其次，教师的目的还应当是鼓励孩子们接受被人嘲笑的惩罚，唯有如此，学生的道德水准才不致低于可敬的野蛮人。我们英国当然没有忽视小学校长的这部分工作，或许甚至重视得有些过分。

幽默的才能可以使人不做蠢事，其中包括试图去做预言家。预言（prophecy）自有其发挥作用的恰当领域（例如天文学），尽管甚至在某些雄心勃勃的自然科学分支里，预言已显得近于假说（presumption）。将预言引进人类事务领域，这种做法带着几分青少年信念的幼稚色彩，他们尚未开始区分其信念的合理边界。因此，我并不打算冒险，并不想通过预言笑的未来，去说明笑的性质。

这里只要说一句就够了：我们生活在宇宙时钟的某一刻里时，可以观察到一些似乎与笑有关的倾向。哪怕是最愉快的人们，大概也几乎不会把当今称为欢乐的时刻。在一个多世纪的时间里，我们似乎已远远地离开了平静的乐观主义（只要我们稍微关心人类的未来，完美的人性中就会温馨地保留乐观主义的一席之地），而听任自己去思考怎样把机器做得完美。这个事实本身就意味着一点：我们不大可能找到欢乐精神格外丰富的表现。作家们也强调了一个事实：我们这个时代即便不是沉闷，至少也不是欢乐的时代。一位不久前去世的散文家曾对坦率的大众欢笑的衰落表示悲哀，② 另一位作家谈到福斯塔夫时写道：笑虽然是人区别于野兽的特点，但人生的烦恼忧愁还是使人失去了"笑这种区别于野兽的优点，把人降低到了兽性般严肃的地位上"③。

---

① 参见《教育杂志》（*Journal of Education*）1901 年 11 月号，第 687 页。（作者注）
② 同上书，第 147 页。（作者注）
③ 莱德福论福斯塔夫的文章，见比勒尔（Mr. Birrell）《附言集》（*Obiter dicta*）第一系列。（作者注）

373

以上已谈到，昔日众人的欢笑在当今已失去了其响亮的回声，而为了避免年轻人的固执己见，我们不妨推断一下这种情况是怎样产生的。

先从一个似乎不可否认的事实开始：大众欢笑的衰落只是一种更巨大的变化的一部分，而所谓更巨大的变化，就是游戏精神的逐渐消失，就是人们自动地彻底放弃了轻松享乐的情绪。我们能在一些勉强的欢乐中看到这种变化，而提供这种欢乐的是"最新的"哑剧和其他表演，它们令人目眩。不仅如此，我们户外体育活动的改变也说明了这种变化。当今的足球比赛和板球比赛，有何乐趣可言？其欢乐精神何在？一支澳洲球队暂时忘记了自己身在何处，跳进了赛场，还有比这更无趣的"消遣"吗？就连神情严肃的观众的鼓掌声，也显得那么呆板机械。

过去时代大众欢笑的丰沛川流减少成了贫水的小溪，而我们很容易假定，这种现象完全是因为各阶级礼节的日趋文雅。我们已看到，"上流社会"的领袖们告诉我们，上流社会的礼节规矩禁止大声欢笑。中产阶级模仿比他们更高的阶级，已成为一群神情庄重的信徒，所以自然会从那个比他们更高的阶级吸取这种观念。那些低于它们的阶级若想抑制难以驾驭的玩笑精神，则往往会在公开场合想到格兰迪大妈[①]。尽管如此，我们似乎还是不该把笑的衰落仅仅归因于这些人为的限制。我们能得到的证据一定会支持一个结论：哪怕是在无拘无束的情况下，如今人们的笑也不像以往那样持久而响亮了。

我不打算在这里解释这个变化，因为它离我们太近，很不容

---

① 格兰迪大妈（Mother Grundy）：此词来自 Mrs. Grundy（格兰迪太太），原为英国戏剧家莫顿（Thomas Morton，1764—1838）的喜剧《快快犁地》（*Speed the Plough*，1798）中的人物，后用来比喻心胸狭窄、拘泥传统礼俗、事事挑剔别人的人，成了"假正经的女人"的同义词。——译注

第十二章 笑的最高价值与局限

易作出解释。但我还是要大胆地指出，这个变化与最近其他一些社会倾向有关，它们似乎仍在运作。它可能是大众的情绪变化的一种表现。现在的情况仿佛是，人们考虑的是更实在的物质利益，体育比赛不得不依靠实实在在的诱饵才能吸引大众，那诱饵就是为比赛胜负下注的赌金，而喜剧也不得不设法用费用高昂的华丽场面取悦观众。其他一些同样深刻的力量也未必不会同时发挥作用。昔日快乐的英格兰的欢笑，是当时结成了兄弟情谊的英国人发出的欢笑。逃避教会，后来是逃避西班牙教廷，使英国人获得了一种减轻痛苦的常识，获得了更多的欢笑。在当今时代，不存在这种促使社会所有阶级都爱笑的综合压力。当今尖锐的阶级对抗，尤其是雇佣者与被雇佣者之间的对抗，已使复活这种全体大众的欢笑几乎毫无希望。

更广泛的群体欢笑（包括不同社会群体之间的相互嘲笑）的衰落的后果之一，似乎是掌权者欢笑的调节抚慰功能的降低。令人担忧的是，将"幽默精神"引进我们对青年人的管理，其收益总是会被其损失所抵消，而这个损失来自一点：令人欣然的笑，从雇主与工人、女主人与女仆的关系中被驱逐掉了。同样，我们力图建立一个遍及世界的帝国，并认为这是人类的幸福，因此把这个目标强加给了一切不情愿的下等人群。在这个严肃得可怕的目标里，我们忽视了友善的诙谐精神的调节作用，而我们已看到，有些不得不与野蛮民族打交道的人，早已懂得了这种调节作用。

人们会发现，当今时代的严肃性（它似乎已持续很久了）植根于人们更强烈的进取心，植根于一种更强烈的急切心理，即渴望爬上财富与舒适的更高阶梯，也植根于这种心理造成的不知足情绪。疲惫、狂热和焦虑扼杀了人们的一种能力，那就是全身心享受那些简单的快乐的能力。

只要事情依然如此，笑即便能存活下来，想必也只能是一种带有勉强色彩的笑，隐含着某种疲惫的叹息。那情形仿佛是人们没有时间去笑。哪怕是在众人的娱乐中，你也会发现：对你率先发出的笑，男男女女的反应只是吝啬的、吃吃的笑，并且转瞬即逝；而这表明：这些可怜的、心烦意乱的人，连暂时摆脱自己陷入的那些混乱都做不到，因为他们的种种社会需求时时都在困扰他们。

近期的大众之笑还有一个更有害的特点，即使在大多数如今所谓的喜剧里，这个特点也程度不同地有所反映，而它就是愤世嫉俗（cynicism）。所谓"愤世嫉俗"，不仅意味着厌世之笑的空洞无物，而且意味着人们随时准备嘲笑新事物，至少是嘲笑以新形式出现的旧事物。因此，我们便会听到某一职业里寡廉鲜耻的成员在嘲笑忠于职业道德的成员的"可笑表现"。这种笑声的情绪色彩很容易辨别：有的是轻蔑的尖细笑声，它来自地位高高在上者；有的是粗糙洪亮的笑声，它来自更大胆的浪子。无论是来自一个人、一个阶级还是一个国家，这种笑都表明了一种心态，即尚未彻底抛弃那些旧的约束。

这里提到的种种倾向，说明了道德的力量紧紧地包围着我们的笑，直接决定了我们笑的主调及其真诚度。这些倾向还表明，那些有害性向对我们欢笑的健康活力的危害，会大大超过有益性向的危害，尽管我们应当发展这些有益性向，使其达到圣洁。

这些迹象很可能使热爱笑的人们感到悲哀。因此，想到一切更欢乐、更令人振奋的欢笑将会消失，这并非毫无道理。即便是（我多次强调过的）笑的有益性，或许也不能确保欢笑冲动的永远存活。无论笑对一个社会的益处是何等巨大，我们都看到了一些实例，它们表明：一些高度有效的社会共同体，似乎没有欢笑也能正常运作。个人的笑也大致如此。正如我提到过，为数不多的人一向都能对着人类的场景发笑，但这种笑的有益范围却很可能很窄。

第十二章　笑的最高价值与局限

虽然存在这些不利的标志，耐心搜寻的人还是会发现另一些标志，它们表明世上一直存在着健康的笑。即使喜剧和讽刺已显得疲倦困顿，幽默精神却依然醒着，并产生了众多成果。我们已在不止一个国家的文学里看到了一个前景，那就是这种平静的、沉思的笑的新音调的发展。对英国以外的其他国家文学的更广泛欣赏正在发展，正在克服（已经提到的）种种障碍，发展成了对各民族幽默文学的欣赏。至少这能促进文明国家热爱笑的人们之间的亲善和睦，使他们能够互相欣赏各自的幽默作品。

至于其他的问题，我们应当希望我所说的"个人的笑"会越来越响亮。在未来，有思想的人们会更顽强地发展自己的理想，并因此对生活的荒谬更加敏感，这样的前景并非不可能。倘若如此，人们将比现在更不像欢乐的儿童，所以必须用幽默的亲切之光照亮生活的场所，因为它失去了令人愉快的晨光。人们将能用取自文学宝库的燃料，使幽默的火焰一直燃烧。人们将能做好保存人类之笑的工作，同时发展幽默家善于思考的特点，保持与最真挚的群体之笑的接触，它们包括保存在滑稽小故事等作品中的简单欢笑，也包括保存在那些不朽的喜剧作品中的笑。倘若为数不多的人愿意通过这种方式发展自己的笑，并尽力在朋友的内部圈子里获取自己的快乐，我们便可以希望笑永不死亡，尽管目睹我们所爱的事物的死亡很可怕，但目睹另一种情况却并不那么可怕：我们所爱的事物，虽然其质量下降了，但被少数衷心相信更快乐时代的人保存了下来。这些人将预先获得回报，因为像怜悯一样，纯洁的、诚挚的笑会使付出它的人感到幸福，也会使得到它的人感到幸福。